汽轮发电机组扭振安全性分析与应用

Safety Analysis and Application on Torsional Vibration of Turbo-Generator Set

顾煜炯　著

科 学 出 版 社

北 京

内 容 简 介

本书系统、深入地阐述了机电网耦合作用下汽轮发电机组轴系扭振的基本理论和技术体系，对扭振的产生机理、扭振分析与安全性评价方法、扭振监测与保护等问题进行了细致的论述。本书主要内容包括：汽轮发电机组扭振问题概述、轴系扭振固有特性计算、轴系扭振动态响应计算、轴系扭振安全性分析、电力系统次同步振荡、轴系扭振监测与保护。本书较系统地汇集了汽轮发电机组扭振的基本理论与分析方法，论述循序渐进，给出了很多案例，有利于读者理解并能将书中的分析方法应用于工程实践。

本书可供电力系统相关工程技术和科学研究人员阅读，也可作为高等院校相关专业研究生和本科生的参考书。

图书在版编目(CIP)数据

汽轮发电机组扭振安全性分析与应用＝Safety Analysis and Application on Torsional Vibration of Turbo-Generator Set / 顾煜炯著. —北京：科学出版社，2013.2

ISBN 978-7-03-036879-9

Ⅰ.①汽… Ⅱ.①顾… Ⅲ.①汽车发电机组-扭转振动-安全性-研究 Ⅳ.①TM311.14

中国版本图书馆 CIP 数据核字(2013)第 040580 号

责任编辑：范运年 / 责任校对：韩 杨
责任印制：张 倩 / 封面设计：耕者设计工作室

科 学 出 版 社 出版
北京东黄城根北街 16 号
邮政编码：100717
http://www.sciencep.com

北京凌奇印刷有限责任公司 印刷

科学出版社发行 各地新华书店经销

*

2015 年 7 月第 一 版 开本：B5(720×1000)
2015 年 7 月第一次印刷 印张：12 1/4
字数：232 000

POD定价： 68.00元
(如有印装质量问题，我社负责调换)

前　言

扭转振动简称扭振，是旋转机械中普遍存在的一种特殊形式的机械振动，它本质上是由于转子并非绝对刚体而存在弹性，在以平均速度旋转的过程中，各弹性部件间会因各种原因产生不同大小、不同相位的瞬时速度起伏，形成沿旋转方向的来回扭动。这种振动形式将引起材料内部的切向交变扭应力，若扭动幅度过大，剪切应力超过弹性限度，材料就会产生疲劳积累，当累积疲劳寿命损耗达到一定程度时，材料就会开始出现裂纹，而裂纹逐渐发展，终将导致材料断裂的恶性事故，这对一些重要的设备（如大型汽轮发电机组、大型船舶、机车、大型轧钢设备等）所产生的破坏后果和损失是不堪设想、无法估计的。扭振具有普遍性、潜伏性、事故的突发性、事故的严重性等特点。

从根本上来说，机电网耦合作用下汽轮发电机组轴系扭振产生的主要原因有两个，一是系统的同步力矩不足，即机械力矩与电磁力矩不平衡；二是系统的阻尼不足，即机械阻尼与电气阻尼之和小于零。瞬时性对称与不对称短路、自动重合闸、非同期并网、甩负荷、瞬间快控汽门及线路开关切合操作等突发性机电扰动，都将有可能产生短时间性冲击扭矩，形成短时间冲击性轴系扭振；输电系统的串联电容补偿、直流输电、加装不当的电力系统稳定器以及发电机的励磁系统、可控硅控制系统和电液调节系统的反馈作用等，均有可能诱发系统的次同步振荡和轴系扭振。

1970 年和 1971 年美国莫哈维电站连续两次因汽轮发电机组轴系扭振造成大轴断裂，这一典型扭振事故引起了国际学术界和电力工程界的高度关注，从此掀起了大机组轴系扭振研究的热潮。通过几十年的努力，迄今一些带有普遍性的扭振问题已基本解决，但由于这一课题涉及电力系统、电机、汽轮机、自动控制、力学、材料、通信、计算机等多个专业学科，研究起来比较困难，机电网耦合因素众多，因此仍有许多问题有待深入研究。目前，大机组轴系扭振的研究重点已转向符合实际情况的轴系疲劳寿命损耗的准确确定、在线监测装置性能的进一步改进、利用控制与调节手段抑制和消除轴系扭振以及轴系扭振标准的制定等。

随着我国经济的迅猛发展，社会各行业对电力的需求量日益增长。为满足需要，一批矿口电厂及能源基地相继建立，串联电容补偿装置和高压直流输电等电力电子设备广泛投入使用，使我国电力系统结构日趋复杂；另外，为提高机组效率，大功率超临界、超超临界机组不断投入运营，600MW 及以上的机组成为电网的主力机组，机组的蒸汽参数不断提高，轴系结构越来越复杂，轻质、柔性、多支承、大跨距、高功率密度的特征更加明显。这些因素都极大地增加了汽轮发电机组发生扭振特别是发生次同步振荡的危险。因此，次同步振荡和轴系扭振的有关理论和技术研究已经成为近年来的热门课题。

对扭振问题进行详细研究，研究扭振故障模型的建立、响应求解方法、轴系稳定性分析和监测与保护策略的制定，可以进一步完善扭振基础理论和分析方法；积极探寻有效的扭振故障预防和诊断方法，从而掌握汽轮发电机组轴系扭振可监测特征与故障工况的变化规律，并将扭振可监测特征作为汽轮发电机组运行状态评价的重要指标，综合利用汽轮发电机组的其他在线和离线监测诊断数据、运行实时数据、可靠性评价数据、维修历史数据等多种信息综合评价其运行状态，可以为汽轮发电机组轴系的运行状态预测和维修决策提供科学依据；研究在扭振发生的情况下电力系统中机、电、磁耦合扰动的传播，对各类扭振故障进行风险评估、制定机组扭振的监测、保护、预防与控制策略，是保证电力系统安全稳定运行最直接的手段，对于我国电力系统灾变防治、避免出现电力设备严重损毁的重大事故和安全稳定运行具有重大理论意义和工程应用价值。

本书作者在国家自然科学基金项目(51075145)和教育部新世纪优秀人才支持计划(NCET-08-0769)的资助下，结合课题组多年来从事汽轮发电机组轴系扭振理论研究和工程应用的经验，组织撰写了这部专著。本书内容全面，详细介绍了扭振相关基础理论和方法，在扭振模型的建立、扭振固有特性计算、扭振动态响应计算、扭振安全性分析、扭振监测与保护策略等多个方面进行了深入讨论，并提出了很多原创性方法。本书的理论与方法循序渐进，重点突出，便于自学，并注重联系实际提出问题，给出了很多扭振分析实例，利于读者将书中的分析方法应用于工程实践。

本书可供电力系统相关工程技术和科学研究人员阅读，也可作为高等院校相关专业研究生和本科生的参考书。书中所提出的方法均切实可行，并且已在工程实践中得到验证。在本书介绍的理论与方法的基础上，作者及其研究团队开发了机组扭振及弯扭耦合振动的在线监测与分析装置，已在多家电力企业得到推广应用，对机组振动故障起到了良好的监测和分析效果。

本书主要内容是作者及其研究团队的研究成果，尤其是凝聚了历届研究生在该领域的创造性工作。金铁铮、陈东超、徐婧、戴佳栩、俎海东、王宏伟等为本书的撰写做了很多富有创造性的工作，其中金铁铮和陈东超对全书进行了审阅，何成兵也对部分书稿进行了审阅，感谢他们为此付出的辛勤劳动。

特别感谢杨昆教授，是他最早鼓励作者完成本书，并提出了卓有成效的建议。

感谢所有本书所引用文献的作者及为本书提供资料的个人和单位，特别感谢本书所引用的各种案例的原作者。

感谢所有关注本书和支持作者的各界朋友。

作者学识有限，书中不足之处在所难免，恳请广大读者和学术同行不吝赐教。

顾煜炯

2012年12月于北京

目　录

第1章　绪　　论

1.1　汽轮发电机组扭振问题概述

1.1.1　扭转振动现象

扭转振动是旋转机械中普遍存在的一种特殊形式的机械振动，它本质上是由于转子并非绝对刚体而存在弹性，在以平均速度的旋转过程中，各弹性部件间会因各种原因而产生不同大小、不同相位的瞬时速度起伏，形成沿旋转方向的来回扭动(形象地说，就像来回扭“麻花”)。显然，这种振动形式将引起材料内部的切向交变扭应力。若扭动幅度过大，剪切应力超过弹性限度，材料就会产生疲劳积累；当累积疲劳寿命损耗达到一定程度时，材料就会开始出现裂纹，而裂纹逐渐发展，终将导致材料断裂的恶性事故，这对一些重要的设备(如大型汽轮发电机组、大型船舶、机车、大型轧钢设备等)所产生的后果和损失是不堪设想、无法估计的。

总的说来，“扭转振动”这种特殊的振动现象具有如下特点：

(1)普遍性。凡是较大型、结构复杂的旋转机械转子都或多或少、或强或弱、或持续或短暂地发生扭转振动。这可能是由于机械也可能是由于电气方面的原因引起，如可能来源于动力或来源于负载方面的任何不稳定过程；也可能是由交变的激励力矩引起的强迫振动或由于阶跃或脉冲激励引起的自由振动。它不像一般的弯曲振动，只要从机械方面着手，找到了其不平衡、不对称等缺陷，振动往往就可消除。

(2)潜伏性。旋转机械转子的扭转振动大多是由于各种干扰引起的短暂过程，当然也有持续作用的干扰引起的持续性强迫振动，如汽轮发电机组的次同步振荡以及由于三相负荷不平衡形成的负序电流引起的二倍电网频率的扭转振动等，如果没有专门的扭转振动监测仪一般是无法发现的，造成的“暗伤”也难以觉察出来。此外，扭转振动往往会引发其他形式的振动，这就更会掩盖其存在，从而引起误判。

(3)事故的突发性。只要扭转振动造成的疲劳积累一次一次地加强，形成裂纹、切口，并逐渐扩展，最终会造成转子的断裂和崩溃，而在此之前可能毫无征候，或不易被觉察。

(4)事故的严重性。扭转振动事故爆发后,其后果往往都是毁灭性的恶性事故,造成的损失极为惨重。

由于扭转振动危害的潜伏性,有时它还会和其他故障混淆在一起。因此,尽管它相当普遍地存在,但仍被许多人忽视,或人们对它难以觉察、不理解、不承认,即使已经造成了破坏,人们也很难弄清机械在长期的运行过程中究竟是否产生了扭转振动,以及它如何积累起来的,这也是扭转振动的各项研究成果难以被理解和推广的重要原因。另一方面,随着生产特别是高速、强载、大功率旋转机械的发展,新的问题(例如对称分支系中的偏振等)仍不断出现,新的研究领域(如非线性扭转振动、扭转与轴向的耦合振动等)也不断扩展。因此,扭转振动的研究仍然值得重视。

1.1.2 机电系统扰动类型及轴系扭振基本形式

汽轮发电机组工作在稳定负荷时,轴系受到三种力矩作用:从锅炉来的新蒸汽和再热蒸汽通过对汽轮机叶轮作功所产生的力矩,发电机定子负荷对转子的电磁力矩,以及由于摩擦、蒸汽的黏性阻尼等产生的阻尼力矩。这三种力矩相互平衡时,尽管汽轮发电机组轴系也处于一定的扭转变形状态,但此扭转角是传递扭矩所产生的结果,是一个稳定的常量。当机组发生机电扰动时,力矩平衡被破坏,轴系会发生扭振。从汽轮发电机组轴系的外施激励来看,引起轴系扭振的原因来自两方面,即由同步发电机引入的电气扰动和汽轮机引入的机械扰动。电气扰动包括电气短路故障、自动重合闸、非同期并网、甩负荷及串联电容补偿、高压直流输电的调节环节和电力系统稳定器等不适当的配置等;机械方面的扰动相对较少,如不适当的进汽方式、调速系统晃动、快控汽门等。不同类型的机电系统扰动对机组轴系的扭振有着不同的影响,通常将机电系统扰动下的轴系扭振分成三种基本形式:次同步共振、超同步共振和振荡扭矩冲击性扭振[1,2]。

1. 次同步共振

次同步共振也称亚同步共振,是机电系统的一种自激振荡状态,即电网在低于系统同步的一个或几个频率下与汽轮发电机进行能量交换。设电网的电气振荡频率为 f_e,电网的同步频率为 f_n,轴系机械系统的某阶扭振固有频率为 f_m;若 $f_m=f_n-f_e$,则电气系统将出现负阻尼的振荡状态,轴系频率 f_m 所对应的主振型的振幅将逐渐放大,最终使转子损伤,甚至造成毁机的恶性事故。因其振荡频率低于系统的同步频率,故称之为次同步共振或亚同步共振。

输电系统的串联电容补偿、直流输电、加装不当的电力系统稳定器以及发电机的励磁系统、可控硅控制系统和电液调节系统的反馈作用等,均有可能诱发次同步机电共振。由于汽轮机和发电机转子的惯性较大，对轴系本身的低阶扭振模态十分敏感，呈低周应力的受力状态，因此这种机电共振直接威胁着机组的安全可靠运行。

2. 超同步共振

在电网三相负荷不平衡、各种不对称短路等情况下，发电机定子绕组中除存在正序电流外，还会出现负序电流。负序电流在发电机气隙中将产生转速为 f_n 的旋转磁场(负序旋转磁场)，但因其转向与转子旋转磁场(正序旋转磁场)相反，两旋转磁场之间存在相对运动，且相对速度为 $f_n-(-f_n)=2f_n$，即两旋转磁场的相互作用将产生频率为 $2f_n$ 的交变扭矩并作用到机组轴系上；如果这个频率同机组轴系的某一阶固有频率相等或接近，就会激发起机电共振。由于这种共振频率大于同步周波频率(一般为周波频率的两倍)，因此称这种共振为超同步共振，亦称倍频机电共振。

除倍频机电共振外，还有可能产生所谓的工频或同步机电共振，这是因为在电厂出线附近发生短路、非同期并网以及切除故障时，就有可能在发电机定子电流中出现直流分量。由它产生的磁场(相对于定子静止不动)同转子励磁磁场相互作用，将产生频率为周波频率的转矩并作用于机组轴系上；若轴系存在某一阶与周波频率相等或相近的固有扭振频率，就将产生工频机电共振。

理论分析与经验表明，汽轮机叶片和大型发电机的风扇叶片对倍频共振最为敏感，动叶片在这种共振状态下的最大交变应力要比正常的高出5倍多。这类事故的破坏过程一般是汽轮机叶片先断裂飞脱，由此在轴系上产生很大的不平衡力，以致事故扩大甚至造成毁机。

3. 振荡扭矩冲击性扭振

瞬时性对称与不对称短路、自动重合闸、非同期并网、甩负荷、瞬间快控汽门及线路开关切合操作等突发性机电扰动，将有可能产生短时间冲击性扭矩，形成短时间冲击性轴系扭振。这种扭振虽然时间不长，但在不利的配合条件下，仍有可能产生高到轴系无法承受的交变应力而造成一次性破坏，或者产生疲劳损耗积累。

发电厂母线通过输电线路同系统相连，当输电线路发生各种类型短路时，不论重合闸成功与否，都会不同程度地引起紧靠故障点的汽轮发电机组扭振并导致轴系疲劳。在切合时间和条件最不利的配合情况下，仅一次高速自动重合闸就有可能造成轴系严重损坏，即轴系扭转疲劳寿命损耗达100%。

发电机近距离(包括发电机端部)两相或三相突然短路时，汽轮发电机组轴系受冲击程度可能远超过发电机端部短路时轴系的扭振冲击。这是由于故障切除后电网电压突然恢复时，使发电机受到和短路故障情况相似的第二次扭矩冲击，并将使轴系在短路期内业已激发的扭振基础上，再产生一个新的扭振；当这两种扭振在最不利的条件下叠加时，就有可能产生使轴系无法接受的机械扭转剪切应力，导致联轴节螺栓甚至大轴损坏。

1.1.3 扭振研究的意义

随着电力工业的发展，一方面单机容量不断增大，功率密度相应增加，随之轴系长度加长和轴系截面积相对下降，整个轴系不能再被视为一个转动刚体，而要被看成一个由多跨转子组成的弹性质量扭振系统；另一方面由于输电网络的大容量化、长距离化、系统结构复杂化、电力负荷的多样化以及新型输电技术的采用，对轴系的影响因素也日趋增多。由于这两方面的原因，容易导致机网耦合，诱发轴系扭振，并造成扭转疲劳损耗，其程度取决于机组轴系本身的扭振特性、机电扰动性质等因素，轻者可忽略不计，重者可使轴系损坏甚至酿成灾难性事故。

汽轮发电机组轴系扭振事故在国内外时有发生。1970 年 12 月 9 日美国莫哈维电站的 1 台 GE 公司制造的 790MW 双轴机组，突然发生发电机与励磁机之间的发电机集流环处的主轴断裂；修复后不到一年，于 1971 年再次发生类似损坏。后经多方试验研究，发现是因为 500kV 线路用串补电容后，电网系统存在一个 30.5Hz 的电气频率，它与电网同步频率(60Hz)的滑差为 29.5Hz，正好与机组轴系的第二阶扭振固有频率合拍，发生机电谐振。另外由于轴系第二阶扭转振型的最大应力位于发电机与励磁机之间的轴段上，与损坏位置一致，这种交变的振动最终使主轴疲劳损坏[3]。1977 年，美国的斯奎尔巴特发电厂在投入系统中新建成的高压直流输电(high voltage direct current，HVDC)线路时，发现该发电厂汽轮发电机组发生了严重的轴系扭振现象，即使将附近的串联补偿电容切除，轴系扭振的现象依然存在[4]。1984 年，我国神头电厂苏制三号机组在做完汽门快控试验后，发现高中压转子联轴器十二根螺栓断裂七根，其余五根全被打弯。1985 年，我国大同电厂一台国产 200MW 机组在加负荷过程中发生低励失步，机组严重超速，至使大轴断裂成五段，大量汽轮机叶片折断并甩出汽缸。1988 年，我国秦岭电厂一台 200MW 机组在发电机与电网脱离的情况下做汽轮机超速试验时，发生了大轴断裂成 13 段、大量轴系部件甩出的特大事故[5]。1992 年上海吴泾电厂 1 台 300MW 汽轮发电机组在发电机端发生两次短路事故，造成励磁机轴扭断。2008 年，伊敏电厂 3＃机低发对轮发电机侧及发电机转子出现裂纹，该厂通过带串补的输电线路(伊敏—冯屯)送出，事故分析表明，该机在 2007 年 10 月曾发生主变两相短路故障，引起汽轮发电机组轴系扭振，并多次发生因线路串补电容引起的次同步振荡(subsynchronous oscillation, SSO),最终导致出现转子裂纹的严重事故。2010年在呼伦贝尔—辽宁±500kV直流输电工程投运之后,国华宝日希勒电厂两台600MW机组加装了轴系扭振保护装置(torsional stress relay,TSR),经监测发现,该电厂频繁出现SSO问题,且常伴随系统电气阻尼较小的情况。

我国能源分布及负荷发展很不平衡,水利资源主要集中在西南数省,煤炭资源主要集中在山西、陕西和内蒙古西部,而负荷主要集中在东部沿海地区,因此寻求一种超远距离、超大容量的电力传输方式成为必然,在原有输电线路上加固定串联补偿装置以及采用HVDC技术,可在一定程度上解决远距离输电问题。我国已有多条串补输电线路和多个高压直流输电系统投入运行[6-10],并且随着更多的大型发电基地外送通道投入建设,大量的电力远距离输送势必需要更多的交流串联补偿线路和直流输电线路投入运行,输电方式将呈现交直流混联的复杂模式,这将极大地增加发生SSO和轴系扭振的危险。

目前国内外对汽轮发电机组轴系振动故障的研究主要集中在弯振故障方面,而在扭振故障的产生机理研究方面则显得不足。对扭振问题进行详细研究,如研究扭振故障模型的建立、响应求解方法、轴系稳定性分析和监测、分析与保护策略的制定,可以进一步完善振动基础理论和分析方法;积极探寻有效的扭振故障预防和诊断方法,可以掌握汽轮发电机组轴系扭振可监测特征与故障工况的变化规律,并可将扭振可监测特征作为汽轮发电机组运行状态评价的重要指标,综合利用汽轮发电机组的其他在线和离线监测诊断数据、运行实时数据、可靠性评价数据、维修历史数据等多种信息综合评价其运行状态,可为汽轮发电机组轴系的运行状态预测和维修决策提供科学依据;研究在扭振发生的情况下电力系统中机、电、磁耦合扰动的传播,可以对各类扭振故障进行风险评估,制定机组扭振的监测、保护、预防与控制策略,是保证电力系统安全稳定运行最直接的手段,对于我国电力系统灾变防治,避免出现电力设备严重损毁的重大事故和安全稳定运行具有重大理论意义和工程应用价值。

1.2 汽轮发电机组扭振研究进展

大型汽轮发电机组扭振是当前大电网和大机组相互配合、作用与协调中出现的突出问题之一。直到20世纪70年代前期,美国及西欧一些国家率先开始这一问题的研究,并开始引起了人们的普遍重视。国内在这一领域的研究工作起始于80年代。目前,大机组轴系扭振问题已得到我国电力和机械制造部门的重视,并多次下达文件,召开有关会议,积极推动和支持大电网和大机组的相互作用与协调问题的研究。

客观上无法避免的各种机电扰动和非正常运行方式均可能导致轴系扭振，从而严重威胁机组的安全运行和使用寿命，这是轴系扭振研究在国外得到重视、并投入大量人力与物力进行理论与试验研究的主要原因。通过几十年的努力，迄今带有普遍性的大机组轴系扭振问题已基本解决，不少关键问题已相继突破。目前，大机组轴系扭振的研究重点已转向符合实际情况的轴系疲劳寿命损耗的准确确定、在线监测装置性能的进一步改进、利用控制与调节手段抑制和消除轴系扭振以及轴系扭振标准的制定等。

国内外对轴系扭振问题的研究主要有两方面：理论研究和现场实测。理论研究主要包括：系统模型的建立和仿真计算方法研究，汽轮发电机组轴系扭振特性和扭振响应研究，扭振疲劳寿命损耗的估计方法及材料疲劳特性的研究，扭振的非线性问题研究。现场实测主要包括：扭振特性的现场实测方法，轴系扭振信号分析及在线监测装置的研究，避免机电耦合的控制手段和运行措施的研究等。目前学者们对该领域的研究更加深入，开始转向扭振精确化建模、弯扭耦合、整个电力系统的机电耦合、扭振的非线性以及主动控制等方面的研究[11]。

1.2.1　扭振模型

轴系扭振模型和分析方法是扭振研究的基础。汽轮发电机组轴系扭振现象的发生是机、电、网三部分相互作用的结果，扭振模型应包括机、电、网这三大部分的所有模型，可分为五个模块[12]：①汽轮发电机组轴系（包括汽轮机转子、发电机和励磁机转子）模型；②汽轮机及其调速系统模型；③发电机及其励磁调节系统模型；④电力网络模型；⑤机网接口模型。其中，轴系模型与机网接口模型及算法是扭振模型的关键，其他三个模型已发展比较完备。

常用的轴系模型可分为两类：分布（连续）质量模型和集中质量模型。分布质量模型用偏微分方程形式表示，一般采用有限元法求解，计算结果精确，可以得到同一模型任意截面上的扭振参数，测出扭应力最大的危险截面位置，其模型简化更接近实际系统，但其缺点是计算过程复杂，速度较慢，不便与电磁暂态仿真程序联结。在实际应用中，分布质量模型需进行离散，降阶处理。集中质量模型有简单集中质量模型和多段集中质量模型两种。简单集中质量模型能较准确地反映轴系的低阶扭振特性，方程阶数低，计算量小，可方便地与电磁暂态仿真程序联结，但其主要缺点是不能分析转子任意截面上的受力情况，且难以计算较高阶扭振特性；多段集中质量模型兼具前两者的长处，既能准确地描述低阶和高阶的扭振特性，又避免了庞大计算量，故得到了广泛应用[13]。目前的轴系建模方法仍有几个问题有待解决：对于降阶模型，难以确定合适的阶数以便定性或定量地进行分析；未能很好地考虑阻尼系数及参数摄动对轴系模型的影响。

机网接口模型是指在轴系扭振暂态仿真时将发电机暂态过程模型和电网部分暂态模型连接进行全系统仿真的模型。该模型的选择决定了机网联解过程的复杂程度,也是产生数值仿真累积误差的重要因素。目前机网接口模型联解方法大致分为两类:归并联解和交替联解。归并联解算法指网络向发电机归并或发电机向网络归并,补偿法、等值电阻法和等值电导法属于归并解算。交替联解算法是用隐式梯形法解网络部分的微分方程,用改进欧拉法解发电机部分的微分方程。此外还有其他的数值计算方法,如龙格库塔法、Wilson-θ 数值积分法、Houbolt 法、Newmark 法、尤拉后差法等。这些方法在计算精度和数值稳定性方面各有优缺点,综合运用几种方法,不同计算阶段采用不同算法,能在一定程度上降低误差[5,13,14]。

1.2.2　扭振的仿真计算

汽轮发电机组扭振的分析一般有稳定性分析和动态响应分析两种。稳定性分析的主要方法有传递矩阵法、特征根分析法、等值阻抗法和复转矩系数法等。传递矩阵法及其各种改进形式由于其计算量小、精度高,得到了广泛应用[12,15]。动态响应分析主要使用时域仿真,用数值积分的方法求解描述整个系统的微分方程组,可以计算冲击扭矩响应、轴系寿命损失、不稳定扭振过程。求解扭振响应是一种刚性问题,数字仿真时步长不能太大,需要选择适合刚性问题求解的仿真方法,常用的时域响应计算有振型叠加法、传递矩阵法和时域有限元法、常微分方程初值问题数值求解等。

分析电力系统扰动下的汽轮发电机组轴系扭振,关键是分析轴系扭矩的变化过程,主要借助数值仿真手段。目前各国都发展了不少数值仿真程序,其中最有影响的是美国博纳维尔电力管理局(BPA)1975 年扩展后的电磁暂态程序 EMTP 和西德电站设备联合制造公司 1972 年改编的机网程序 NETOMAC;美国西屋公司的 N. H. PH0975 汽轮发电机组轴系扭振及动力响应计算程序日趋完善,并由我国上海发电设备成套设计研究院引进。中国电力科学研究院等单位应用引进的 EMTP 修改版本分析过某些国产机组轴系的受力问题。上海交通大学编制了电力系统机网相互作用的数字仿真程序 MANDISP,并对采用引进技术生产的 300MW 和 600MW 汽轮发电机组进行了轴系扭振计算。

1.2.3　扭振的测试与监测

随着振动工程不断发展及建模计算方法的不断改革,近年来汽轮发电机组轴系扭振理论计算(包括轴系本身固有频率和机电扰动下的响应计算)已有很大的改进。但汽轮发电机组轴系的机械结构较为复杂,建模时往往难以与实际结构完全等效,轴系的固有频率难以完全准确计算,而电力系统和控制系统扰动下的扭振响应分析计算的精度更难以保证。因此,为了对轴系的扭振(包括响应特性)作出正确的评价,避免汽轮发电机轴系扭振破坏事故的发生,不仅在设计阶段应进行详细的扭振计算,而且要在机组投运后进行扭振计算,并为运行分析提供依据。因此,扭振测试与监测是汽轮发电机轴系扭振研究必不可少的内容。

1. 扭振测试

按扭振信号的拾取方式分,扭振测量方法主要有两大类:接触测量法和非接触测量法。接触测量法是将传感器(应变片等)安装在轴上,测量信号经过集流环或者无线电发讯方式传给二次仪表。非接触测量一般采用"测齿法",即利用轴上的齿轮或其他等分结构,由磁电式、涡流式或光电式非接触传感器,感受扭振引起的不均匀脉冲信号,通过二次仪表的解调处理后达到测量扭振的目的。近年来已研究出用激光来实现扭振非接触测量。

扭振的实机测试分两大类:一类是以确定机组轴系在110Hz范围内的各阶固有扭振频率为目的的轴系扭振特性实测,这一类实测通过专门性的试验完成;另一类是机电扰动工况下的机组轴系扭振响应的实测,这类实测项目的种类繁多,而且有些项目还难以具备试验条件,所以一般靠监测和长期积累取得数据。目前大多数实机测试工作是针对轴系扭振特性开展的。

进行机组轴系扭振特性测试,首先应解决测试用激振法。国内外的理论分析与试验研究表明,主要采用五种不同的机械或电气激振方法来激发机组以获得轴系扭振固有特性(包括固有频率、主振型和阻尼),即盘车起合激振、并网激振、起合串补电容激振、稳态不对称短路变频激振及励磁变磁变频激振[16]。

1)盘车起合激振

盘车装置通常位于汽轮机与电机之间,用于在机组启停过程中带动轴系慢速转动以防止转子不均匀热变形的传动装置。盘车激振是在机组静止时反复投入和退出盘车,齿轮啮合传递的冲击性扭矩使轴系产生含多重振型(或多模态)的瞬态扭振响应。

该扭振响应可用贴在某轴段上(如发电机和励磁机之间)的应变片进行测量。通过应变信号的频谱分析,可以得到被激发的固有扭振频率。此外,应变信号通过频率为测量的某一固有扭振频率的带通滤波器后,可进一步分析得到因机械时滞和轴承摩擦引起的应变能消耗而造成的每一种振型对应的阻尼值。

盘车起合激振通常只能粗略获得一、二个低阶轴系扭振固有频率,主要为变频扫描激振精确测量时提供初值。由于盘车起合激振扭矩一般较小,只有用应变片才能测量,此时无法采用旋转角位移测量。

2)并网激振

并网激振是并网时人为地使发电机电压与母线电压之间存在一定的相位差，从而通过发电机气隙对轴系施加一冲击性电磁转矩以产生扭振响应。并网激振试验过程可同机组的正常并网运行操作相结合，不会增加过多的额外工作量，因此是一种较为简单的激振方法。

并网激振与盘车起合激振都是冲击性激振，都相当于给轴系施加阶跃激励转矩，但由于两种方法对轴系激励转矩的大小不同(前者大，后者小)，作用位置也不同(前者在发电机转子上，后者在低压缸与发电机之间的轴段上)，因此，扭振响应大小和所含的模态(或振型)成分多少也有所不同，前者激发的响应大并且激发的低阶模态比后者多。利用线路开关起合操作或短路产生的瞬时性电功率冲击，也可作为同并网激振相类似的电气激振方法。

3)起合串补电容激振

起合串补电容激振主要用于具有串补电容输出系统的机组轴系扭振实机测试。串补电容的投入或短接意味着电系统阻抗的突然变化，并由此导致发电机电磁转矩的突变，相当于对轴系强制性地施加了一阶跃激振转矩，从而引起轴系扭振响应，测得此响应并分析就可得出轴系固有扭振特性和对应的阻尼值。

4)稳态不对称短路变频激振

稳态不对称短路变频激振是在发电机出口处人为地制造稳态不对称短路，如单相接地、两相短路或两相接地短路等，使得发电机定子中产生负序电流。由定子负序电流产生的负序旋转磁场同转子励磁旋转磁场相互作用，产生一个两倍于转速频率的交变电磁转矩，并通过气隙作用到机组轴系上，这样通过机组升降速可以产生不同的两倍于转速频率的激振频率，通常转速变化范围为0～3300r/min，激振频率为0～110Hz。跟踪不同转速下的倍频响应，即可得到机组轴系扭振固有频率特性。

5)励磁变频激振

励磁变频激振是通过专门设计的压控扫描振荡器在发电机励磁绕组中加一个频率和幅值均可变的交变电流，以实现在发电机绕组气隙中产生一定的交变电磁转矩对轴系进行激振。当改变压控扫描振荡器扫描频率(即外加交变电流的频率)时，便可得到相应的电机振荡频率。利用励磁机输出功率的(强制)正弦波频率变化就可使轴系产生相应频率的扭振响应，从而可以准确测试轴系的扭振特性。显然，当压控扫描振荡的扫描频率从0～55Hz或从0～110Hz改变时，轴系在此频率范围内的固有模态分别被激发出，通过对扭振响应的跟踪检测，便可得到轴系在0～50Hz或0～100Hz范围内的固有频率等扭振特性。

与其他激振方法不同，励磁变频激振法是在机组正常负荷运行时实施的，试验前应进行有关计算，以确保电力系统运行安全及轴系任一截面的扭转剪切应力限制在疲劳极限内。另外，可通过盘车激振或并网激振等较为简便的激振方法初步确定轴系的固有频率，再有针对性地进行变频扫描，以提高测试速度与准确性。

2. 机组轴系扭振在线监测

机组轴系扭振在线监测与实机测试是不完全相同的两个概念。前者是指随机连续测量机组运行时各种机电扰动下的轴系扭振响应及估算对应的疲劳寿命损耗，是一种有效防止机组出现过大应力和疲劳损坏的手段；后者是通过现场测试，确定机组固有扭振特性或试验工况下的扭振响应，以供设计、运行和分析用。由于实际机电扰动工况的扭振响应难以计算和测试，在线监测就显得十分重要。

目前，用于扭振在线监测和分析的装置主要有三种[17]：扭振仪、扭应力分析仪和扭振监测系统。其中扭振监测系统由现场监测装置和远程中心两大部分组成，它的轴系模型由一组扭振模态方程实现，并且可同时对若干电厂内多台机组的扭振情况进行监测，比其他两种装置更先进可靠，因此，在扭振监测领域被广泛应用。欧美一些发达国家早在20世纪70～80年代就在一批发电机组上安装了扭振监测装置，其中西德1977年研制成功的扭应力分析仪（torsional stress analyzer，TSA）和美国电力科学研究院1982年研制成功的扭振监测系统（torsional vibration monitoring system，TVMS）最具代表性，此外还有英国的TV-I型扭振仪，美国的2521、TVSC、FC-62/VED-223A型扭振仪等。我国目前已有的扭振监测装置有：清华大学的DK系列高精度轴系扭转测量系统、华北电力大学的TSA2.0扭振在线监测系统、东南大学的NZ系列扭振仪和上海电力设备成套研究所研制的DTV-88、TV-85A型扭振仪。

1.2.4 预防和抑制机组轴系扭振的措施和对策

1. 防止和抑制次同步机电共振的措施

自1969年第一次发生次同步机电共振事故以来，研究人员对这类扭振现象已提出了一系列的防止和抑制措施，其中某些措施可望用于超同步共振和机电系统的冲击性扭振的防止和抑制。

次同步机电共振产生的主要原因在于感应发电机效应、机电扭矩之间相互作用以及作为上述两种作用叠加结果的暂态扭矩放大。因此，国内外研制并用于抑制次同步机电共振的各种措施，就其实质而言在于消除和预防可能产生次同步机电共振的上述三个原因，并将其分为四大类：一是加设滤波器与阻尼装置；二是采用控制与调节手段；三是合理使用开关切合操作及加装保护；四是改进发电机与系统结构[5,18-21]。

1)加设滤波器与阻尼装置

(1)静态阻塞滤波器。静态阻塞滤波器是由若干个高品质因数值的并联谐振滤波器串联而成。它串接在发电机主变高压侧绕组的中性点侧或出线侧，每相接一只，其作用在于阻止次同步电气谐振电流分量进入发电机内，使它不至于同机组轴系某一扭振模式(即某一低阶固有扭振频率)产生联系，从而抑制 SSO 的发生。该装置主要用于抑制机电扭振互作用和暂态力矩放大。

(2)线路滤波器。线路滤波器是在输电线路每相在已装有串补电容 C 的基础上，再并接适当的电容 ΔC 和电感 ΔL 所构成的并联谐振电路，它可以有效地阻止某一阶次同步谐振频率的电流在所接线路中流过。由于参数 ΔC 和 ΔL 的选择只能用于阻尼某一阶单一频率的 SSO 电流进入发电机内，另外还需利用线路串补电容器，而其电容量是针对某一运行方式并由所要求的补偿度确定的，不能随意变动，因此线路滤波器就不同于静态阻塞滤波器，无法适应输出电网络的变化和系统的发展，它只能在系统结构相对稳定的某个阶段才能有效抑制次同步机电共振。

(3)旁路阻尼滤波器。旁路阻尼滤波器是由并联的电感电容和一个串联的阻尼电阻组成，它与输电线路的串补电容并联，每相串补电容并接一套旁路阻尼滤波器。选择各元件的参数使得其在工频时有很大的阻抗，不会影响系统的正常运行。而在次同步频率范围内，并联电感电容的组合电抗降低，阻尼电阻起作用，产生相当有效的正电阻，抵消发电机中对应于次同步电流的视在负阻尼。旁路阻尼滤波器主要用于抑制异步发电机效应。

(4)动态滤波器。动态滤波器是一种向系统串入电压源或注入电流的电力电子装置，有点类似于有源滤波器，一旦监测到系统中出现 SSO 电流流过时，即按监测到的次同步电压或电流幅值与相位，产生一个与之大小相等、相位相反的电压或电流，通过变压器耦合方式，注入到该系统线路中，以抵制或减小此次同步频率振荡电流。动态滤波器主要用于抑制机电扭振互作用，它需要非常复杂的控制系统和一个独立的电源，造价昂贵。

2)采用控制与调节手段

(1)发电机励磁调节。早期借助发电机励磁控制与调节手段抑制次同步机电共振的原理是：经机头、机尾两端测得的转速信号经带通滤波器、移相器、放大器分离并分别移相、放大后，综合输入快速励磁调节器，调节发电机的励磁电压、电流，以增加对 SSO 的阻尼。近年来，则更多地注意利用控制理论学科的新成就，致力于改进控制策略以达到同样的目的。理论上，与发电机调节相对，汽轮机的汽门调节也应能抑制SSO，同时可望用以减少非SSO造成的危害。鉴于励磁和调速系统是汽轮发电机不可缺少的组成部分，从这两方面入手抑制扭振理应最直接经济，应该引起重视并优先考虑。

(2)静止无功补偿装置(static VAR compensator，SVC)。抑制SSO的SVC装置在早期的研究中又称为动态稳定器，由三相晶闸管控制电抗器组成，并联接在需要抑制SSO的发电机出线上，晶闸管控制电抗器通过合理的调制方式，根据发电机转速偏差来调制发电机的输出功率，以产生相应的阻尼转矩，从而抑制SSO。

(3)可控串联补偿装置(thyristor controlled series compensation，TCSC)。基本的晶闸管控制串联电容器是由一个串联电容器与一个晶闸管控制电抗器并联组成，串联在输电线路中，它可以认为是与并联装置SVC相应的串联接法的对偶装置，它最初是被用来缓解区域间的低频振荡，近些年来开始成为抑制SSO的热门方案。国际上已发表不少文章，研究了TCSC抑制SSO的控制策略，研究表明，使用适当的控制策略可以达到抑制SSO的作用。目前在美国、巴西、瑞典等地已有多套可控串补装置投入运行，现场试验表明其确有抑制SSO的能力，并且还具有抑制大干扰下暂态力矩放大作用的能力。

(4)基于HVDC的附加阻尼控制器。对于由直流输电辅助控制引起的SSO问题，可以在辅助控制器中加入陷波滤波器，将输入信号中不稳定的扭振频率分量滤除，就可以消除辅助控制器带来的不稳定影响。此外，还可采用与附加励磁系统阻尼控制相似的对策，即利用次同步阻尼控制器(subsynchronous damping controller，SSDC)。SSDC以发电机转速偏差为输入信号，对之作适当的处理，如放大和相位补偿，产生一个控制信号，作为直流输电控制系统的附加控制信号，最终使发电机的电磁力矩中产生一个阻尼SSO的电气阻尼力矩增量，达到抑制SSO的目的。

(5)其他柔性输电系统(flexible alternative current transmission system，FACTS)装置。随着电力电子器件的快速发展，不断产生许多新型的输电用FACTS装置。FACTS装置由于大量采用电力电子器件，因此具有较高的系统响应速度，使得其在抑制SSO方面能发挥重要作用。目前，除SVC及TCSC外，其他FACTS装置，如静止同步补偿器(static synchronous compensator，STATCOM)、统一潮流控制器(unified power flow controller，UPFC)、静止同步串联补偿器(static synchronous series compensator，SSSC)等都已有相关文献对其在抑制SSO方面的能力进行过报道。

3)合理使用开关切合操作及加装保护和监测装置

(1)系统开关切合操作。当系统结构变化并有可能导致次同步谐振(subsynchrous resonance，SSR)而危及机组安全运行时，可通过自动装置将被保护的机组切换至无串补电容的线路上,或通过切合操作将串补电容同被保护的机组隔离开来。这种方法对于抑制感应发电机效应和机电扭振相互作用是很有效的,并且经济易行。必须指出的是,系统开关切合操作是建立在事先了解和可靠地检测出所有可能诱发 SSR 的系统结构形式(即运行方式)等条件的基础上的。另外,开关切合操作可能会给正常运行的系统造成扰动,应避免 SSR 后恢复系统原结构运行时,开关合闸可能导致误同期,带来新的扰动。

(2)机组跳闸。通过一套自动装置,在事先已研究的所有可能导致轴系因 SSR 而产生过大扭矩的系统运行方式和故障位置的基础上,布置相应的检测点和设置逻辑回路,以确定机组的跳闸速度,使轴系扭矩水平低于允许值。分析研究表明,对于极端情况,机组必须在 5～6 周波时间内跳闸,才可将瞬时扭矩限制在允许水平内。

(3)扭振继电器。扭振继电器的输入是轴系两端测得的转速经带通滤波器分离而得到的特征频率信号。这些信号经处理并转换为扭矩信号,与给定的扭矩相比较,如超过定值,则保护装置作用并切机。应指出,该装置也可以防止非 SSO 造成的危害。

(4)次同步电流继电器。次同步电流继电器感应次同步频率电流,当出现持续的同步共振时,经延时后切除机组,以避免因感应发电机效应和机电扭矩相互作用对轴系造成的危害。

(5)扭振在线监测装置。这类装置可以提供数据,以估计由输电网络干扰或振荡造成的大轴扭振的严重影响,以便制订和采取相应的对策。目前,国外已研制出 TSA(美国)、TE(德国)等扭振监测与分析装置并投入使用,国内东南大学、上海电力设备成套研究所、华北电力大学等单位研制的扭振监测装置曾经试用。这种装置可用于任何扭振类型的扭振响应监测。

4)改进汽轮发电机组与电力系统结构

(1)调整汽轮发电机组轴系扭振动态特性(即轴系调频)。当轴系扭振固有频率 f_m 与电气谐振频率 f_e 耦合时,即 $f_m=f_N-f_e$(f_N 为周波频率)时,将会发生 SSR。对于一个既定的电网系统,f_e 一定,可通过改变 f_m(即调频)来防止 SSR。改变 f_m 需要通过改进汽轮发电机组轴系结构实现。轴系调频受机组尺寸与结构的限制,因此对一个既定的电网结构,通过在一定的范围内对轴系调频来降低机电扭矩之间的相互作用是有效的和可行的,但应当注意到,如果电力系统运行方式有大的改变,则又有可能使轴系相对于一个新的 f_e 产生 SSR。所以,必须作具体分析、计算和比较。由此可见,在设计和运行中,机电两方面相互协调的工作是非常重要的。这一方法对负序电流引起的超同步共振尤为适用。

(2)发电机回路串接电抗。对于串补电容输电系统来说,当机组与系统之间有可能诱发 SSR 时，可在发电机定子回路或发电机与电网间串接电抗，以解调可能存在的共振网络，防止 SSR。

(3)发电机转子磁极加装极面阻尼绕阻。发电机转子磁极加装极面阻尼绕阻可减少次同频率下发电机的负电阻，有助于在滑差频率下在耦合系统和发电机内产生净正电阻，从而能有效地防止因感应发电机效应导致的自激扭振。

2. 防止和减少超同步(或同步)共振的决策

超同步(或同步)共振属强迫振动，为了减小和消除超同步共振对机组安全运行的危害，主要通过减小激振扭矩和轴系调频两种途径采取相应的措施。

1)保持三相平衡

为了减小激励扭矩，在发电机运行中必须限制负序电流。为了消除由于负序电流产生的超同步共振，最好是保持输电线路中三相平衡。但是为了保证电网的安全和经济，目前各电网采用大容量和超高压远距离输电线路，在这样的输电线路上，往往难以保证输电线路的三相完全平衡。

2)轴系调频

为了防止发生同步和超同步共振，汽轮发电机组轴系各阶固有频率不但不能和系统周波(工频)和两倍的周波(倍频)重合，而且还必须避开工频和倍频并留有一定的裕度。一般认为，轴系扭振固有频率对 50Hz 工频应避开±1Hz(即 49～51Hz)，对 100Hz 的倍频应避开±3Hz(即 97～103Hz)。

考虑到周波频率变化为±0.5Hz(周波倍频变化为±1Hz)和计算误差±3Hz，扭振固有频率计算值对于工频避开率为±4.5Hz，即在 45.5～54.5Hz 范围内不允许有固有频率计算值；对于倍频避开率，上限为 8Hz，下限为－7Hz，其中上限多 1Hz 是考虑温度对轴系扭振固有频率的影响，也即在 93～108 Hz 范围内不允许有固有频率计算值落入。

鉴于汽轮发电机组轴系扭振阻尼较小，实测发现±1～2Hz 已完全避开共振区，考虑测试误差为±1Hz 及周波频率变化为±0.5Hz(周波倍频变化为±1Hz)，则轴系固有频率实测值，对于工频的避开率为±2.5Hz，即实测值应避开 47.5～52.5Hz 范围；对于倍频的避开率为±4Hz，即实测值应避开 96～104Hz 范围。我国尚未发表有关标准，以上数值可供参考。

应该提出，轴系调频工作主要在机组设计过程中考虑；为抑制 SSO 用的有关调节、保护与扭振监测装置，也可用来防止减小超同步共振。

3. 防止和抑制轴系因机电扰动下引起的冲击性扭振的各种措施

1)对于线路开关操作

对于最常见的线路开关操作，1980 年美国 IEEE 制订了一个运行操作规定，要求每次正常操作时 Δp 和 Δi 的最大变化量不应超过 0.5(标幺值),这样可使每次运行操作造成的轴系疲劳损耗不大于 0.001%。

2)对于发电机端出口短路

英国通用电气公司、美国西屋公司都规定发电机出线端二相短路时,轴系各轴段扭振应力 τ_{max} 应小于材料的屈服应力 τ_s。τ_s 与拉伸屈服强度的关系一般为 $\tau_s = 0.57\sigma_{0.2}$,则 $\tau_{max} < 0.57\sigma_{0.2}$。法国阿尔斯通公司规定 $\tau_{max} < 0.66\sigma_{0.2}$。我国以往在机组设计中,通常取扭转应力应满足 $\tau_{max} < (0.61 \sim 0.51)\sigma_{0.2}$。目前,国内有关制造部门推荐采用 $\tau_{max} < 0.57\sigma_{0.2}$ 作为校核准则。

3)对于非同期并网

非同期并网,特别是 120°的误并网,由于其后果严重,不少国家对大机组的设计和运行提出了相应要求。法国和英国要求变压器短路阻抗为 15%时机组承受 5 次 180°和 2 次 120°的误并网。为预防非同期并网,德国在越来越多的机组上采用两套互为闭锁的准同期装置,有的则采用其他的闭锁装置。国内外的事故运行经验表明,同期角的限制应对正常运行并网和事故强制并网两种情况分别提出不同的要求,即前者可严一些,例如不超过 10°～20°,以利于保护机组;对于后者应大一些,例如不超过 40°,这样做有利于在紧急情况下的事故处理,可避免大面积停电。

4)对于甩负荷

大机组有功功率的突变同样会对轴产生疲劳损耗,美国规定大机组甩负荷 50%应不影响寿命,对于甩负荷的大小与允许甩负荷的次数应有合适的限制。

5)对于电网短路与故障切除

对于切除发电厂近距离电网短路并随之恢复运行电压的非正常运行方式,应在机组和电网两方面提出防范措施。例如,对轴系的结构设计应考虑材质特性,采取改进措施;采用继电保护装置使线路开关刀闸在断开中先断开一相,经一定时间后再全部断开。分析表明,开关操作方式能有效地减小扭振对轴系的冲击。

6)对于重合闸

对于短路—短路切除—重合闸或成功恢复供电或不成功再次切除等多重扰动,特别是重合闸失败,考虑到此过程对机组轴系扭振冲击的严重性,美国于 1982 年要求改变使用三相快速自动重合闸的技术政策,即对同期进行检查、延长三相重合闸时间(10s 或更长)、改用单相重合闸或不用重合闸,现在不少西方国家在高压线路中采用的大多是单相重合闸,并要求大机组能承受单相重合闸带来的冲击。

7)对于快控汽门

快控汽门(快关)对轴系的影响仅限于一次不甚强烈的机械冲击,且冲击时间较长，一般认为，不会导致轴系扭振；当然，不能完全排除由于某种原因造成的连续性快关对轴系产生影响。

8)其他

抑制 SSO 用的有关调节、保护与扭振监测装置，也可移植用来防止和抑制机电系统扰动下引起的冲击性扭振。

1.3　本书内容安排

本书对机电网耦合作用下汽轮发电机组轴系扭振问题进行了系统、深入的阐述。在扭振机理与分析方法方面，本书介绍了用于汽轮发电机组轴系扭振分析的几种常用模型，提出了各种模型的构建方法，并基于这几种模型，进一步提出了多种扭振固有特性和扭振动态响应的分析方法；在轴系扭振安全性分析方面，本书对扭振疲劳寿命损耗分析方法进行了详细阐述；对次同步振荡下的轴系扭振模型建立、分析方法进行了论述；最后根据工程实际情况，本书提出了一套完善的轴系扭振监测、分析与保护策略。

本书内容分为 7 章阐述，第 1 章主要介绍了扭振现象及其特点，阐述了扭振的基本形式，论述了扭振研究的意义，对扭振问题的研究进展进行了归纳总结，最后给出全书的内容安排。

第 2 章对汽轮发电机组轴系扭振固有特性的分析方法进行了讨论，对连续质量系统和多自由度系统的振动进行了研究。根据汽轮发电机组实际情况，提出了汽轮发电机组轴系的连续质量扭振模型和分段集中质量扭振模型的详细建模方法，分别基于连续质量扭振模型和多段集中质量扭振模型，对 Riccati 法、Holzer 法等扭振固有特性计算方法进行了分析比较；同时，基于连续质量扭振模型，提出了四端网络轴系扭振固有特性分析方法。

第 3 章对轴系扭振动态响应分析主要使用的时域仿真法进行了讨论，分析了多自由度系统的自由振动和强迫振动，并结合汽轮发电机组的实际情况，提出了一套轴系扭振动态响应计算方法。考虑了扭振过程中系统的强非线性，与逐步积分法结合，对轴系扭振动态响应进行求解，同时也给出了与之相匹配的发电机电磁力矩和汽轮机蒸汽力矩的计算方法。

第 4 章对汽轮发电机组的轴系扭振安全性评价方法进行了讨论，给出了轴系扭振危险截面的确定方法和危险截面的应力计算方法。扭振对汽轮发电机组的危害主要体现在轴系疲劳寿命损耗上，鉴于转子钢扭转疲劳性能数据严重匮乏的现状，本章通过最常见的轴向低周疲劳寿命 Coffin-Manson 模型推导出适合工程应用的转子钢扭转疲劳寿命模型，分析了应力集中、平均应力等多种因素对扭转疲劳寿命的影响，给出了在没有相关疲劳特性参数可参阅的条件下，应用四点关联法、修正通用斜率法和硬度法估算转子钢扭转疲劳特性参数的方法。基于这种转子钢扭转疲劳寿命模型，给出了轴系扭振危险截面的疲劳寿命损耗分析方法，分析了国内外扭振安全性分析的研究现状及其安全评估策略，总结了各类扭振故障及其扰动组合对轴系的危害程度和一次性冲击允许的寿命损耗范围，为相关部位风险门槛值的确定提供了参考。

第 5 章阐述了 SSO 的定义及分类，论述了 SSO 的产生机理。讨论了 SSO 分析使用的电力系统主要元件的数学模型，主要包括：同步发电机和励磁系统数学模型、轴系简单集中质量块模型、汽轮机及调速系统数学模型、交流电力网络数学模型、机网接口模型以及高压直流输电系统数学模型。在此基础上，对目前常用的电力系统 SSO 和轴系扭振的分析方法进行了简单的介绍，论述了 Prony 算法在 SSO 分析中的应用。

第 6 章对测速齿轮转轴扭角测量方法进行了讨论，利用时间脉冲法计算测速齿轮的瞬时扭角，同时给出了弯振干扰、齿轮安装误差、加工误差等影响因素的消除方法。电磁力矩瞬态冲击类扭振与共振类扭振在产生原因和扭振特征等方面有较大的区别，用单一方法对两类扭振故障进行分析难以保证精度。根据两种扭振故障的特点，对于不同类型的扭振，提出了不同的轴系扭振分析方法，同时针对 SSO 等共振类扭振，提出了一种扭振发展趋势分析方法。基于对轴系扭振监测与分析方法的研究，结合发电厂的实际情况，综合考虑扭振跳机保护对发电厂安全性和经济性的影响，提出了一套轴系扭振监测、分析与保护策略，制定了一套扭振报警与跳机保护逻辑，并给出了报警与跳机保护门槛值的制定方法。

第 7 章给出了某电厂磨损轴系的扭振安全性分析案例，是本书核心理论和方法在处理实际工程问题时的集中体现。

参考文献

[1] 刘英哲，傅行军. 汽轮发电机组扭振[M]. 北京：中国电力出版社，1997.

[2] 刘峻华. 大型汽轮发电机组轴系扭振研究[D]. 武汉：华中科技大学，2006.

[3] Walker D N, Bowler C E, Jackson R L, et al. Results of subsynchronous resonance text at Mohave[J]. IEEE Transactions on Power Apparatus and Systems, 1975, 94(5): 1878-1889.

[4] Bahrman M, Larsen E V, Piwko R J, et al. Exper[J]. IEEE Transactions on Power Apparatus and Systems, 1980, 99(3): 966-975.

[5] 程时杰，曹一家，江全元. 电力系统次同步振荡的理论与方法[M]. 北京：科学出版社，2009.

[6] 杨煜，陈陈. 伊敏—大庆 500kV 输电系统次同步谐振分析——兼论发电机轴系共振频率[J]. 电网技术，2000，24(5)：10-13.

[7] 徐政，张帆. 托克托电厂串补送出方案次同步谐振问题的计算和分析[J]. 中国电力，2006，39(11)：21-26.

[8] 李国宝，张明，郭锡玖，等. 上都电厂串补输电系统次同步谐振解决方案研究[J]. 中国电力，2008，41(5)：75-78.

[9] 潘卓洪，张露，谭波. 高压直流输电入地电流在交流电网分布的仿真分析[J]. 电力系统自动化，2011，35(21)：110-115.

[10] 伍凌云. 复杂交直流输电系统次同步振荡的分析与控制[D]. 成都：四川大学，2007.

[11] 陈秀娟. 电网冲击下汽轮发电机组轴系扭振响应分析[D]. 保定：华北电力大学，2011.

[12] 何成兵，顾煜炯，杨昆. 汽轮发电机组扭振模型和算法综述[J]. 华北电力大学学报，2003，30(2)：56-60.

[13] 倪以信，陈寿孙，张宝霖. 动态电力系统的理论和分析[M]. 北京：清华大学出版社，2002.

[14] 黄家裕. 电力系统数字仿真[M]. 北京：水利电力出版社，1995.

[15] 庞立云，任福春，韩中合，等. 计算轴系扭振固有特性的 Riccati 法[J]. 中国电机工程学报，1992，12(4)：40-44.

[16] 陈勇. 汽轮发电机组轴系扭转振动测试[J]. 南京林业大学学报，2002，26(2)：41-43.

[17] 杜极生. 国内外关于扭振监测装置的研究综述[J]. 汽轮机技术，1991，33(5)：16-19.

[18] IEEE Subsynchronous Resonance Working Group. Counter measures to Subsynchrous Resonance Problems[J]. IEEE Transactions on Power Apparatus and Systems，1980，99(5)：1810-1818.

[19] 龚年乐. 抑制次同步机电共振用的几种滤波装置[J]. 电网技术，1991，46(1)：66-67.

[20] 朱振青. 励磁控制与电力系统稳定[M]. 北京：水利电力出版社，1994.

[21] 张帆. 电力系统次同步振荡抑制技术研究[D]. 杭州：浙江大学，2007.

第 2 章　轴系扭振固有特性计算

2.1　连续质量扭振模型

2.1.1　连续质量系统的振动分析

假设有一均质变截面杆，如图 2-1 所示。取杆的中心线为 x 轴，左端面为原点，设杆长为 l，质量密度为 ρ，剪切弹性模量为 G。

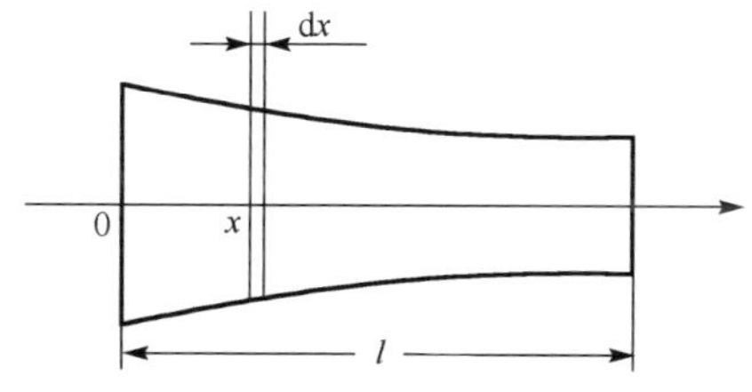

图 2-1　轴的扭转振动

在变截面杆的 x 位置处取一截面作为研究对象，该截面对于 x 轴的极惯性矩为 $J(x)$，角位移为 $\theta(x,t)$，则根据胡克定律，有

$$M_T = GJ\frac{\partial\theta}{\partial x} \tag{2-1}$$

式中，M_T 为该截面处所受扭矩。

因此，对于 x 位置处的微元轴段，它的扭转动力学方程为

$$\rho J\,\mathrm{d}x\frac{\partial^2\theta}{\partial t^2} = \left(M_T + \frac{\partial M_T}{\partial x}\mathrm{d}x\right) - M_T = \left(GJ\frac{\partial^2\theta}{\partial x^2} + G\frac{\mathrm{d}J}{\mathrm{d}x}\frac{\partial\theta}{\partial x}\right)\mathrm{d}x \tag{2-2}$$

整理式(2-2)，得到该变截面杆的一维波动方程为

$$\frac{\partial^2\theta}{\partial x^2} + \frac{1}{J}\frac{\mathrm{d}J}{\mathrm{d}x}\frac{\partial\theta}{\partial x} = \frac{1}{{C_s}^2}\frac{\partial^2\theta}{\partial t^2} \tag{2-3}$$

式中，$C_s = \sqrt{G/\rho}$ 为杆中扭振波速。

如果变截面杆受简谐激励，即做以 ω 为频率的简谐振动，其表达式为

$$\theta(x,t) = \Theta(x)\sin(\omega t + \theta_0) \tag{2-4}$$

式中，$\Theta(x)$ 为 x 位置处截面简谐振动振幅；θ_0 为初始相位。

则式(2-3)变为

$$\frac{d^2\Theta}{dx^2}+\frac{1}{J}\frac{dJ}{dx}\frac{d\Theta}{dx}+k^2\Theta=0 \tag{2-5}$$

式中，$k=\omega/C_s$，称为波数。

对式(2-5)作变换：$\Theta=\frac{y}{\sqrt{J}}$，可以得到

$$\frac{d^2y}{dx^2}+k_1^2y=0 \tag{2-6}$$

式中，$k_1^2=k^2-\frac{1}{\sqrt{J}}\frac{d^2\sqrt{J}}{dx^2}$。

显然，只有当 k_1^2 为正常数时，方程式(2-6)才有简谐解：$y=A\sin(k_1x)+B\cos(k_1x)$。由此可得到该变截面杆的模态函数为

$$\Theta(x)=\frac{1}{\sqrt{J}}[A\sin(k_1x)+B\cos(k_1x)] \tag{2-7}$$

式中，A 和 B 为积分常数。

一个连续系统的固有频率有无穷多个，记作 ω_i（$i=1,2,\cdots$），相应地，第 i 个频率对应的模态函数记作 Θ_i（$i=1,2,\cdots$）。因此该系统以 ω_i 为固有频率，Θ_i 为模态函数的第 i 阶主振动表达式为

$$\theta(x,t)_i=\Theta_i(x)\sin(\omega_it+\theta_{0i}) \tag{2-8}$$

连续系统的自由振动由它的无穷多个主振动的叠加而成，即

$$\theta(x,t)=\sum_{i=1}^{\infty}\Theta_i(x)\sin(\omega_it+\theta_{0i}) \tag{2-9}$$

由于汽轮发电机组轴系结构复杂，直径不连续，常常沿轴向方向发生跳跃性突变，难以将其视为简单的变截面杆进行求解，因此需要以此模型为基础，建立汽轮发电机组轴系的连续质量扭振模型，并利用简化解法对轴系的扭振固有特性进行求解[1]。

2.1.2 轴系的连续质量扭振模型模化方法

利用连续质量模型求解汽轮发电机组轴系的扭振固有特性，为简化计算，需要将轴系模化为有附加转动惯量的等截面阶梯轴，如图 2-2 所示。为保证模型精度，需要根据汽轮发电机组的设计图纸将轴系详细分段，凡是转轴横截面积有突变的地方及存在附加转动惯量的位置，都应取作分段点，确定各单元尺寸。汽轮机叶片等零件，需要模化为附加转动惯量。

在该模型中，一个等截面轴段单元的主要参数有：内径 D_i、外径 D_o、长度 L、密度 ρ、扭转弹性模量 G 以及附加转动惯量 AI。

汽轮机叶片是一个形状复杂的几何体，计算转动惯量时采用线性处理的有

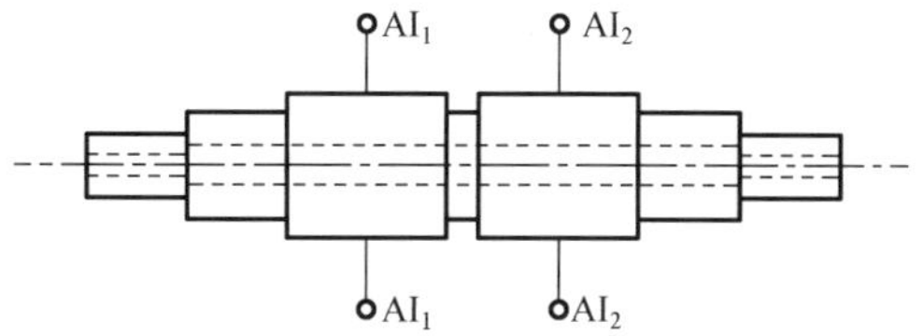

图 2-2　带附加转动惯量的等截面阶梯轴示意图

限积分法将叶片分成许多小的简单几何体，然后求出这些有限小的简单几何体对同一转轴的转动惯量之和。计算时，可将叶片不同半径 r_i 处的截面积 f_i 用一个宽度为 b_i、半径为 r_i、表面积与叶片在该处的截面积及转动惯量相同的圆柱面来代替，即

$$b_i = Z_d \frac{f_i}{2\pi r_i} \tag{2-10}$$

式中，Z_d 为叶片排的动叶数目。

因此，b_i 曲线所包络平面的转动惯量就等于叶片排的转动惯量 WR_0^2，有

$$WR_0^2 = \sum_i^n \frac{\pi\rho}{2} b_i (r_{i+1}^4 - r_i{}^4) \tag{2-11}$$

式中，ρ 为叶片材料密度。

为了简化计算，假定叶片截面积随半径成线性变化，截面积的表达式可表示为

$$A(r) = kr + c \tag{2-12}$$

式中，k、c 为待定参数。由图 2-3，k、c 的表达式为

$$\begin{cases} k = \dfrac{A_2 - A_1}{r_2 - r_1} \\ c = A_1 - r_1 \cdot \dfrac{A_2 - A_1}{r_2 - r_1} \end{cases} \tag{2-13}$$

式中，A_1、A_2 分别为叶片顶部和根部的截面面积；r_1、r_2 分别为叶片顶部和根部的半径。

将叶片截面积转化为轮盘面积，可表示为

$$A_{轮盘}^{(i)} = Z_d A_{叶片}^{(i)} \tag{2-14}$$

式中，i 为动叶的级数。

转动惯量计算公式：$I = \int r^2 \mathrm{d}m$。其中，$\mathrm{d}m = A_{轮盘}\rho \mathrm{d}r$ 为叶片单位质量；ρ 为叶片密度。则叶片对轴的转动惯量为

$$I = \int_{r_1}^{r_2} r^2 \rho A_{轮盘} \mathrm{d}r = \int_{r_1}^{r_2} Z_d r^2 \rho \left[\left(\frac{A_2 - A_1}{r_2 - r_1} \right) r + A_1 - \left(\frac{A_2 - A_1}{r_2 - r_1} \right) r_1 \right] \mathrm{d}r \tag{2-15}$$

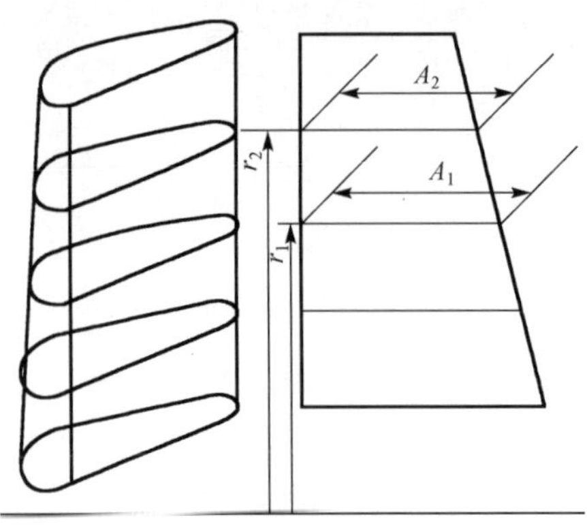

图 2-3 汽轮机叶片示意图

2.1.3 基于连续质量模型的扭振固有特性分析方法

1. Riccati 法[2]

图 2-4 表示连续质量模型中的一个微元段，其中 AI_i 为附加转动惯量，l_i 为单元长度，J_i 为单元截面极惯性矩，G_i 为轴材料的剪切弹性模量，ρ_i 为轴材料的密度。

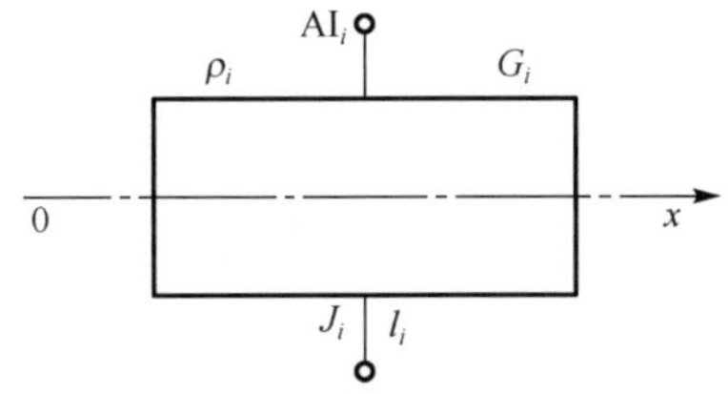

图 2-4 具有附加转动惯量的连续质量模型单元体

根据轴系的实际结构，可将其划分为若干单元。如图 2-4 所示的单元，其扭转振动的微分方程可表示为

$$\left(\rho_i J_i + \frac{AI_i}{l_i}\right)\frac{\partial^2 \theta(x,t)}{\partial t^2} = G_i J_i \frac{\partial^2 \theta(x,t)}{\partial x^2} \tag{2-16}$$

整理后得

$$\frac{\partial^2 \theta(x,t)}{\partial t^2} = C_{s_i}^2 \frac{\partial^2 \theta(x,t)}{\partial x^2} \tag{2-17}$$

$$C_{s_i}^2 = \frac{G_i J_i}{\rho_i J_i + \dfrac{AI_i}{l_i}} \tag{2-18}$$

式中，C_{s_i} 为该轴段的扭振波速。

由材料力学知，扭矩 M 和扭转角 θ 的关系为

$$\frac{\mathrm{d}\theta}{\mathrm{d}x}=\frac{M}{GJ} \tag{2-19}$$

而式(2-17)的解可写为

$$\theta=\Theta_i\cos\left(\frac{p}{C_{s_i}}x\right)+\frac{M_iC_{s_i}}{G_iJ_ip}\sin\left(\frac{p}{C_{s_i}}x\right) \tag{2-20}$$

式中，p 为试选的扭振固有频率，相当于 ω。

因此，有

$$M=-\Theta_i\frac{G_iJ_ip}{C_{s_i}}\sin\left(\frac{p}{C_{s_i}}x\right)+M_i\cos\left(\frac{p}{C_{s_i}}x\right) \tag{2-21}$$

由单元的($i+1$)截面的边界条件 $\theta_{x=l_i}=\theta_{i+1}$、$M_{x=l_i}=M_{i+1}$，可以得到单元两端截面状态向量关系式

$$\begin{bmatrix}\theta\\M\end{bmatrix}_{i+1}=\begin{bmatrix}\cos\frac{p}{C_{s_i}} & \frac{C_{s_i}}{G_iJ_ip}\sin\left(\frac{p}{C_{s_i}}l_i\right)\\-\frac{G_iJ_ip}{C_{s_i}}\sin\left(\frac{p}{C_{s_i}}l_i\right) & \cos\frac{p}{C_{s_i}}\end{bmatrix}\begin{bmatrix}\theta\\M\end{bmatrix}_i \tag{2-22a}$$

$$\begin{bmatrix}\theta\\M\end{bmatrix}_{i+1}=\begin{bmatrix}T_{11i} & T_{12i}\\T_{21ii} & T_{22i}\end{bmatrix}\begin{bmatrix}\theta\\M\end{bmatrix}_i \tag{2-22b}$$

将 Riccati 传递矩阵法引入扭振固有频率和振型的计算，这一方法把截面状态向量 $\boldsymbol{Z}$ 分为两组，即

$$\boldsymbol{Z}=\begin{bmatrix}f\\e\end{bmatrix} \tag{2-23}$$

式中，f 由起始截面状态向量中具有零值的元素组成，而非零值的元素组成 e。

对于计算轴系扭振固有频率，在起始端自由时，显然 $f=M$、$e=\theta$，从而式(2-22b)可表示为

$$\begin{bmatrix}e\\f\end{bmatrix}_{i+1}=\begin{bmatrix}T_{11i} & T_{12i}\\T_{21i} & T_{22i}\end{bmatrix}\begin{bmatrix}e\\f\end{bmatrix}_i \tag{2-24}$$

将式(2-24)展开得到

$$e_{i+1}=T_{11i}e_i+T_{12i}f_i \tag{2-25a}$$

$$f_{i+1}=T_{21i}e_i+T_{22i}f_i \tag{2-25b}$$

应用 Riccati 变换 $f_i=S_ie_i$，将式(2-25)转化为

$$e_{i+1}=T_{11i}e_i+T_{12i}S_ie_i \tag{2-26a}$$

$$f_{i+1}=T_{21i}e_i+T_{22i}S_ie_i \tag{2-26b}$$

由 Riccati 变换式可以得到

$$S_{i+1}=\frac{f_{i+1}}{e_{i+1}} \tag{2-27}$$

利用式(2-27)可得到计算轴系扭振固有频率的 Riccati 传递矩阵的递推关系式 S 为

$$S_{i+1}=\frac{f_{i+1}}{e_{i+1}}=\frac{T_{21i}+T_{22i}S_i}{T_{11i}+T_{12i}S_i} \tag{2-28}$$

汽轮发电机组轴系为两端自由的系统,因此在计算轴系扭振固有频率时,起始截面状态向量元素 $\theta_1\neq 0$、$M_1=0$,故 $S_1=0$。根据式(2-28)可逐个计算出 S_2,S_3,…,S_{N+1}。在轴系末端自由的末端截面边界条件 $\theta_{N+1}=0$、$M_{N+1}=0$,有

$$S_{N+1}=0 \tag{2-29}$$

式(2-29)即为 Riccati 法计算轴系扭振固有频率的特征方程,通过计算满足方程(2-29)的 p_i($i=1,2,\cdots$),即可得到轴系的各阶扭振固有频率 ω_i($i=1,2,\cdots$)。

求出轴系的第 i 阶扭振固有频率 ω_i 后,令 $\theta_1=\Theta_1=1$、$p=\omega_i$,将其代入系统的传递矩阵表达式(2-24),即可获得轴系的第 i 阶扭振振型 Θ_1,Θ_2,…,Θ_{N+1}。

需要注意的是,在用式(2-29)进行数值计算时,由于除法运算的存在,随着 p 值的改变,式(2-28)中的分母 e_{i+1} 有可能出现趋近于 0 的情况,这会导致无穷型奇点的问题,如图 2-5 所示。

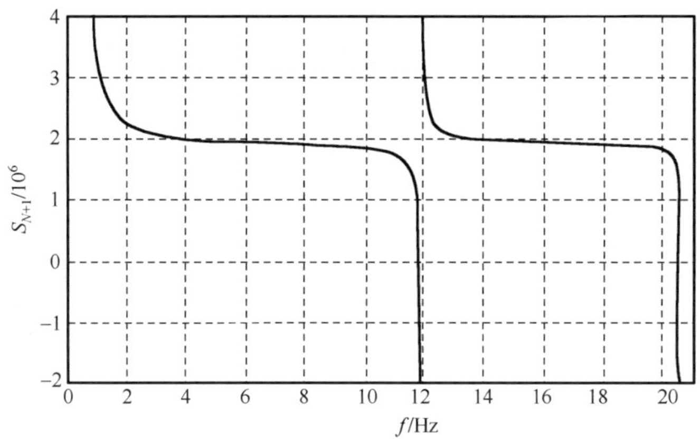

图 2-5　剩余量 S_{N+1} 曲线

其中,异号无穷型奇点的存在会产生"增根",影响固有频率求解的正常进行。这是因为在取不同 p 值进行计算时,虽然扭矩 M 的残值异号,但可能其间没有根值。

针对这种情况,可改用式(2-30)表示改进的 Riccati 法的特征方程式对轴系扭振固有频率进行求解。

$$D = S_{N+1} \prod_{i=1}^{N} \frac{T_{11i} + T_{12i} S_i}{\text{abs}(T_{11i} + T_{12i} S_i)} = 0 \tag{2-30}$$

式中，$\prod$ 表示连乘；abs(x) 表示取变量 x 的绝对值。

比较式(2-29)和式(2-30)可知，二者绝对值相同，虽然仍然有无穷型奇点，但已将前者的异号无穷型奇点变为同号无穷型奇点了，如图 2-6 所示。

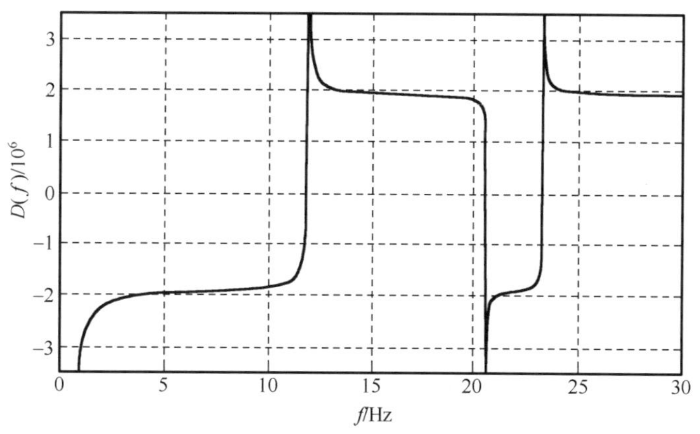

图 2-6 剩余量 $D(f)$曲线

2. 四端网络法[5-7]

设汽轮发电机组轴系有一均质变截面轴段，长为 l，横截面对中心的极惯性矩为 $J(x)$，质量密度为 ρ，剪切弹性模量为 G；取轴段的中心线为 x 轴，左端面为原点，如图 2-7 所示，图中 M 为扭矩，Z_R 为输出端的负载。

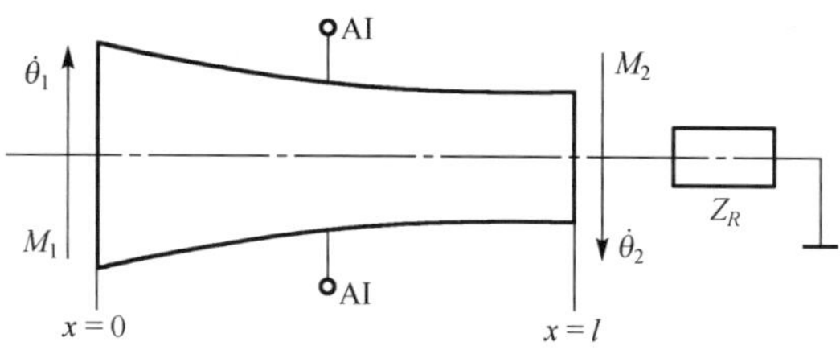

图 2-7 变截面轴段扭转振动示意图

x 截面的扭转角位移 θ 是坐标 x 和时间 t 两个变量的函数，即 $\theta = \theta(x, t)$，不难得到其扭转振动的运动支配方程为

$$\frac{\partial^2 \theta}{\partial x^2} + \frac{1}{J}\frac{\mathrm{d}J}{\mathrm{d}x}\frac{\partial \theta}{\partial x} = \frac{1}{C_s^{\,2}}\frac{\partial^2 \theta}{\partial t^2} \tag{2-31}$$

式中，$C_s = \sqrt{GJ \Big/ \left(\rho J + \dfrac{\text{AI}}{l}\right)}$ 为该轴段的扭振波速。

由 2.1.1 节可知，该轴段做频率为 ω 的简谐运动时，轴段的模态函数为

$$\Theta(x)=\frac{1}{\sqrt{J}}[A\sin(k_1x)+B\cos(k_1x)] \tag{2-32}$$

式中，$k_1^2=k^2-\frac{1}{\sqrt{J}}\frac{\mathrm{d}^2\sqrt{J}}{\mathrm{d}x^2}$，$k=\omega/C_s$；$A$ 和 B 为积分常数。

轴段的 x 位置处截面的运动方程为

$$\theta(x,t)=\Theta(x)\sin(\omega t+\theta_0) \tag{2-33}$$

式中，$\Theta(x)=\frac{1}{\sqrt{J}}[A\sin(k_1x)+B\cos(k_1x)]$；$A$ 和 B 为积分常数；θ_0 为初始相位。

根据变截面轴段两端的边界条件：振速条件 $\dot{\theta}\mid_{x=0}=\dot{\theta}_1$、$\dot{\theta}\mid_{x=l}=\dot{\theta}_2$ 和扭矩平衡条件 $M\mid_{x=0}=M_1$、$M\mid_{x=l}=M_2$，可得到扭振运动方程组

$$M_1=-\frac{\rho C_s}{\mathrm{j}2k}\frac{\mathrm{d}J_1}{\mathrm{d}x}\dot{\theta}_1-\frac{\rho C_s k_1 J_1}{\mathrm{j}k\tan(k_1 l)}\dot{\theta}_1+\frac{\rho C_s k_1\sqrt{J_1J_2}}{\mathrm{j}k\sin(k_1 l)}\dot{\theta}_2 \tag{2-34a}$$

$$M_2=-\frac{\rho C_s}{\mathrm{j}2k}\frac{\mathrm{d}J_2}{\mathrm{d}x}\dot{\theta}_2+\frac{\rho C_s k_1 J_2}{\mathrm{j}k\tan(k_1 l)}\dot{\theta}_2-\frac{\rho C_s k_1\sqrt{J_1J_2}}{\mathrm{j}k\sin(k_1 l)}\dot{\theta}_1 \tag{2-34b}$$

方程组(2-34)可化为

$$\dot{\theta}_2=\alpha_{11}\dot{\theta}_1+\alpha_{12}M_1 \tag{2-35a}$$

$$M_2=\alpha_{21}\dot{\theta}_1+\alpha_{22}M_1 \tag{2-35b}$$

式中

$$\alpha_{11}=\frac{(\mathrm{d}J_1/\mathrm{d}x)\sin(k_1 l)+2k_1J_1\cos(k_1 l)}{2k_1\sqrt{J_1J_2}} \tag{2-36a}$$

$$\alpha_{12}=\frac{\mathrm{j}k\sin(k_1 l)}{\rho C_s k_1\sqrt{J_1J_2}} \tag{2-36b}$$

$$\alpha_{21}=-\frac{\rho C_s k_1\sqrt{J_1J_2}}{\mathrm{j}k\sin(k_1 l)}+\alpha_{11}\left[\frac{\rho C_s k_1 J_2}{\mathrm{j}k\tan(k_1 l)}-\frac{\rho C_s}{\mathrm{j}2k}\frac{\mathrm{d}J_2}{\mathrm{d}x}\right] \tag{2-36c}$$

$$\alpha_{22}=\alpha_{12}\left[\frac{\rho C_s k_1 J_2}{\mathrm{j}k\tan(k_1 l)}-\frac{\rho C_s}{\mathrm{j}2k}\frac{\mathrm{d}J_2}{\mathrm{d}x}\right] \tag{2-36d}$$

易知对于等截面轴段，有

$$\alpha_{11}=\cos(kl) \tag{2-37a}$$

$$\alpha_{12}=\frac{\mathrm{j}\sin(kl)}{\rho J C_s} \tag{2-37b}$$

$$\alpha_{21}=\mathrm{j}\rho J C_s\sin(kl) \tag{2-37c}$$

$$\alpha_{22}=\cos(kl) \tag{2-37d}$$

由方程组(2-37)知，任意单一截面轴段可等效为四端网络，如图 2-8 所示，其传输特性方程为

$$\begin{bmatrix} \dot{\theta}_2 \\ M_2 \end{bmatrix} = \begin{bmatrix} \alpha_{11} & \alpha_{12} \\ \alpha_{21} & \alpha_{22} \end{bmatrix} \begin{bmatrix} \dot{\theta}_1 \\ M_1 \end{bmatrix} \tag{2-38}$$

式中，$\boldsymbol{D} = \begin{bmatrix} \alpha_{11} & \alpha_{12} \\ \alpha_{21} & \alpha_{22} \end{bmatrix}$ 定义为四端网络传输矩阵。

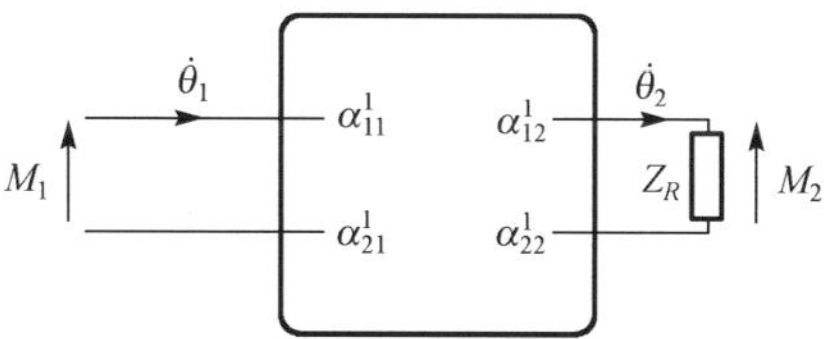

图 2-8　单元轴段扭振的等效四端网络

在实际应用中，汽轮发电机组轴系被模化为 2.1.2 节所述的由多个单元(等截面轴段单元)组合而成的复合系统，如果将组成系统的每一个环节都等效为一个四端网络，然后将相应各传输矩阵连续相乘，就可得到系统的整体四端网络及其传输矩阵，如图 2 9 所示。这样，扭振系统的性能特征就取决于其整体四端网络传输矩阵。

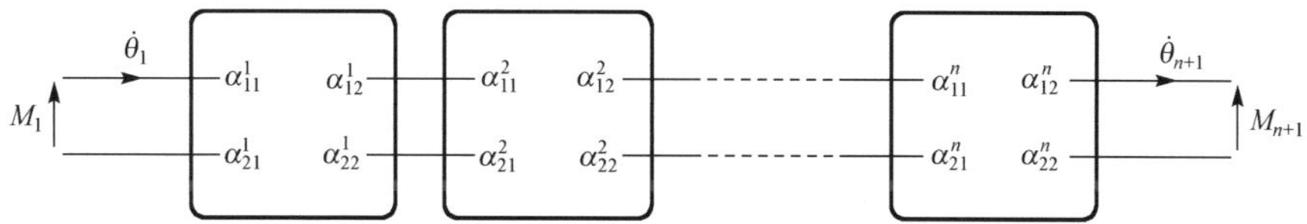

图 2-9　复杂轴系的等效四端网络串联图

系统任意轴段的四端网络传输特性方程为

$$\boldsymbol{Z}_{i+1} = \boldsymbol{D}_i \boldsymbol{Z}_i \tag{2-39}$$

式中，$\boldsymbol{Z}_{i+1} = \begin{bmatrix} \dot{\theta}_{i+1} \\ M_{i+1} \end{bmatrix}$ 为系统第 i 级的输出状态向量；$\boldsymbol{Z}_i = \begin{bmatrix} \dot{\theta}_i \\ M_i \end{bmatrix}$ 为系统第 i 级的输入状态向量；$\boldsymbol{D}_i = \begin{bmatrix} \alpha_{11}^i & \alpha_{12}^i \\ \alpha_{21}^i & \alpha_{22}^i \end{bmatrix}$ 为系统第 i 级的四端网络传输矩阵。

按轴系组合的顺序，将各级传输矩阵连续相乘，可以得到复合扭振系统的整体传输特性方程为

$$\boldsymbol{Z}_{n+1} = \boldsymbol{D} \boldsymbol{Z}_1 \tag{2-40}$$

式中，$\boldsymbol{D} = D_n D_{n-1} \cdots D_2 D_1 = \begin{bmatrix} \alpha_{11} & \alpha_{12} \\ \alpha_{21} & \alpha_{22} \end{bmatrix}$称为系统整体传输矩阵；$Z_{n+1} = \begin{bmatrix} \dot{\theta}_{n+1} \\ M_{n+1} \end{bmatrix}$称为系统的输出状态向量；$\boldsymbol{Z}_1 = \begin{bmatrix} \dot{\theta}_1 \\ M_1 \end{bmatrix}$称为系统的输入状态向量。

利用四端网络法对汽轮发电机组轴系的扭振固有特性进行求解，由于轴系是两端自由系统，故可得到系统的边界条件为

$$\boldsymbol{Z}_1 = \begin{bmatrix} \dot{\theta}_1 \\ 0 \end{bmatrix} \tag{2-41a}$$

$$\boldsymbol{Z}_{n+1} = \begin{bmatrix} \dot{\theta}_{n+1} \\ 0 \end{bmatrix} \tag{2-41b}$$

式中，$\dot{\theta}_1$ 和 $\dot{\theta}_{i+1}$ 为任意值。

由式(2-40)可知，为满足系统边界条件，需要

$$\alpha_{21} = 0 \tag{2-42}$$

求解式(2-42)即可得到轴系的各阶扭振固有频率 ω_i (i =1,2,…)。令 $\theta_1 = \Theta_1 = 1$，将轴系各阶扭振固有频率 ω_i 代入系统的传递矩阵表达式(2-40)，即可获得轴系的第 i 阶扭振振型 Θ_1，Θ_2，…，Θ_{N+1}。

2.2 集中质量扭振模型

2.2.1 多自由度系统的振动分析

1. 多自由度系统的动力学方程

具有多个自由度、需要有限个独立坐标来描述的振动系统称为多自由度系统。实际的工程结构，如汽轮发电机组轴系，若将轴系分布的质量及分布的弹性和阻尼简化为有限个集中质量及有限个无质量的弹簧和阻尼器，即可近似地简化为多自由度系统。振动系统的动力学方程可用牛顿力学方法建立，也可用分析力学方法建立，而对于多自由度系统，采用分析力学方法更便于得到动力学方程的普遍形式。

设系统具有 n 个自由度，以 n 个广义坐标 q_i ($i = 1,2,\cdots,n$) 表示系统的位置，系统的势能 $V(q_1, q_2, \cdots, q_n)$ 为广义坐标的函数，在平衡位置满足

$$\left(\frac{\partial V}{\partial q_i}\right)_0 = 0 \quad (i = 1,2,\cdots,n) \tag{2-43}$$

若将广义坐标的零值取在系统的平衡位置，则广义坐标也表示系统相对平衡位置的偏移。当系统在平衡位置附近作微振动时，广义坐标及其导数均为微小量。设平衡位置处的势能 V 取零值，将平衡位置附近的势能 V 展开成泰勒级数，仅保留广义坐标的二阶微量，则根据条件(2-43)，可以得到

$$V = \frac{1}{2}\sum_{i=1}^{n}\sum_{j=1}^{n} k_{ij} q_i q_j \tag{2-44}$$

式中，系数 $k_{ij}(i,j = 1,2,\cdots,n)$ 均为常值，定义为

$$k_{ij} = \left(\frac{\partial^2 V}{\partial q_i \partial q_j}\right)_0 \quad (i,j = 1,2,\cdots,n) \tag{2-45}$$

式中，显然有 $k_{ij} = k_{ji}$。

式(2-43)和式(2-45)的下标 0 表示在平衡位置处取值。由于系统的振动只能在稳定平衡位置附近发生，势能在平衡位置处取孤立极小值，所以式(2-44)为广义坐标的正定二次型。

设系统受定常约束，其动能 T 为广义速度的二次齐次函数为

$$T = \frac{1}{2}\sum_{i=1}^{n}\sum_{j=1}^{n} m_{ij} \dot{q}_i \dot{q}_j \tag{2-46}$$

式中，系数 $m_{ij}(i,j = 1,2,\cdots,n)$ 为广义坐标的函数，定义为

$$m_{ij} = \left(\frac{\partial^2 T}{\partial \dot{q}_i \partial \dot{q}_j}\right)_0 \quad (i,j = 1,2,\cdots,n) \tag{2-47}$$

式中，显然有 $m_{ij} = m_{ji}$。

系统在平衡位置附近作微幅振动时，仅保留广义坐标和广义速度的二阶微小量，m_{ij} 可用平衡位置处的值代替而成为常系数。除非广义速度全部为零，动能均应为正实数，式(2-46)为广义速度的正定二次型。

引入广义坐标列阵 $\boldsymbol{q} = [q_j]$、质量矩阵 $\boldsymbol{M} = [m_{ij}]$ 和刚度矩阵 $\boldsymbol{K} = [k_{ij}]$，则式(2-44)和式(2-46)可用矩阵表示为

$$V = \frac{1}{2}\boldsymbol{q}^{\mathrm{T}}\boldsymbol{K}\boldsymbol{q}, \quad T = \frac{1}{2}\dot{\boldsymbol{q}}^{\mathrm{T}}\boldsymbol{M}\dot{\boldsymbol{q}} \tag{2-48}$$

式中，质量矩阵 $\boldsymbol{M}$ 和刚度矩阵 $\boldsymbol{K}$ 均为 n 阶对称正定方阵。

设 Q_i 是与广义坐标 $q_i(i = 1,2,\cdots,n)$ 对应的非保守广义力，$L = T - V$ 为拉格朗日函数，拉格朗日第二类方程的一般形式为

$$\frac{\mathrm{d}}{\mathrm{d}t}\left(\frac{\partial L}{\partial \dot{q}_i}\right) - \frac{\partial L}{\partial \dot{q}_i} = Q_i \quad (i = 1,2,\cdots,n) \tag{2-49}$$

将式(2-44)和式(2-46)代入拉格朗日方程，可导出多自由度系统的动力学方程组

$$\sum_{j=1}^{n}(m_{ij}\ddot{q}_j + k_{ij}q_j) = Q_i \quad (i = 1,2,\cdots,n) \tag{2-50}$$

动力学方程组(2-50)可写作矩阵形式

$$\boldsymbol{M}\ddot{\boldsymbol{q}} + \boldsymbol{K}\boldsymbol{q} = \boldsymbol{Q} \tag{2-51}$$

式中，$\boldsymbol{Q} = [Q_i]$ 为非保守力构成的列阵。

讨论保守系统的自由振动时，令 $\boldsymbol{Q} = \boldsymbol{0}$，则方程(2-51)可简化为

$$\boldsymbol{M}\ddot{\boldsymbol{q}} + \boldsymbol{K}\boldsymbol{q} = \boldsymbol{0} \tag{2-52}$$

动力学方程组(2-51)有明确的物理意义，即弹性恢复力 $-\boldsymbol{K}\boldsymbol{q}$、惯性力 $-\boldsymbol{M}\ddot{\boldsymbol{q}}$ 与非保守力 $\boldsymbol{Q}$ 平衡。刚度矩阵 $\boldsymbol{K}$ 的元素 $k_{ij}(i,j = 1,2,\cdots,n)$ 称为刚度影响系数。为理解其物理意义，考虑静变形的特殊情形。令式(2-50)中的加速度项为零，仅弹性恢复力与非保守力平衡，得到

$$Q_i = \sum_{j=1}^{n} k_{ij} q_j \quad (i = 1,2,\cdots,n) \tag{2-53}$$

根据式(2-53)，刚度影响系数 k_{ij} 可理解为使系统仅产生沿 q_j 坐标的单位位移时，必须施加与 q_i 坐标对应的广义力。

将式(2-51)各项左乘 $\boldsymbol{K}$ 的逆矩阵 $\boldsymbol{K}^{-1}$，化作

$$\boldsymbol{D}\ddot{\boldsymbol{q}} + \boldsymbol{q} = \boldsymbol{F}\boldsymbol{Q} \tag{2-54}$$

式中，$\boldsymbol{F} = \boldsymbol{K}^{-1}$ 称为系统的柔度矩阵，其元素 $f_{ij}(i,j = 1,2,\cdots,n)$ 称为柔度影响系数；$\boldsymbol{D} = \boldsymbol{F}\boldsymbol{M}$ 称为系统的动力矩阵。

对于静变形情况，令方程(2-54)中的 $\ddot{\boldsymbol{q}} = \boldsymbol{0}$，写出其沿 q_i 坐标的投影式，得到

$$q_i = \sum_{j=1}^{n} f_{ij} Q_j \quad (i = 1,2,\cdots,n) \tag{2-55}$$

因此，柔度影响系数 f_{ij} 可以理解为对系统仅施加与 q_j 坐标对应的单位广义力时，沿 q_i 坐标所产生的位移。柔度矩阵也是对称矩阵，它与刚度矩阵互为逆阵，若刚度矩阵正定，则柔度矩阵也是正定。但动力矩阵 $\boldsymbol{D}$ 通常不是对称矩阵。令方程(2-54)中 $\boldsymbol{Q} = \boldsymbol{0}$，即可得到保守系统自由振动的另一种形式的动力学方程

$$\boldsymbol{D}\ddot{\boldsymbol{q}} + \boldsymbol{q} = \boldsymbol{0} \tag{2-56}$$

振动系统的动力学方程也可以利用刚度影响系数或柔度影响系数直接建立。

2. 多自由度系统的振动固有特性

无外力作用的多自由度系统受到初始扰动后，即产生自由振动。将线性动力学方程(2-52)中的广义坐标列阵 $\boldsymbol{q}$ 改用 $\boldsymbol{x} = [x_j]$ 表示，写作

$$\boldsymbol{M}\ddot{\boldsymbol{x}} + \boldsymbol{K}\boldsymbol{x} = \boldsymbol{0} \tag{2-57}$$

解此方程，可以得到以下特解：

$$x_j = A_j \sin(\omega t + \theta) \quad (j = 1,2,\cdots,n) \tag{2-58}$$

式(2-58)表示，系统内各个坐标偏离平衡值时均以同一频率 ω 和同一初相角 θ 作不同振幅的简谐运动。

将式(2-58)写作矩阵形式

$$\boldsymbol{x} = \boldsymbol{A}\sin(\omega t + \theta) \tag{2-59}$$

式中，$\boldsymbol{A} = [A_j]$ 为各坐标振幅组成的 n 阶列阵。

将式(2-59)代入方程(2-57)，即可化作矩阵 $\boldsymbol{K}$ 和 $\boldsymbol{M}$ 的广义本征值问题，即

$$(\boldsymbol{K} - \omega^2\boldsymbol{M})\boldsymbol{A} = \boldsymbol{0} \tag{2-60}$$

$\boldsymbol{A}$ 有非零解的充分与必要条件为系数行列式等于零，即

$$|\boldsymbol{K} - \omega^2\boldsymbol{M}| = 0 \tag{2-61}$$

即

$$\begin{vmatrix} k_{11} - \omega^2 m_{11} & k_{12} - \omega^2 m_{12} & \cdots & k_{1n} - \omega^2 m_{1n} \\ k_{21} - \omega^2 m_{21} & k_{22} - \omega^2 m_{22} & \cdots & k_{2n} - \omega^2 m_{2n} \\ \vdots & \vdots & & \vdots \\ k_{n1} - \omega^2 m_{n1} & k_{n2} - \omega^2 m_{n2} & \cdots & k_{nn} - \omega^2 m_{nn} \end{vmatrix} = 0 \tag{2-62}$$

展开式(2-62)，可得到 ω^2 的 n 次代数方程，即系统的本征方程为

$$\omega^{2n} + a_1\omega^{2(n-1)} + \cdots + a_{n-1}\omega^2 + a_n = 0 \tag{2-63}$$

对于平衡状态稳定的正定系统，各坐标只能在平衡位置附近作微幅简谐振动。方程(2-63)中存在 ω^2 的 n 个正实根，即系统的本征值。每个本征值所对应的 $\omega_i (i = 1,2,\cdots,n)$ 为系统的 n 个固有角频率，将其由小到大按序列排列为

$$\omega_1 < \omega_2 < \cdots < \omega_{n-1} < \omega_n \tag{2-64}$$

因此，本征方程(2-64)也称为频率方程。对于多自由度系统，其固有频率由系统本身的物理参数决定，与初始运动状态无关，多自由度系统有多个固有频率，其中的最低固有频率称为系统的基频。

若将特解(2-59)代入式(2-56)形式的自由振动方程可得

$$\boldsymbol{D}\ddot{\boldsymbol{x}} + \boldsymbol{x} = \boldsymbol{0} \tag{2-65}$$

则上述广义本征值问题转化为矩阵 $\boldsymbol{D}$ 的本征值问题，即

$$(\boldsymbol{D} - \mu\boldsymbol{E})\boldsymbol{A} = \boldsymbol{0} \tag{2-66}$$

式中，本征值 $\mu = 1/\omega^2$；$\boldsymbol{E}$ 为 n 阶单位矩阵。

由式(2-66)可推导出与式(2-61)等价的本征方程

$$|\boldsymbol{D} - \mu\boldsymbol{E}| = 0 \tag{2-67}$$

满足式(2-60)的非零 n 阶列阵 $\boldsymbol{A}$ 也可视为 n 维向量，称为系统的本征向量。每个本征值 ω_i^2 对应于各自的本征向量 $\boldsymbol{A}^{(i)}$，n 个本征向量均满足条件

$$(\boldsymbol{K} - \omega_i^2\boldsymbol{M})\,\boldsymbol{A}^{(i)} = \boldsymbol{0} \quad (i = 1,2,\cdots,n) \tag{2-68}$$

由于式(2-61)的存在，方程组(2-68)的各式线性相关。当 ω_i^2 不是本征方程的重根时，式(2-68)中只有一个不独立方程。不失一般性，将最后一个方程除去，且将 $\boldsymbol{A}^{(i)}$ 的最后一个元素 $\boldsymbol{A}_n^{(i)}$ 的有关项移至等号右端，化作

$$\left.\begin{aligned}&(k_{11}-\omega_i^2 m_{11})\mathbf{A}_1^{(i)}+\cdots+(k_{1,n-1}-\omega_i^2 m_{1,n-1})\mathbf{A}_{n-1}^{(i)}\\&=-(k_{1n}-\omega_i^2 m_{1n})\mathbf{A}_n^{(i)}\\&\cdots\\&(k_{n-1,1}-\omega_i^2 m_{n-1,1})\mathbf{A}_1^{(i)}+\cdots+(k_{n-1,n-1}-\omega_i^2 m_{n-1,n-1})\mathbf{A}_{n-1}^{(i)}\\&=-(k_{n-1,n}-\omega_i^2 m_{n-1,n})\mathbf{A}_n^{(i)}\end{aligned}\right\}\tag{2-69}$$

设式(2-69)左端的系数行列式不等于零,将方程组右端的 $\mathbf{A}_n^{(i)}$ 的值取作 $\boldsymbol{I}$,解出的 $n-1$ 个解 $\mathbf{A}_j^{(i)}(j=1,2,\cdots,n-1)$ 记作 $\varphi_j^{(i)}(j=1,2,\cdots,n-1)$,则第 i 阶固有频率 ω_i 对应的自由振动振幅 $\mathbf{A}^{(i)}$ 为

$$\mathbf{A}^{(i)}=\boldsymbol{\varphi}^{(i)}=[\varphi_1^{(i)},\varphi_2^{(i)},\cdots,\varphi_n^{(i)}]^{\mathrm{T}}\quad(i=1,2,\cdots,n)\tag{2-70}$$

式中,$\varphi_n^{(i)}=1(i=1,2,\cdots,n)$。

系统按第 i 阶固有频率 ω_i 所作的振动称为系统的第 i 阶主振动,写作

$$\boldsymbol{x}^{(i)}=\alpha_i\boldsymbol{\varphi}^{(i)}\sin(\omega_i t+\theta_i)\quad(i=1,2,\cdots,n)\tag{2-71}$$

式中,α_i、θ_i 为任意常数,取决于系统的初始运动状态。列阵 $\boldsymbol{\varphi}^{(i)}$ 表示系统作第 i 阶主振动时,各坐标振幅的相对比值,此相对比值完全由系统的物理性质确定,与初始运动状态无关,称为系统的第 i 阶模态,或第 i 阶主振型。系统的固有频率和对应的模态完全由系统的物理参数确定,称为系统的固有特性。[1]

2.2.2 轴系的集中质量扭振模型模化方法

根据式(2-63)可知,一个自由度为 n 的振动系统有 n 阶振动固有频率,同时其模态被分为 n 阶来表示。由此可知,若将实际结构模化为集中质量模型,模化后的系统单元数越多,越能更好地反映系统各阶的振动固有特性。因此,对于汽轮发电机组轴系,为保证其扭振固有特性计算精度,一般将其模化为多段集中质量模型,质量块数一般在 50～300 内取值。

在将汽轮发电机组轴系模化成多段集中质量扭振模型前,需先按照 2.1.2 节中介绍的方法,将轴系模化为等截面阶梯轴。

轴系化为阶梯轴后,需求出每个等截面轴段的转动惯量 I' 和抗扭刚度 k'。其计算公式为

$$I'=\frac{\rho l\pi(D_\mathrm{o}^4-D_\mathrm{i}^4)}{32}+\mathrm{AI}\tag{2-72a}$$

$$k'=\frac{\pi G(D_\mathrm{o}^4-D_\mathrm{i}^4)}{32l}\tag{2-72b}$$

式中,ρ 为材料密度;G 为材料扭转弹性模量;D_o 为轴段外径;D_i 为轴段内径;l 为轴段长度;AI 为轴段上的附加转动惯量。

如图 2-10 所示，对 n 段等截面阶梯轴进行模化时，将每个等截面轴段沿长度等分，以每个等截面轴段的抗扭刚度作为轻质弹簧的抗扭刚度，将两个相邻轴段等分线间轴段的转动惯量作为刚性轮盘的转动惯量。按照这种方法，即可将由 n 段等截面轴段组成的轴系模化为由 n 个理想弹簧和 $n+1$ 个刚性轮盘组成的弹簧-质量块系统。

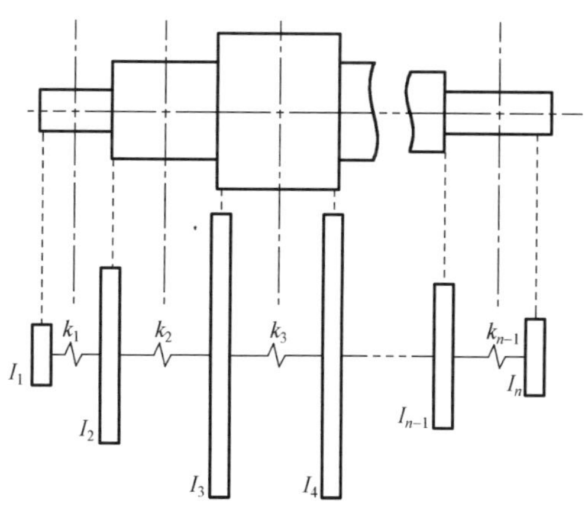

图 2-10　多段集中质量模型模化方法

将阶梯轴模化为弹簧-质量块系统后，每个弹簧的抗扭刚度 k_i 和轮盘的转动惯量 I_i 的表达式为

$$k_i = k_i' \tag{2-73a}$$

$$I_1 = \frac{I_1'}{2} \tag{2-73b}$$

$$I_i = \frac{I_i' + I_{i-1}'}{2} \tag{2-73c}$$

$$I_{n+1} = \frac{I_n'}{2} \tag{2-73d}$$

对整个汽轮发电机组轴系用上述方法进行模化，即可得到它的多段集中质量扭振模型。

2.2.3　基于集中质量模型的扭振固有特性分析方法

1. Riccati 法[3]

将轴系划分多段后如图 2-10 所示，其中，集中质量块视为轮盘，各轴段只考虑其抗扭刚度，而不考虑其转动惯量(已分加到左右轮盘上)。取第 n 段轴及第 n 个轮盘(集中质量块)的分离体，对于这一轮盘和轴段系统，其扭转振动方程式为

$$I_n \ddot{\theta} = - k_n \theta \tag{2-74}$$

在系统作简谐角振动时，$\theta=\lambda\cos\omega t$，代入式(2-74)得到

$$I_n \omega^2 \theta_n = k_n \theta_n = M_n^{\mathrm{R}} - M_n^{\mathrm{L}} \tag{2-75}$$

由式(2-75)可以得到

$$M_n^{\mathrm{R}} = I_n \omega^2 \theta_n^{\mathrm{L}} + M_n^{\mathrm{L}} \tag{2-76}$$

式(2-76)中，由于 θ_n 对于轮盘左右侧不变，故有 $\theta_n^{\mathrm{R}} = \theta_n^{\mathrm{L}}$，前面两式写成矩阵形式，可得

$$\begin{bmatrix} \theta \\ M \end{bmatrix}_n^{\mathrm{R}} = \begin{bmatrix} 1 & 0 \\ \omega^2 I_n & 1 \end{bmatrix} \begin{bmatrix} \theta \\ M \end{bmatrix}_n^{\mathrm{L}} \tag{2-77}$$

式(2-77)是对于称为站点的点列出的。对于轴段，即对于称为站点的点，同样可以写出

$$\theta_n^{\mathrm{L}} = \theta_{n-1}^{\mathrm{R}} + M_{n-1}^{\mathrm{R}} / k_n \tag{2-78}$$

$$M_n^{\mathrm{L}} = M_{n-1}^{\mathrm{R}} \tag{2-79}$$

把式(2-78)、式(2-79)写成矩阵形式，可得

$$\begin{bmatrix} \theta \\ M \end{bmatrix}_n^{\mathrm{L}} = \begin{bmatrix} 1 & 1/k \\ 0 & 1 \end{bmatrix} \begin{bmatrix} \theta \\ M \end{bmatrix}_{n-1}^{\mathrm{R}} \tag{2-80}$$

把式(2-80)代入式(2-79)得

$$\begin{bmatrix} \theta \\ M \end{bmatrix}_n^{\mathrm{R}} = \begin{bmatrix} 1 & 1/k_n \\ \omega^2 I_n & 1 - \omega^2 I_n / k_n \end{bmatrix} \begin{bmatrix} \theta \\ M \end{bmatrix}_{n-1}^{\mathrm{R}} \tag{2-81}$$

用 Riccati 传递矩阵法计算扭振固有频率和振型时，将截面状态向量分为两组，即

$$\mathbf{Z} = \begin{bmatrix} f \\ e \end{bmatrix} \tag{2-82}$$

式中，f 由起始截面状态向量具有零值的元素组成，而非零的元素组成 e。对于扭振频率计算，在起始端自由时，显然 $f = M$，$e = \theta$，从而式(2-81)变为

$$\begin{bmatrix} e \\ f \end{bmatrix}_{i+1} = \begin{bmatrix} T_{11i} & T_{12i} \\ T_{21i} & T_{22i} \end{bmatrix} \begin{bmatrix} \theta \\ f \end{bmatrix}_i \tag{2-83}$$

式中，$T_{11i} = 1 - A_i B_i$；$T_{21i} = - A_i$；$T_{22i} = 1$；$A_i = I_i \omega^2 + C_i \omega$；$B_i = 1/K_i$；$I_i$、$C_i$、$K_i$ 分别为相应的转动惯量、阻尼、刚度值。

与基于连续质量模型的 Riccati 法类似，将式(2-83)展开并代入 Riccati 变换 $f_i = S_i e_i$，可得到

$$e_{i+1} = (T_{11i} + T_{12i} S_i) e_i \tag{2-84}$$

$$f_{i+1} = (T_{21i} + T_{22i} S_i) e_i \tag{2-85}$$

由 Riccati 变换得到

$$S_{i+1} = \frac{f_{i+1}}{e_{i+1}} = \frac{T_{21i} + T_{22i} S_i}{T_{11i} + T_{12i} S_i} \tag{2-86}$$

计算扭振固有频率时,起始状态向量元素 $\theta_1 \neq 0$,$M_1 = 0$,因而 $S_1 = 0$。根据式(2-86)可逐个计算出 S_2,S_3,…,S_{N+1}。轴系末端截面边界条件为 $\theta_{N+1} \neq 0$、$M_{N+1} = 0$,即有

$$S_{N+1} = 0 \tag{2-87}$$

式(2-87)即为 Riccati 法计算轴系扭振固有频率的特征方程。在所研究的转速范围内,以一定的步长选取试算频率,用式(2-87)递推,计算剩余量 S_{N+1} 值,即可得到剩余量随频率变化的曲线,曲线和横坐标的各个交点就是所求的各阶自振频率。

由式(2-86)可以看出,基于集中质量模型的 Riccati 法与连续质量模型的 Riccati 法都存在异号无穷型奇点的问题。同样的,可以采用改进的 Riccati 法的特征方程式解决此问题,即

$$D = S_{N+1} \prod_{i=1}^{N} \frac{T_{11i} + T_{12i} S_i}{\mathrm{abs}(T_{11i} + T_{12i} S_i)} \tag{2-88}$$

用剩余量 D 代替剩余量 S_{N+1},进行扭振固有频率的求解,即可将异号无穷型奇点变为同号无穷型奇点,从而解决式(2-87)存在的增根问题。

2. Holzer 法[4]

应用 Holzer 法计算固有频率时,首先要假定一个试算频率 ω,令 $\theta_1 = 1$,然后按照下面的递推公式计算扭角:

$$\theta_j = \theta_{j-1} - \frac{1}{k_{j-1}} \omega^2 \sum_{i=1}^{j-1} I_i \theta_i \quad (j = 2, 3, \cdots, n) \tag{2-89}$$

式中,I_i 为第 i 段转动惯量 ($\mathrm{kg \cdot m^2}$);k_j 为扭转刚度 ($\mathrm{N \cdot m}$)。

最后将所有的 θ_i 代入下式计算剩余扭矩 M_i 为

$$M_i = \sum^{n} \omega^2 I_i \theta_i \tag{2-90}$$

以一定的步长改变试算频率 ω,代入式(2-90),即可得到剩余扭矩 M_i 与 ω^2 的关系曲线。当 $M_i = 0$ 时,对应的 ω 值就是一个固有频率。

由式(2-89)可以看出,该式没有分母为无穷小的可能,因此用 Holzer 法对汽轮发电机组轴系进行固有特性计算,不存在无穷型奇点带来的增根问题。Holzer 法计算中,剩余量 M_i 曲线如图 2-11 所示。

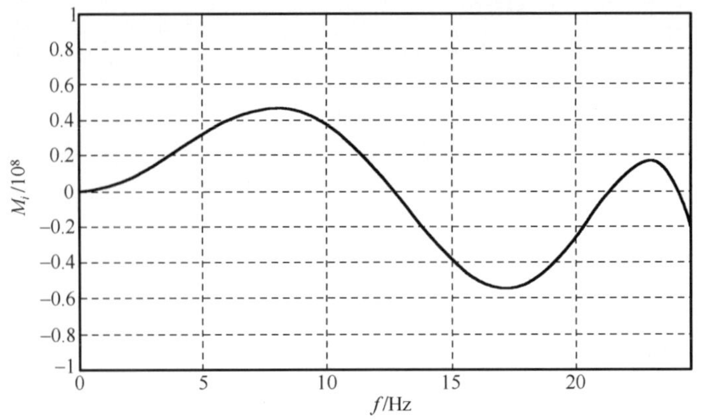

图 2-11　Holzer 法剩余量 M_i 曲线

2.3　轴系扭振固有特性分析实例

分别应用连续质量模型、多段集中质量模型和简单集中质量模型对某600MW 汽轮发电机组轴系进行扭振固有特性分析，其结果如下。

将轴系模化为由阶梯轴构成的连续质量模型，分别使用基于连续质量模型的Riccati 法和四端网络法对轴系扭振固有频率进行计算，求得轴系前 5 阶扭振固有频率，如表 2-1 所示。

表 2-1　基于连续质量模型的扭振固有频率计算结果

方法	第 1 阶/Hz	第 2 阶/Hz	第 3 阶/Hz	第 4 阶/Hz	第 5 阶/Hz
Riccati 法	14.261	27.824	30.495	35.854	51.780
四端网络法	14.261	27.824	30.495	35.854	51.780

将轴系模化为由轮盘和弹簧构成的弹簧-质量块系统，分别使用基于集中质量模型的 Riccati 法和 Holzer 法对轴系扭振固有频率进行计算，求得轴系前 5 阶扭振固有频率，如表 2-2 所示。

表 2-2　基于多段集中质量模型的扭振固有频率计算结果

方法	第 1 阶/Hz	第 2 阶/Hz	第 3 阶/Hz	第 4 阶/Hz	第 5 阶/Hz
Riccati 法	14.261	27.830	30.498	35.876	51.796
Holzer 法	14.261	27.830	30.498	35.876	51.796

对比表 2-1、表 2-2 可以看出，影响轴系扭振固有特性分析结果的主要因素是轴系模型，而多段集中质量模型的计算结果与连续质量模型的计算结果较为接近，均可满足工程分析的要求。

2.4 小　　结

本章对汽轮发电机组轴系扭振固有特性的分析方法进行了讨论,对连续质量系统和多自由度系统的振动进行了研究。根据汽轮发电机组实际情况,提出了汽轮发电机组轴系的连续质量扭振模型和分段集中质量扭振模型的详细建模方法,分别基于连续质量扭振模型和多段集中质量扭振模型,对 Riccati 法、Holzer 法等扭振固有特性计算方法进行了分析比较,同时,基于连续质量扭振模型,提出了基于四端网络的轴系扭振固有特性分析方法。

参 考 文 献

[1] 刘延柱. 振动力学[M]. 北京:高等教育出版社，1998.

[2] 周海龙，宋晓. 基于 Riccati 传递矩阵法的汽轮发电机组扭振固有频率计算分析[J]. 汽轮机技术，2004，46(4)：272-274.

[3] Emile Mouni，Slim Tnani，Gérard Champenois. Synchronous generator modelling and parameters estimation using least squares method [J]. Simulation Modeling Practice and Theory，2008，16.

[4] 刘英哲，傅行军. 汽轮发电机组扭振[M]. 北京:中国电力出版社，1997.

[5] 顾煜炯，杨昆，何成兵，等. 基于四端网络法的汽轮发电机扭振特性仿真[J]. 中国机械工程，1999，10(5)：540-542.

[6] 顾煜炯，杨昆，王志明. 轴系扭振的四端网络模型及其应用[J]. 现代电力，1997，14(1)：1-8.

[7] 何成兵，顾煜炯，李增志. 汽轮发电机组轴系扭振模型—四端网络模型的完善[J]. 汽轮机技术，2002，44(4)：213-215.

第3章　轴系扭振动态响应计算

3.1　多自由度扭振系统的振动响应

3.1.1　多自由度扭振系统的自由振动

1.模态叠加法

设有一个多自由度扭振系统，其刚度矩阵为 $\boldsymbol{K}$，质量矩阵为 $\boldsymbol{M}$，每个本征值 ω_i^2 有对应的本征向量 $\boldsymbol{A}^{(i)}$，n 个本征值向量均满足条件

$$(\boldsymbol{K}-\omega_i^2\boldsymbol{M})\boldsymbol{A}^{(i)}=\boldsymbol{0} \tag{3-1}$$

那么它的两个固有频率 ω_i 和 ω_j 所对应的模态分别为 $\boldsymbol{\varphi}^{(i)}$ 和 $\boldsymbol{\varphi}^{(j)}$，它们均满足式(3-1)，即

$$\boldsymbol{K\varphi}^{(i)}=\omega_i^2\boldsymbol{M\varphi}^{(i)} \tag{3-2a}$$

$$\boldsymbol{K\varphi}^{(j)}=\omega_j^2\boldsymbol{M\varphi}^{(j)} \tag{3-2b}$$

将式(3-2a)各项转置后右乘 $\boldsymbol{\varphi}^{(j)}$，对称阵 $\boldsymbol{K}$ 和 $\boldsymbol{M}$ 转置前后不变，得到

$$\boldsymbol{\varphi}^{(i)\mathrm{T}}\boldsymbol{K\varphi}^{(j)}=\omega_i^2\boldsymbol{\varphi}^{(i)\mathrm{T}}\boldsymbol{M\varphi}^{(j)} \tag{3-3}$$

对式(3-2b)各项左乘 $\boldsymbol{\varphi}^{(i)\mathrm{T}}$，得到

$$\boldsymbol{\varphi}^{(i)\mathrm{T}}\boldsymbol{K\varphi}^{(j)}=\omega_j^2\boldsymbol{\varphi}^{(i)\mathrm{T}}\boldsymbol{M\varphi}^{(j)} \tag{3-4}$$

将式(3-3)与式(3-4)相减，得到

$$(\omega_i^2-\omega_j^2)\boldsymbol{\varphi}^{(i)\mathrm{T}}\boldsymbol{M\varphi}^{(j)}=0 \tag{3-5}$$

若 $i\neq j$ 时 $\omega_i\neq\omega_j$，从式(3-5)导出

$$\boldsymbol{\varphi}^{(i)\mathrm{T}}\boldsymbol{M\varphi}^{(j)}=0\quad(i\neq j) \tag{3-6}$$

代入式(3-3)，还可导出

$$\boldsymbol{\varphi}^{(i)\mathrm{T}}\boldsymbol{K\varphi}^{(j)}=0\quad(i\neq j) \tag{3-7}$$

式(3-6)和式(3-7)分别表示不同固有频率的模态关于质量矩阵的正交性和关于刚度矩阵的正交性。

当 $i=j$ 时，$\omega_i=\omega_j$，式(3-5)恒成立，引入参数 M_{pi} 和 K_{pi} 为 $\boldsymbol{\varphi}^{(i)}$ 的二次型

$$M_{pi}=\boldsymbol{\varphi}^{(i)\mathrm{T}}\boldsymbol{M\varphi}^{(i)},\quad K_{pi}=\boldsymbol{\varphi}^{(i)\mathrm{T}}\boldsymbol{K\varphi}^{(i)} \tag{3-8}$$

利用克罗内克符号 δ_{ij}，可将正交性条件式(3-6)、(3-7)和式(3-8)综合为

$$\boldsymbol{\varphi}^{(i)\mathrm{T}}\boldsymbol{M}\boldsymbol{\varphi}^{(j)} = \delta_{ij}M_{pi}, \quad \boldsymbol{\varphi}^{(i)\mathrm{T}}\boldsymbol{K}\boldsymbol{\varphi}^{(j)} = \delta_{ij}K_{pi} \tag{3-9}$$

式中，M_{pi} 和 K_{pi} 分别称为第 i 阶主质量和第 i 阶主刚度。利用式(3-3)、(3-8)可将固有频率用主质量和主刚度表示为

$$\omega_i = \sqrt{\frac{K_{pi}}{M_{pi}}} \quad (i = 1,2,\cdots,n) \tag{3-10}$$

模态 $\boldsymbol{\varphi}^{(i)}$ 的各元素乘以同一因子时不改变模态的特征。令 $\boldsymbol{\varphi}^{(i)}$ 的每个元素乘以常数 $M_{pi}^{-1/2}$，称为系统的第 i 阶简正模态，记作 $\boldsymbol{\varphi}_N^{(i)}$ $(i = 1,2,\cdots,n)$。利用简正模态计算的主质量等于 1，主刚度等于本征值 ω_i^2，因此，用简正模态表示的正交性条件可写作

$$\boldsymbol{\varphi}_N^{(i)\mathrm{T}}\boldsymbol{M}\boldsymbol{\varphi}_N^{(j)} = \delta_{ij}, \quad \boldsymbol{\varphi}_N^{(i)\mathrm{T}}\boldsymbol{K}\boldsymbol{\varphi}_N^{(j)} = \delta_{ij}\omega_i^2 \quad (i,j = 1,2,\cdots,n) \tag{3-11}$$

将各阶模态 $\boldsymbol{\varphi}^{(i)}$ $(i=1,2,\cdots,n)$ 组成模态矩阵 $\boldsymbol{\Phi}$，各阶简正模态 $\boldsymbol{\varphi}_N^{(i)}$ $(i=1,2,\cdots,n)$ 组成简正模态矩阵 $\boldsymbol{\Phi}_N$，可得

$$\boldsymbol{\Phi} = (\boldsymbol{\varphi}^{(1)}, \boldsymbol{\varphi}^{(2)}, \cdots, \boldsymbol{\varphi}^{(n)}), \quad \boldsymbol{\Phi}_N = (\boldsymbol{\varphi}_N^{(1)}, \boldsymbol{\varphi}_N^{(2)}, \cdots, \boldsymbol{\varphi}_N^{(n)}) \tag{3-12}$$

则根据模态的正交性条件(3-11)导出

$$\boldsymbol{\Phi}^{\mathrm{T}}\boldsymbol{M}\boldsymbol{\Phi} = \mathrm{diag}(M_{p1}, \cdots, M_{pn}) = \boldsymbol{M}_p \tag{3-13}$$

$$\boldsymbol{\Phi}^{\mathrm{T}}\boldsymbol{K}\boldsymbol{\Phi} = \mathrm{diag}(K_{p1}, \cdots, K_{pn}) = \boldsymbol{K}_p \tag{3-14}$$

式中，$\boldsymbol{M}_p$ 和 $\boldsymbol{K}_p$ 分别为主质量 M_{pi} 和主刚度 K_{pi} $(i = 1,2,\cdots,n)$ 排成的对角阵。根据简正模态的正交性条件导出

$$\boldsymbol{\Phi}_N^{\mathrm{T}}\boldsymbol{M}\boldsymbol{\Phi}_N = \boldsymbol{E}, \quad \boldsymbol{\Phi}_N^{\mathrm{T}}\boldsymbol{K}\boldsymbol{\Phi}_N = \boldsymbol{\Lambda} \tag{3-15}$$

式中，$\boldsymbol{E}$ 为 n 阶单位阵；$\boldsymbol{\Lambda}$ 为 n 个本征值 ω_i^2 $(i = 1,2,\cdots,n)$ 排成的对角阵，称为系统的本征值矩阵，即

$$\boldsymbol{\Lambda} = \mathrm{diag}(\omega_1^2, \cdots, \omega_n^2) \tag{3-16}$$

n 个模态 $\boldsymbol{\varphi}^{(i)}$ $(i = 1,2,\cdots,n)$ 的正交性表明它们是线性独立的，可用于构成 n 维空间的基。系统的任意 n 维自由振动可唯一地表示为各阶模态的线性组合

$$\boldsymbol{x} = \sum_{i=1}^{n} \boldsymbol{\varphi}^{(i)} x_{pi} \tag{3-17}$$

将式(3-17)与式(3-3)对照，也可认为是将系统的振动表示为 n 阶主振动的叠加，这种分析方法称为模态叠加法。式(3-17)中 x_{pi} $(i = 1,2,\cdots,n)$ 是描述系统运动的另一类广义坐标，称为主坐标，各阶主坐标组成的列阵 x_p 为主坐标列阵

$$\boldsymbol{x}_p = (x_{p1}, x_{p2}, \cdots, x_{pn})^{\mathrm{T}} \tag{3-18}$$

则式(3-17)可利用模态矩阵 $\boldsymbol{\Phi}$ 表示为

$$\boldsymbol{x} = \boldsymbol{\Phi}\boldsymbol{x}_p \tag{3-19}$$

由于 $\boldsymbol{\Phi}$ 的各列线性独立，$\boldsymbol{\Phi}$ 为非奇异阵，其逆阵 $\boldsymbol{\Phi}^{-1}$ 必存在。将式(3-13)的两边左乘 $\boldsymbol{M}_p^{-1}$，右乘 $\boldsymbol{\Phi}^{-1}$，导出 $\boldsymbol{\Phi}^{-1}$ 的计算公式为

$$\boldsymbol{\Phi}^{-1} = \boldsymbol{M}_p^{-1}\boldsymbol{\Phi}^{\mathrm{T}}\boldsymbol{M} \tag{3-20}$$

则可对式(3-19)求逆,得到

$$\boldsymbol{x}_p = \boldsymbol{\Phi}^{-1}\boldsymbol{x} \tag{3-21}$$

将式(3-19)代入系统的动力学方程(3-1),令各项左乘 $\boldsymbol{\Phi}^{\mathrm{T}}$,并利用式(3-14)和式(3-15)导出

$$\boldsymbol{M}_p\ddot{\boldsymbol{x}}_p + \boldsymbol{K}_p\boldsymbol{x}_p = \boldsymbol{0} \tag{3-22}$$

由于 $\boldsymbol{M}_p$ 和 $\boldsymbol{K}_p$ 均为对角阵,因此利用主坐标建立的动力学方程(3-22)为完全解耦的方程组,相当于 n 个独立的单自由度系统动力学方程

$$M_{pi}\ddot{x}_{pi} + K_{pi}x_{pi} = 0 \quad (i = 1,2,\cdots,n) \tag{3-23}$$

各方程的解是以 ω_i 为固有频率的各阶主振动

$$x_{pi} = A_i\sin(\omega_i t + \theta_i) \quad (i = 1,2,\cdots,n) \tag{3-24}$$

$2n$ 个待定常数 A_i 和 $\theta_i(i = 1,2,\cdots,n)$ 由原坐标的初始条件

$$t = 0: \boldsymbol{x}(0) = \boldsymbol{x}_0, \quad \ddot{\boldsymbol{x}}(0) = \ddot{\boldsymbol{x}}_0 \tag{3-25}$$

利用式(3-21)转化为主坐标 $\boldsymbol{x}_p$ 的初始条件

$$t = 0: \boldsymbol{x}_p(0) = \boldsymbol{\Phi}^{-1}\boldsymbol{x}_0, \quad \ddot{\boldsymbol{x}}_p(0) = \boldsymbol{\Phi}^{-1}\ddot{\boldsymbol{x}}_0 \tag{3-26}$$

式(3-23)满足条件式(3-26)的解为

$$x_{pi} = x_{pi}(0)\cos\omega_i t + \frac{\ddot{x}_{pi}(0)}{\omega_i}\sin(\omega_i t) \tag{3-27}$$

利用式(3-19)变换为原坐标,即得到系统的自由振动规律。

利用简正模态矩阵 $\boldsymbol{\Phi}_N$ 可以定义新的坐标,称为简正坐标,记作 $x_{Ni}(i = 1,2,\cdots,n)$,所组成的列阵 $\boldsymbol{x}_N$ 为简正坐标列阵

$$\boldsymbol{x} = \boldsymbol{\Phi}_N\boldsymbol{x}_N, \quad \boldsymbol{x}_N = (x_{N1}, x_{N2}, \cdots, x_{Nn})^{\mathrm{T}} \tag{3-28}$$

将式(3-28)代入动力学方程(2-57),令各项左乘 $\boldsymbol{\Phi}_N^{-1}$,并利用式(3-15)导出

$$\ddot{\boldsymbol{x}}_N + \boldsymbol{\Lambda}\boldsymbol{x}_N = \boldsymbol{0} \tag{3-29}$$

所包含的解耦动力学方程为

$$\ddot{x}_{Ni} + \omega_i^2 x_{Ni} = 0 \quad (i = 1,2,\cdots,n) \tag{3-30}$$

将式(3-19)代入系统的动能和势能公式(2-48),并利用式(3-13)和式(3-14)化简,得到

$$T = \frac{1}{2}\dot{\boldsymbol{x}}_p^{\mathrm{T}}\boldsymbol{\Phi}^{\mathrm{T}}\boldsymbol{M}\boldsymbol{\Phi}\dot{\boldsymbol{x}}_p = \frac{1}{2}\dot{\boldsymbol{x}}_p^{\mathrm{T}}\boldsymbol{M}_p\dot{\boldsymbol{x}}_p = \sum_{i=1}^{n}\frac{1}{2}M_{pi}\dot{x}_{pi}^2 \tag{3-31}$$

$$V = \frac{1}{2}\boldsymbol{x}_p^{\mathrm{T}}\boldsymbol{\Phi}^{\mathrm{T}}\boldsymbol{K}\boldsymbol{\Phi}\boldsymbol{x}_p = \frac{1}{2}\boldsymbol{x}_p^{\mathrm{T}}\boldsymbol{K}_p\boldsymbol{x}_p = \sum_{i=1}^{n}\frac{1}{2}K_{pi}x_{pi}^2 \tag{3-32}$$

式(3-31)和式(3-32)表明,系统的动能或势能等于系统单独存在各阶主振动时的动能或势能之和。每一阶主振动的动能和势能在内部进行交换,总和保持常数。不同阶的主振动之间不发生能量交换,模态正交性的物理意义可由此得到解释。

2. 模态截断法

在实际问题中，对于自由度 n 很大的系统，有时只要求计算较低的前 $r(r<n)$ 阶固有频率和振型，以近似地分析系统的自由振动和受迫振动。这种近似方法称为模态截断法。为此，将前 r 阶模态 $\boldsymbol{\varphi}^{(i)}(i=1,2,\cdots,r)$ 组成 $n\times r$ 阶的截断模态矩阵

$$\boldsymbol{\Phi}^{*}=[\boldsymbol{\varphi}^{(1)},\boldsymbol{\varphi}^{(2)},\cdots,\boldsymbol{\varphi}^{(r)}] \tag{3-33}$$

类似于式(3-8)，建立截断的主质量矩阵 $\boldsymbol{M}_p^*$ 和主刚度矩阵 $\boldsymbol{K}_p^*$：

$$\boldsymbol{M}_p^*=\boldsymbol{\Phi}^{*\mathrm{T}}\boldsymbol{M}\boldsymbol{\Phi},\quad \boldsymbol{K}_p^*=\boldsymbol{\Phi}^{*\mathrm{T}}\boldsymbol{K}\boldsymbol{\Phi} \tag{3-34}$$

式中，$\boldsymbol{M}_p^*$ 和 $\boldsymbol{K}_p^*$ 分别为前 r 个主质量和主刚度排成的 r 阶对角阵。将系统的任意 n 阶振动近似地表示为截断后的 r 阶模态的线性组合为

$$\boldsymbol{x}=\sum_{i=1}^{r}\boldsymbol{\varphi}^{(i)}x_{pi}=\boldsymbol{\Phi}^{*}\boldsymbol{x}_p^* \tag{3-35}$$

式中，$\boldsymbol{x}_p^*$ 为截断后的坐标列阵

$$\boldsymbol{x}_p^*=[x_{p1},x_{p2},\cdots,x_{pr}]^{\mathrm{T}} \tag{3-36}$$

因此，利用模态截断法可将 n 自由度系统原有的 n 个坐标变换成较少的前 r 个主坐标 $\boldsymbol{x}_p^*$。将式(3-35)代入方程(2-57)，令各项左乘 $\boldsymbol{\Phi}^{*\mathrm{T}}$，并利用式(3-34)导出完全解耦的前 r 个主坐标的动力学方程：

$$M_{pi}\ddot{x}_{pi}+K_{pi}x_{pi}=0\quad(i=1,2,\cdots,r) \tag{3-37}$$

与此类似，也可建立简化的截断模态矩阵和对应的用简正坐标表示的动力学方程。

3. 频率方程的零根和重根情形

1)零固有频率的情形

频率方程(2-62)有零根时，对应的固有频率为零。设 $\omega_1=0$，此零固有频率应满足式(2-61)，导出

$$|\boldsymbol{K}|=0 \tag{3-38}$$

可见，刚度矩阵的奇异性是零固有频率存在的充分必要条件。满足此条件时系统的刚度矩阵为半正定，此时系统的平衡位置为随遇的，为半正定系统。

令动力学方程(3-30)中的 $\omega_1=0$，化作 $\ddot{x}_{N1}=0$，积分得到

$$x_{N1}=at+b \tag{3-39}$$

式(3-39)所描述的主振动转化为随时间 t 无限增大的刚体位移。系统的刚体自由度可以利用模态的正交性条件消除。设 $\boldsymbol{\varphi}^{(1)}$ 为零固有频率对应的刚体位移模态，正交性条件(3-6)要求为

$$\boldsymbol{\varphi}^{(1)\mathrm{T}}\boldsymbol{M}\boldsymbol{\varphi}^{(i)} = 0 \quad (i = 2,3,\cdots,n) \tag{3-40}$$

式(3-40)中 $\boldsymbol{\varphi}^{(i)}$ 为系统的除刚体位移之外的其他模态，将式中的 $\boldsymbol{\varphi}^{(i)}$ 乘以对应的主坐标 x_{pi}，对 $i = 2 \sim n$ 求和。根据式(3-19)，此求和结果为系统消除刚体位移后的自由振动

$$\boldsymbol{x} = \sum_{i=2}^{n} \boldsymbol{\varphi}^{(i)} x_{pi} \tag{3-41}$$

则式(3-40)化作约束条件为

$$\boldsymbol{\varphi}^{(1)\mathrm{T}}\boldsymbol{M}\boldsymbol{x} = 0 \tag{3-42}$$

利用式(3-42)约束条件可消去系统的一个自由度，得到不含刚体位移的缩减系统。缩减系统的刚度矩阵为非奇异矩阵。

2)重固有频率的情形

本征方程(2-62)有重根时，对应的固有频率相同。设 $\omega_1 = \omega_2$，则减少一个独立变量，方程组(2-67)存在两个不独立方程。计算 ω_1 频率对应的模态时，不失一般性将最后两个方程除去，将 $\boldsymbol{A}$ 的最后两个元素 A_n、A_{n-1} 的有关项移至等号右端，化作

$$\begin{aligned}
&(k_{11} - \omega_1^2 m_{11})A_1 + \cdots + (k_{1,n-2} - \omega_1^2 m_{1,n-2})A_{n-2} \\
=&-(k_{1,n-1} - \omega_1^2 m_{1,n-1})A_{n-1} - (k_{1,n} - \omega_1^2 m_{1,n})A_n \\
&\cdots \\
&(k_{n-2,1} - \omega_1^2 m_{n-2,1})A_1 + \cdots + (k_{n-2,n-2} - \omega_1^2 m_{n-2,n-2})A_{n-2} \\
=&-(k_{n-2,n-1} - \omega_1^2 m_{n-2,n-1})A_{n-1} - (k_{n-2,n} - \omega_1^2 m_{n-2,n})A_n
\end{aligned} \tag{3-43}$$

任意给定 A_{n-1}、A_n 两组线性独立的值 $A_{n-1}^{(1)}$、$A_n^{(1)}$ 和 $A_{n-1}^{(2)}$、$A_n^{(2)}$ 作为第 1、2 阶模态的一部分，如可令

$$\begin{bmatrix} A_{n-1}^{(1)} \\ A_n^{(1)} \end{bmatrix} = \begin{bmatrix} 1 \\ 0 \end{bmatrix}, \quad \begin{bmatrix} A_{n-1}^{(2)} \\ A_n^{(2)} \end{bmatrix} = \begin{bmatrix} 0 \\ 1 \end{bmatrix} \tag{3-44}$$

从式(3-43)解出其余 $n-2$ 阶模态 $\boldsymbol{A}_j\,(j = 1,2,\cdots,n-2)$ 的两组解，与式(3-44)组合为第 1、2 阶模态，分别记作 $\boldsymbol{\varphi}^{(1)}$ 和 $\boldsymbol{\varphi}^{(2)}$：

$$\begin{aligned}
\boldsymbol{A}^{(1)} &= \boldsymbol{\varphi}^{(1)} = [\varphi_1^{(1)}, \varphi_2^{(1)}, \cdots, \varphi_{n-2}^{(1)}, 1, 0]^{\mathrm{T}} \\
\boldsymbol{A}^{(2)} &= \boldsymbol{\varphi}^{(2)} = [\varphi_1^{(2)}, \varphi_2^{(2)}, \cdots, \varphi_{n-2}^{(2)}, 1, 0]^{\mathrm{T}}
\end{aligned} \tag{3-45}$$

由于式(3-44)的随意性，组合成的第 1、2 阶模态不是唯一的。为保证模态之间满足正交性条件，将 $\boldsymbol{A}^{(2)}$ 以 $\boldsymbol{\varphi}^{(1)}$ 和 $\boldsymbol{\varphi}^{(2)}$ 的线性组合代替

$$\boldsymbol{A}^{(2)} = \boldsymbol{\varphi}^{(2)} + c\,\boldsymbol{\varphi}^{(1)} \tag{3-46}$$

式(3-46)线性组合也满足式(3-43)。待定常数 c 由正交性条件

$$\boldsymbol{\varphi}^{(1)\mathrm{T}}\boldsymbol{M}(\boldsymbol{\varphi}^{(2)} + c\,\boldsymbol{\varphi}^{(1)}) = 0 \tag{3-47}$$

解出

$$c=-\frac{\boldsymbol{\varphi}^{(1)\mathrm{T}}\boldsymbol{M}\boldsymbol{\varphi}^{(2)}}{\boldsymbol{\varphi}^{(1)\mathrm{T}}\boldsymbol{M}\boldsymbol{\varphi}^{(1)}}=-\frac{1}{M_{p1}}(\boldsymbol{\varphi}^{(1)\mathrm{T}}\boldsymbol{M}\boldsymbol{\varphi}^{(2)}) \tag{3-48}$$

即得到相互独立且正交的第 1 和第 2 阶模态。[1]

3.1.2 多自由度扭振系统的强迫振动

1. 系统对简谐激励的响应

多自由度系统在周期性激励作用下产生的运动为受迫振动。设 n 自由度系统沿各个广义坐标受到频率和相位相同的简谐广义力的激励。将式(2-50)中的广义坐标列阵写作 $\boldsymbol{x}$，右项以 $\boldsymbol{F}_0\mathrm{e}^{\mathrm{i}\omega t}$ 代入，得到系统的受迫振动方程为

$$\boldsymbol{M}\ddot{\boldsymbol{x}}+\boldsymbol{K}\boldsymbol{x}=\boldsymbol{F}_0\mathrm{e}^{\mathrm{i}\omega t} \tag{3-49}$$

式中，$\boldsymbol{x}$ 为复数列阵，其实部或虚部为实际的广义坐标，分别受到余弦或正弦激励的响应；ω 为激励频率；$\boldsymbol{F}_0$ 为广义激励力的幅值，即

$$\boldsymbol{F}_0=[F_{01},F_{02},\cdots,F_{0n}]^{\mathrm{T}} \tag{3-50}$$

设方程(3-49)的特解为

$$\boldsymbol{x}=\boldsymbol{X}\mathrm{e}^{\mathrm{i}\omega t} \tag{3-51}$$

式中，$\boldsymbol{X}$ 为各复数广义坐标的受迫振动复振幅组成的列阵，即

$$\boldsymbol{X}=[X_1,\ X_2,\ \cdots,\ X_n]^{\mathrm{T}} \tag{3-52}$$

将式(3-52)代入方程(3-49)，导出

$$(\boldsymbol{K}-\omega^2\boldsymbol{M})\boldsymbol{X}=\boldsymbol{F}_0 \tag{3-53}$$

对式(3-53)作逆运算，将 $\boldsymbol{K}-\omega^2\boldsymbol{M}$ 的逆矩阵记作 $\boldsymbol{H}=[H_{ij}]$，称为多自由度系统的复频响应矩阵，为激励频率 ω 的函数

$$\boldsymbol{H}(\omega)=(\boldsymbol{K}-\omega^2\boldsymbol{M})^{-1} \tag{3-54}$$

导出

$$\boldsymbol{X}=\boldsymbol{H}\boldsymbol{F}_0 \tag{3-55}$$

代入式(3-51)，得到

$$\boldsymbol{x}=\boldsymbol{H}\boldsymbol{F}_0\mathrm{e}^{\mathrm{i}\omega t} \tag{3-56}$$

工程中将 $\boldsymbol{K}-\omega^2\boldsymbol{M}$ 称为系统的阻抗矩阵或动刚度矩阵，其逆矩阵 $\boldsymbol{H}$ 即复频响应矩阵，也称为导纳矩阵。为便于理解矩阵 $\boldsymbol{H}$ 的物理意义，写出式(3-55)沿第 i 广义坐标的投影式为

$$X_i=\sum_{i=1}^{n}H_{ij}F_{0j} \tag{3-57}$$

根据式(3-57)，矩阵 $\boldsymbol{H}$ 的元素 H_{ij} 等于沿第 j 坐标作用频率为 ω 的单位幅度简谐力时，沿第 i 坐标所引起的受迫振动的复振幅，因此，$\boldsymbol{H}$ 也称为动柔度矩阵。

在工程中常利用实验方法测出 H_{ij}。由于 $\boldsymbol{H}$ 含有因子 $|\boldsymbol{K}-\omega^2\boldsymbol{M}|^{-1}$，而 $|\boldsymbol{K}-\omega^2\boldsymbol{M}|=0$ 为系统的频率方程，因此，激励频率 ω 接近系统的任何一个固有频率都会使受迫振动的振幅无限增大而引起共振。受迫振动的相位取决于列阵 $\boldsymbol{H}\boldsymbol{F}_0$ 各元素的符号，正号表示与激励同相，负号表示与激励反相。

2. 模态叠加法

模态叠加法也可用于分析多自由度系统的受迫振动。与自由振动情形类似，将受迫振动解也写作模态的线性组合，即分解为解耦的各主坐标的受迫振动。为此，必须先计算系统的固有频率和模态矩阵 $\boldsymbol{\Phi}$，然后利用式(3-19)将动力学方程(3-49)的实际坐标变换为主坐标 $\boldsymbol{x}_p$，令各项左乘 $\boldsymbol{\Phi}^{\mathrm{T}}$，并利用模态的正交性化简，得到

$$\boldsymbol{M}_P\ddot{\boldsymbol{x}}_p+\boldsymbol{K}_p\boldsymbol{x}_p=\boldsymbol{F}_p\mathrm{e}^{\mathrm{i}\omega t} \tag{3-58}$$

式中

$$\boldsymbol{F}_p=\boldsymbol{\Phi}^{\mathrm{T}}\boldsymbol{F}_0=[F_{p1},F_{p2},\cdots,F_{pn}]^{\mathrm{T}} \tag{3-59}$$

方程(3-58)由 n 个解耦的主受迫振动方程组成：

$$M_{pj}\ddot{x}_{pj}+K_{pj}x_{pj}=F_{pj}\mathrm{e}^{\mathrm{i}\omega t}\quad(j=1,2,\cdots,n) \tag{3-60}$$

式中，$F_{pj}=\boldsymbol{\varphi}^{(j)\mathrm{T}}\boldsymbol{F}_0$。式(3-60)可改写为

$$\ddot{x}_{pj}+\omega_j^2x_{pj}=B_j\omega_j^2\mathrm{e}^{\mathrm{i}\omega t}\quad(j=1,2,\cdots,n) \tag{3-61}$$

式中

$$\omega_j^2=\frac{K_{pj}}{M_{pj}},\quad B_j=\frac{F_{pj}}{K_{pj}}=\frac{\boldsymbol{\varphi}^{(j)\mathrm{T}}F_0}{K_{pj}} \tag{3-62}$$

式(3-61)的特解为

$$x_{pj}=\left(\frac{B_j}{1-s_j^2}\right)\mathrm{e}^{\mathrm{i}\omega t} \tag{3-63}$$

式中，$s_j=\omega/\omega_j$ 为激励频率 ω 与第 j 阶固有频率 ω_j 之比。因此，各主坐标的受迫振动规律完全类似于单自由度系统的受迫振动规律。将各主坐标的响应变换为原坐标，即得到实际系统对简谐激励的响应。为此，将式(3-62)和式(3-63)代入式(3-19)，导出

$$\boldsymbol{x}=\boldsymbol{\Phi}\boldsymbol{x}_p=\sum_{j=1}^{n}\boldsymbol{\varphi}^{(j)}\boldsymbol{x}_{pj}=\sum_{j=1}^{n}\frac{\boldsymbol{\varphi}^{(j)}\boldsymbol{\varphi}^{(j)\mathrm{T}}}{K_{pj}(1-s_j^2)}\boldsymbol{F}_0\mathrm{e}^{\mathrm{i}\omega t} \tag{3-64}$$

将式(3-64)与式(3-56)比较，导出复频响应矩阵 $\boldsymbol{H}$ 的模态展开式为

$$\boldsymbol{H}=\sum_{j=1}^{n}\frac{\boldsymbol{\varphi}^{(j)}\boldsymbol{\varphi}^{(j)\mathrm{T}}}{K_{pj}(1-s_j^2)} \tag{3-65}$$

当激励频率 ω 与系统的第 k 阶固有频率 ω_k 的值接近时，第 k 阶主坐标的受迫振动幅值将急剧增大，导致第 k 阶频率的共振。系统具有 n 个不相等的固有频率

时，可以出现 n 阶不同频率的共振。利用 $\boldsymbol{H}$ 的模与激励频率 ω 之间的函数关系作出的幅频特性曲线具有 n 个共振峰。当共振峰的第 k 阶主坐标在实际振动中占主导地位时，可以近似地略去其他非共振的主坐标，将式(3-64)近似地写作

$$\boldsymbol{x}=\frac{\boldsymbol{\varphi}^{(k)}\ \boldsymbol{\varphi}^{(k)\mathrm{T}}\ \boldsymbol{F}_0}{\boldsymbol{K}_{pk}(1-s_k^2)}\mathrm{e}^{\mathrm{i}\omega t} \tag{3-66}$$

式(3-66)表明，当发生第 k 阶频率共振时，各实际坐标 $x_i(i=1,2,\cdots,n)$ 的振幅比值接近于系统的第 k 阶模态 $\boldsymbol{\varphi}^{(k)}$。根据这种现象，可以采用共振实验方法近似地测量系统的各阶固有频率及相应的模态。

系统受到非简谐周期激励时，可将激励展成傅里叶级数，求出各谐波分量引起的受迫振动解，然后利用线性常微分方程解的可叠加性，叠加得到各主坐标的受迫振动解。

3. 系统对任意非周期激励的响应

本节讨论多自由度系统对任意非周期激励的暂态响应。系统的振动方程为

$$\boldsymbol{M}\ddot{\boldsymbol{x}}+\boldsymbol{K}\boldsymbol{x}=\boldsymbol{F}(t) \tag{3-67}$$

式中，$\boldsymbol{F}(t)$ 为时间的任意函数：

$$\boldsymbol{F}(t)=[F_1(t),F_2(t),\cdots,F_n(t)]^{\mathrm{T}} \tag{3-68}$$

应用主振型叠加法可使原系统解耦为主坐标的 n 个独立系统，从而有可能将单自由度系统暂态响应的各种方法应用于多自由度系统。

首先导出系统自由振动的模态矩阵 $\boldsymbol{\Phi}$。将式(3-19)代入式(3-67)，各项左乘 $\boldsymbol{\Phi}^{\mathrm{T}}$，化作主坐标的动力学方程

$$\boldsymbol{M}_p\ddot{\boldsymbol{x}}_p+\boldsymbol{K}_p\boldsymbol{x}_p=\boldsymbol{F}_p(t) \tag{3-69}$$

式中，$\boldsymbol{F}_p(t)$ 为与主坐标对应的激励力：

$$\boldsymbol{F}_p(t)=\boldsymbol{\Phi}^{\mathrm{T}}\boldsymbol{F}(t)=[F_{p1}(t),F_{p2}(t),\cdots,F_{pn}(t)]^{\mathrm{T}} \tag{3-70}$$

式(3-69)包含 n 个解耦的主坐标动力学方程：

$$M_{pj}\ddot{x}_{pj}+K_{pj}x_{pj}=F_{pi}(t)\quad(j=1,2,\cdots,n) \tag{3-71}$$

可利用杜阿梅尔积分求出各主坐标的特解 $\boldsymbol{x}_p(t)=[x_{pi}(t)]$。在零初始条件下，此特解为

$$\boldsymbol{x}_p(t)=\int_0^t\boldsymbol{h}_p(\tau)\ \boldsymbol{F}_p(t-\tau)\mathrm{d}\tau \tag{3-72}$$

式中，$\boldsymbol{h}_p(t)$ 为以各主坐标响应函数 $h_{pj}(j=1,2,\cdots,n)$ 为元素的对角阵：

$$h_{pj}(t)=\frac{1}{M_{pj}\omega_j}\sin(\omega_j t)\quad(j=1,2,\cdots,n) \tag{3-73}$$

对主坐标进行逆变换，将式(3-72)左乘 $\boldsymbol{\Phi}$，并且将 $\boldsymbol{F}_p=\boldsymbol{\Phi}^{\mathrm{T}}\boldsymbol{F}$ 代入，得到

$$\boldsymbol{x}(t)=\int_0^t\boldsymbol{h}(\tau)\boldsymbol{F}(t-\tau)\mathrm{d}\tau \tag{3-74}$$

式中

$$\boldsymbol{h}(t)=\boldsymbol{\Phi}\boldsymbol{h}_p(\tau)\boldsymbol{\Phi}^{\mathrm{T}} \tag{3-75}$$

$\boldsymbol{h}=[h_{ij}]$ 称为脉冲响应矩阵，是单自由度系统的脉冲响应函数向多自由度系统的扩展。$\boldsymbol{h}$ 的元素 h_{ij} 表示沿 j 坐标的单位脉冲激励引起第 i 坐标的暂态响应[1]。

3.2 汽轮发电机组轴系扭振动态响应计算方法

3.2.1 汽轮机蒸汽力矩计算

汽轮发电机组处于稳态运行时，汽轮机的蒸汽扭矩与发电机的电磁扭矩平衡，所以可由电磁扭矩求出蒸汽力矩

$$T_m=\frac{1}{\omega_e}[(u_{a0}i_{a0}+u_{b0}i_{b0}+u_{e0}i_{e0})+r(i_{a0}^2+i_{b0}^2+i_{c0}^2)] \tag{3-76}$$

式中，r 为电枢电阻；ω_e 为稳态电角速度；u_{a0}、u_{b0}、u_{e0}、i_{a0}、i_{b0}、i_{c0} 分别为扰动前机端电压、电流测量值。T_m 乘以各缸的转矩份额就得到各缸输入的机械转矩。

当汽轮发电机组处于变工况状态时，如果机组工况变化不大，则其机械功率输出为

$$N_{el}=N_e\frac{\Delta H_{tl}}{\Delta H_t}\frac{D_l}{D}\frac{\eta_{oel}}{\eta_{oe}} \tag{3-77}$$

式中，N_e 为机组额定功率；ΔH_t、ΔH_{tl} 分别为机组额定工况和实际工况下的理想焓降；D、D_l 分别为机组额定和实际的蒸汽流量；η_{oe}、η_{oel} 分别为额定和实际的内效率。

根据弗留格尔公式，当机组的通流面积不变时，高压缸蒸汽流量变化为

$$\frac{D_1}{D}=\sqrt{\frac{P_{H01}^2-P_{H21}^2}{P_{H0}^2-P_{H2}^2}}\sqrt{\frac{T_{H0}}{T_{H01}}} \tag{3-78}$$

式中，P_{H0}、P_{H01} 分别为相应缸的额定和实测进汽压力；P_{H2}、P_{H21} 分别为相应缸的额定和实测排汽压力；T_{H0}、T_{H01} 分别为相应缸的额定和实测进汽温度。

对于低压缸，由于凝汽器压力较低，P_{H2}、P_{H21} 相对可以忽略，低压缸蒸汽流量变化为

$$\frac{D_{L1}}{D}=\frac{P_{L01}}{P_{L0}}\sqrt{\frac{T_{L0}}{T_{L01}}} \tag{3-79}$$

当蒸汽喷嘴叶栅中的流动为等熵过程时，由能量方程可得

$$\frac{\Delta H_{tl}}{\Delta H_t} = \frac{T_{01}\left[1-(P_{21}/P_{01})^{\frac{R-1}{R}}\right]}{T_0\left[1-(P_2/P_0)^{\frac{R-1}{R}}\right]} \tag{3-80}$$

式中，P_0、P_{01}和 T_0、T_{01}分别为相应汽缸的额定和实测蒸汽压力和温度；R 为蒸汽的绝热指数，相对内效率在变工况时变化不大，文中假设为常数。

获得机组机械输出功率后，则可获得汽轮发电机组的汽轮机蒸汽力矩，其表达式为

$$T_m = \frac{N_{el}}{\omega_e} \tag{3-81}$$

求得汽轮发电机组的汽轮机蒸汽力矩后，即可根据汽轮机各汽缸各级叶片出力分配情况，计算出蒸汽施加在每级叶片上的力矩。

3.2.2　发电机电磁力矩计算

由于大扰动下的电磁力矩需要考虑系统的强非线性，同步发电机模型用 Park 方程描述的 5 阶微分方程表示[9]，采用 X_{ad} 基值系统，则同步电机电磁力矩瞬时值 T_e可表示为

$$T_e = \Psi_d i_q - \Psi_q i_d = (-x_d i_d + x_{af} I_f + x_{aD} I_D) i_q - (-x_q i_q + x_{aQ} I_Q) i_d \tag{3-82}$$

式中，x_d为定子绕组 d 轴自感系数；x_q为定子绕组 q 轴自感系数；x_{ad}为 d 轴互感系数；x_{aq}为 q 轴互感系数；I_f为励磁电流；i_d、I_D为定子绕组纵轴和横轴的电流，i_q、I_Q为阻尼绕组纵轴和横轴的电流，且 $x_{af}=x_{aD}=x_{ad}$，$x_{aQ}=x_{aq}$，对于汽轮发电机有$x_d=x_q$。

大型同步发电机绕组均是星形接法，零轴电流 $i_0=0$，则根据派克变换有 $dq0$ 基本方程

$$\begin{bmatrix} i_d \\ i_q \end{bmatrix} = \frac{2}{3}\begin{bmatrix} \cos\gamma & \cos\left(\gamma-\frac{2}{3}\pi\right) & \cos\left(\gamma+\frac{2}{3}\pi\right) \\ -\sin\gamma & -\sin\left(\gamma-\frac{2}{3}\pi\right) & -\sin\left(\gamma+\frac{2}{3}\pi\right) \end{bmatrix}\begin{bmatrix} I_a \\ I_b \\ I_c \end{bmatrix} \tag{3-83}$$

离散化后有

$$i_d^t = \frac{2}{3}\cos\gamma^t \cdot I_a^t + \frac{2}{3}\cos\left(\gamma^t-\frac{2}{3}\pi\right)\cdot I_b^t + \frac{2}{3}\cos\left(\gamma^t+\frac{2}{3}\pi\right)\cdot I_c^t \tag{3-84}$$

$$i_q^t = -\left[\frac{2}{3}\sin\gamma^t \cdot I_a^t + \frac{2}{3}\sin\left(\gamma^t-\frac{2}{3}\pi\right)\cdot I_b^t + \frac{2}{3}\sin\left(\gamma^t+\frac{2}{3}\pi\right)\cdot I_c^t\right] \tag{3-85}$$

式中，$t=n\Delta t$，Δt 为计算步长；I_a^t、I_b^t、I_c^t 为三相电流采样值；γ 为电机转子 d 轴与定子 a 相绕组轴线的夹角，有

$$\gamma^t = \int_0^t \omega \mathrm{d}t + \gamma_0 \tag{3-86}$$

式中，ω 为每一时步的角速度，$\omega = \omega_s + \omega_n$，即同步角速度与扭转角速度之和。

对于 P 极电机，如果已知由响应计算求得的发电机轴段扭角 δ，对应的电角度会变化 $P\delta$，则式(3-86)变成

$$\gamma^t = \int_0^t \omega_s \mathrm{d}t + \gamma_0 + P\delta \tag{3-87}$$

因为 γ_0 为初始角，所以可求出初始角 γ_0 为

$$\tan\gamma_0 = \frac{I_m(x_q\cos\varphi - R_a\sin\varphi)}{U_m + I_m(R_a\cos\varphi + x_q\sin\varphi)} \tag{3-88}$$

式中，I_m 为相电流幅值；U_m 为相电压幅值；R_a 为定子绕组内电阻；φ 为功率因数角，可由实测的 a 相电压和电流采样值求出。

到此可计算出 i_d、i_q，下面讨论如何求 I_D、I_Q。

稳态时，阻尼绕组电流很小，可忽略，即认为 I_D、I_Q 初始值为零。由于阻尼绕组 D、阻尼绕组 Q 的端电压恒为零，进入暂态时，有

$$U_D = -x_{ad}\frac{\mathrm{d}i_d}{\mathrm{d}t} + x_{1fd}\frac{\mathrm{d}I_f}{\mathrm{d}t} + x_{11d}\frac{\mathrm{d}I_D}{\mathrm{d}t} + r_D I_D = 0 \tag{3-89}$$

$$U_Q = -x_{aq}\frac{\mathrm{d}i_d}{\mathrm{d}t} + x_Q\frac{\mathrm{d}I_Q}{\mathrm{d}t} + r_Q I_Q = 0 \tag{3-90}$$

式中，$x_{ad} = x_d - x_1$，$x_{1fd} = x_{ad}$，$x_{11d} = x_{D1} + x_{ad} = \dfrac{(x'_d - x_1)^2}{x'_d - x''_d} - x'_d + x_1 + x_{ad}$，

$r_D = \dfrac{(x_{D1} + 1/(x'_d - x_1))}{\omega_B T''_{d0}}$，$x_{aq} = x_q - x_1$，$x_Q = \dfrac{x_{ad}^2}{x_q - x''_q}$，$r_Q = \dfrac{x_Q}{\omega_B T''_{q0}}$ 为同步电机基本参数。

若设 $\dfrac{\mathrm{d}I_D}{\mathrm{d}t} = \dfrac{I_D^{t+\Delta t} - I_D^t}{\Delta t}$，$I_D = \dfrac{I_D^{t+\Delta t} + I_D^t}{2}$，则可得

$$(2x_{11d} + \Delta t r_D)I_D^{t+\Delta t} = 2x_{ad}(i_d^{t+\Delta t} - i_d^t) - 2x_{1fd}(I_f^{t+\Delta t} - I_f^t) + (2x_{11d} - \Delta t r_D)I_D^t \tag{3-91}$$

$$(2x_Q + \Delta t r_Q)I_Q^{t+\Delta t} = 2x_{aq}(i_d^{t+\Delta t} - i_d^t) + (2x_Q - \Delta t r_Q)I_Q^t \tag{3-92}$$

通过式(3-91)、(3-92)可知，只需把求出的 i_d、i_q 代入，并令 I_D、I_Q 初始值为零，即可求解 I_D、I_Q。把计算结果代入式(3-82)，可求出电磁力矩瞬时值 T_e。

发电机通过电磁力矩实现电磁能量向机械能的转化，当扭振振型在发电机转子部分存在节点时，即使电气干扰引起的电磁力矩频率与轴系的扭振固有频率接近，由于节点两侧故障电磁力矩互相抵消，也不会使轴系产生共振或较高的扭振响应[10]。本书认为，节点两侧的电磁力矩不一定相等而且反向。因为电磁力矩与派克变换角不是线性比例关系，所以振型节点两侧的力矩也不一定抵消；不会产

生共振的原因是该阶振型与轴系所围的面积很小，通过气隙传递到转子上的能量也比较小。在对轴系寿命影响大的低阶扭振模态(如次同步扭振)范围内，发电机对应的各阶振型形状都接近于水平直线，故可认为故障电磁力矩是均匀施加在发电机轴段上的[11]。

3.2.3　轴系扭振动态响应计算

计算汽轮发电机组轴系扭振动态响应时，主要使用时域仿真法。分析轴系的扭振动态响应一般有三种方法，即有限元法、模态叠加法和传递矩阵法。其中，传递矩阵法避免了模态叠加法求解矩阵特征值的问题，因而不必进行求解固有频率、主振型、模态刚度矩阵和模态质量矩阵等繁琐的过程，而且传递矩阵的维数不随系统自由度的增加而增加，所以不会出现“维数灾”的问题。同时，由于计算量较小，传递矩阵法较有限元法更适用于轴系扭振动态响应的快速求解。[2]

利用传递矩阵法分析轴系扭振动态响应时，为了提高计算的精度和速度，使计算结果更符合实际，必须考虑扭振系统的强非线性。解决系统的非线性问题，常使用时域逐步积分法。现有的数值方法中常用的有 Newmark-β 法、Wilson-θ 法、中心差分法、龙格-库塔法等。其中的 Newmark-β 法具有仿真精度高，数值稳定性强、适于非线性的优点，在地震、建筑、构件等的动力响应分析中得到广泛的应用[2-8]。本书采用 Newmark-β 法和 Riccati 法相结合的算法对汽轮发电机组轴系扭振动态响应进行求解，其中 Newmark-β 法解决扭振形态的时间变化情形，Riccati 传递矩阵法解决扭振形态的空间变化情形。

这里的 Riccati 法是一种基于集中质量模型的扭振动态响应分析方法。利用 2.2.2 节中介绍的方法，对汽轮发电机组轴系进行模化，得到汽轮发电机组轴系的多段集中质量扭振模型，如图 3-1 所示。

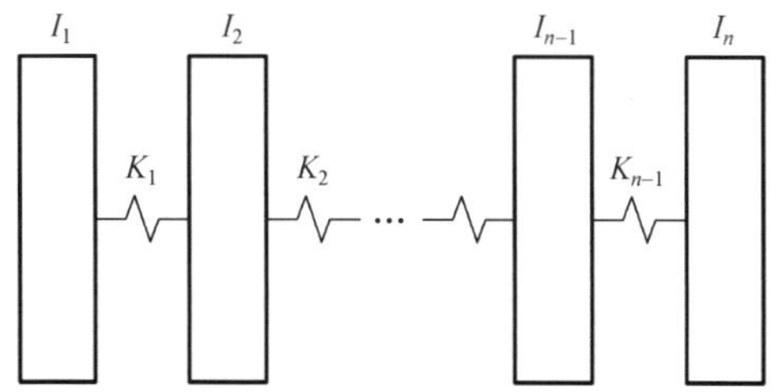

图 3-1　汽轮发电机组轴系多段集中质量扭振模型

假设系统作频率为 ω 的扭转振动，从离散后的轴系中取出一个典型单元(一个刚性圆盘和一个弹性轴段)，如图 3-2 所示，对其作受力分析。

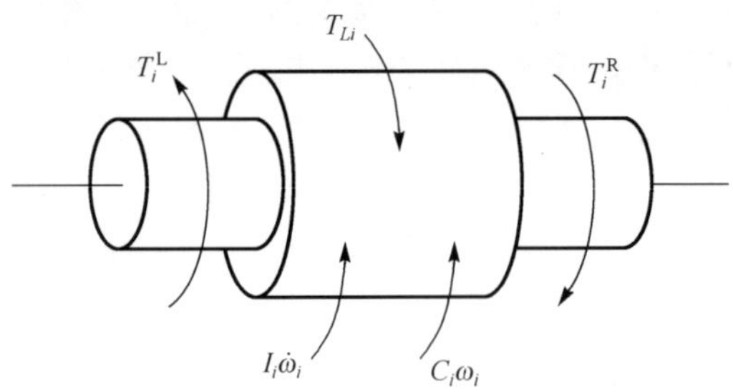

图 3-2 典型轴段的受力分析

1. 刚性薄圆盘

圆盘所受的扭矩有惯性力矩、弯振变形产生的扭矩、阻力矩、左右截面扭矩差以及外力矩,由扭矩所满足的条件,可得

$$I_i\ddot{\varphi}_i = -C_i\dot{\varphi}_i + T_{Li}(t) + T_i^{\mathrm{R}} - T_i^{\mathrm{L}} \tag{3-93}$$

$$T_i^{\mathrm{R}} = T_i^{\mathrm{L}} + I_i\ddot{\varphi}_i + C_i \cdot \dot{\varphi}_i - T_{Li}(t) \tag{3-94}$$

改写成增量形式为

$$\Delta T_i^{\mathrm{R}} = \Delta T_i^{\mathrm{L}} + I_i\Delta\ddot{\varphi}_i + C_i\Delta\dot{\varphi}_i - \Delta T_L \tag{3-95}$$

根据 Newmark-β 法,有

$$\ddot{q}_{t+\Delta t} = \frac{1}{\beta\Delta t^2}(q_{t+\Delta t} - q_t) - \frac{1}{\beta\Delta t}\dot{q}_t - \left(\frac{1}{2\beta} - 1\right)\ddot{q}_t \tag{3-96}$$

$$\ddot{q}_{t+\Delta t} = \dot{q}_t + \frac{r}{\beta\Delta t}(q_{t+\Delta t} - q_t) - \frac{r}{\beta}\dot{q}_t - \left(\frac{r}{2\beta} - 1\right)\ddot{q}_t\Delta t \tag{3-97}$$

式中,γ、β 是 Newmark-β 法的参数;q 为转子广义坐标。将式(3-96)、(3-97)代入式(3-95)得

$$\Delta T_i^{\mathrm{R}} = \Delta T_i^{\mathrm{L}} + A_i\Delta\varphi + B_i \tag{3-98}$$

$$A_i = \frac{I_i}{\beta\Delta t^2} + \frac{C_{it}\gamma}{\beta\Delta t} \tag{3-99}$$

$$B_i = -I_i\left(\frac{1}{\beta\Delta t}\dot{\varphi}_i + \frac{1}{2\beta}\cdot\ddot{\varphi}_i\right)_t - C_t\left[\frac{\gamma}{\beta}\dot{\varphi}_i + \left(\frac{\gamma}{2\beta} - 1\right)\ddot{\varphi}_i\Delta t\right]_t - \Delta T_{Lit} \tag{3-100}$$

式中,I_i 为转动惯量;C_i 为阻尼系数;φ 为该微元段的扭角。同时有

$$\varphi_i^{\mathrm{R}} = \varphi_i^{\mathrm{L}} \tag{3-101}$$

其增量表达式为

$$\Delta\varphi_i^{\mathrm{R}} = \Delta\varphi_i^{\mathrm{L}} \tag{3-102}$$

2. 无质量等截面的弹性轴段

由于无质量等截面弹性轴段的转动惯量忽略不计，它满足关系

$$\begin{cases} T_{i+1}^{\mathrm{L}} = T_i^{\mathrm{R}} \\ \varphi_{i+1}^{\mathrm{L}} = \varphi_i^{\mathrm{R}} + \dfrac{T_i^{\mathrm{R}}}{K_{i,i+1}} \end{cases} \tag{3-103}$$

其增量表达式为

$$\begin{cases} \Delta T_{i+1}^{\mathrm{L}} = \Delta T_i^{\mathrm{R}} \\ \Delta\varphi_{i+1}^{\mathrm{L}} = \Delta\varphi_i^{\mathrm{R}} + \dfrac{\Delta T_i^{\mathrm{R}}}{K_{i,i+1}} \end{cases} \tag{3-104}$$

式中，$K_{i,i+1}$ 为连接刚度。

3. 单元轴段传递矩阵

设 $f = \Delta T, e = \Delta\varphi$，则单元轴段传递矩阵可写为

$$\begin{bmatrix} f \\ e \end{bmatrix}_{i+1}^{\mathrm{L}} = \begin{bmatrix} U_{11} & U_{12} \\ U_{21} & U_{22} \end{bmatrix} \begin{bmatrix} f \\ e \end{bmatrix}_i^{\mathrm{L}} + \begin{bmatrix} F_f \\ F_e \end{bmatrix}_i \tag{3-105}$$

式中，$U_{11} = 1; U_{12} = A_i; U_{21} = 1/K_{i,i+1}; U_{22} = 1 + A_i/K_{i,i+1}; F_f = B_i; F_e = B_i/K_{i,i+1}$。

4. 应用 Riccati 传递矩阵法求解轴系响应

引入 Riccati 传递矩阵法，设 Riccati 变换为

$$f_i = S_i e_i + P_i \tag{3-106}$$

代入式(3-105)，则得到 S_i 和 P_i 的递推公式及 e_i 的递推公式

$$S_{i+1} = [U_{11} \cdot S_i + U_{12}] \cdot [U_{21} S_i + U_{22}]_i^{-1} \tag{3-107}$$

$$P_{i+1} = [U_{11} \cdot P + F_f]_i - S_{i+1} [U_{21} \cdot P + F_e]_i \tag{3-108}$$

$$e_i = [U_{21} \cdot S + U_{22}]_i^{-1} \cdot e_{i+1} - [U_{21} \cdot S + U_{22}]^{-1} [U_{21} \cdot P + F_e]_i \tag{3-109}$$

由边界条件（$f_i = 0$，$e_{0i} \neq 0$ 且为任意值），可得 $S_1 = 0, P_1 = 0$。利用式(3-107)、(3-108)则可顺次得到 S_2，P_2，S_3，P_3，…，S_{N+1}，P_{N+1}。

对于右端截面 $N+1$，有

$$f_{N+1} = S_{N+1} e_{N+1} + P_{N+1} \tag{3-110}$$

且 $f_{N+1} = 0$（边界条件），故

$$e_{N+1} = - S_{N+1}^{-1} P_{N+1} \tag{3-111}$$

然后利用式(3-109)，可从右到左算出各 e_i（$i = N, N-1, N-2, \cdots, 1$），相应地可算出各截面 f_i，所求结果即为各截面在 $t + \Delta t$ 时刻各状态矢量增量。也就是说，从起始时刻 t_0 的初始条件 φ_1^0 开始（由轴端扭角传感器测量、计算得到），在已知

轴系各物理参数 $I_1, I_2, \cdots, I_N$，$C_1, C_2, \cdots, C_N$，$K_{1,2}, K_{2,3}, \cdots, K_{n-1,N}$ 和外力矩 $T_{L1}, T_{L2}, \cdots, T_{LN}$ 条件下，应用 Riccati 法，求出 $t_0+\Delta t$ 瞬时各轴段的扭角增量(需要注意，外力矩施加的轴段位置)，然后用 Newmark-β 法，可求出 $t_0+\Delta t$ 瞬时各轴段的扭转角速度和角加速度，进而求得 $t_0+2\Delta t$ 瞬时各结点的扭角等。如此反复，可得到各个瞬时轴系上各个结点的扭角、角速度和角加速度响应。Riccati 传递矩阵法响应计算程序流程如图 3-3所示。

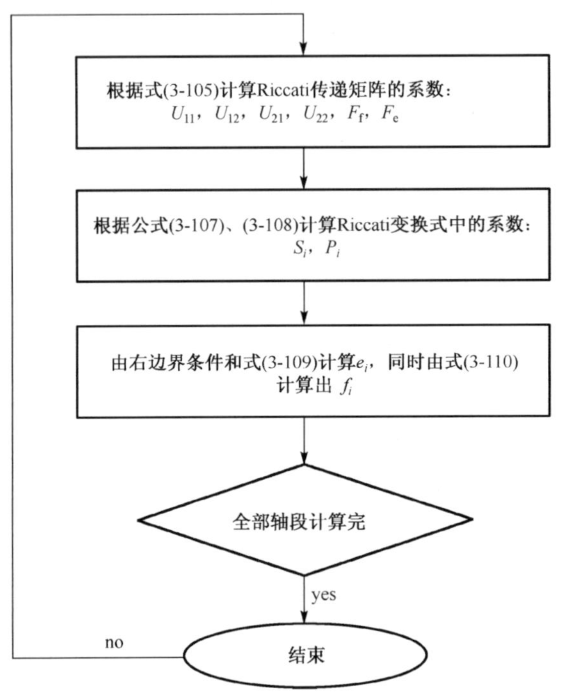

图 3-3　Riccati 传递矩阵法响应计算流程图

需要注意的是，由于在 Δt 时段内，认为系统是线性的，故计算结果一般不能使系统运动方程式保持平衡。此时有两种处理方法，一种是对求解的结果进行迭代修正，直到满足一定精度要求；该方法在每次迭代时，都将完全重复一遍全部计算过程，计算时间耗费较多。据此，提出了第二种方法，即 $\Delta\ddot{q}$ 并不由 Newmark-β 法求出，而是将由 Newmark-β 法求出的 $\Delta\dot{q}$ 以及 Δq 代入方程式中，由系统运动方程解出 $\Delta\ddot{q}$，此时方程式中只有 $\Delta\ddot{q}$ 是未知数，该代数方程是很容易求解的。

5. 系统刚度变化对扭振的影响

实际应用中还需考虑温度和阻尼对模型参数的影响。由于转动惯量有较为精确的解析式计算，且不随运行状态发生变化，假设为常数；刚度是运行温度和扭转变形程度的函数;阻尼随着扭振幅值以及汽轮发电机组运行条件的不同而不同,通过参数辨识的方法可以得到较精确的阻尼系数。本书在响应计算中,应用现场测得的温度对轴系刚度做了修正。

转子材料的剪切模量随温度的升高而降低,通常每升高 100℃,模量会降低 3%～5%。转子钢的剪切弹性模量随温度有如下近似关系:

$$G_t = G_{t0}[1 - c(t - t_0)/100] \tag{3-112}$$

式中,G_t为温度 t 时的剪切模量;t_0为 25℃(常温);c 为温度升高 100℃时模量降低的幅度。

更精确一些的公式为

$$\begin{cases} G = -(6t + 21700)/[2(1+\nu)], & 0℃ < t < 300℃ \\ G = (-9.5t + 22750)/[2(1+\nu)], & 300℃ < t \leqslant 540℃ \end{cases} \tag{3-113}$$

式中,ν 为材料的泊松比;弹性模量的单位为 kg/mm^2。

研究表明,当考虑了温度分布影响后,轴系扭振的各阶固有频率会有所降低,若固有频率降低到共振区域,轴系将很危险。

3.3 小　　结

本章对轴系扭振动态响应分析主要使用的时域仿真法进行了讨论,分析了多自由度系统的自由振动和强迫振动,并结合汽轮发电机组的实际情况,提出了一套轴系扭振动态响应计算方法:考虑了扭振过程中系统的强非线性,与逐步积分法结合,对轴系扭振动态响应进行求解,同时也给出了与之相匹配的发电机电磁力矩和蒸汽力矩的计算方法。利用本章提出的 Newmark-β 法和 Riccati 法结合的算法,可准确地得到扭振故障下每一轴段所承受的动态扭矩和动态扭应力,为较准确地估算扭振故障下机组轴系的疲劳损耗情况奠定了基础。

参 考 文 献

[1] 刘延柱. 振动力学[M]. 北京:高等教育出版社, 1998.

[2] 何成兵. 汽轮发电机组轴系弯扭耦合振动研究[D]. 北京: 华北电力大学, 2003.

[3] 黄葆华, 杨建刚, 高伟, 等. 求解非线性链式结构瞬态响应的传递矩阵方法[J]. 振动工程学报, 1999, 12(1): 47-54.

[4] 杨建刚. 改进传递矩阵法计算转子系统不平衡响应和灵敏度[J]. 机械工程学报, 2001, 37(6): 109-112.

[5] Kodnar, Tesar, Alexander. Some remarks to transfer matrix method. Acta Technic ASAV, 1991.

[6] 李海根，李慧芳，范德顺，等. 转轴振动计算的传递矩阵方法研究[J]. 北京化工大学学报，1997：45-50.

[7] 郭力. 子结构传递矩阵法、有限元素法和模态综合法应用于转子动力特性计算时的对比分析[J]. 电站系统工程，1999，15(2)：12-24.

[8] 毛海军，孙庆鸿，陈南，等. 基于分布质量的 Riccati 传递矩阵法模型与轴系频响函数计算方法研究[J]. 东南大学学报，2000，30(6)：34-38.

[9] 高景德，张麟征. 电机过渡过程的基本理论及分析方法(上册)[M]. 北京：科学出版社，1982.

[10] 朱萍. 大型汽轮发电机组轴系轴系扭振在线监测仿真计算的研究[D]. 北京：华北电力大学，1990.

[11] 沈善德. 电力系统辨识[M]. 北京：清华大学出版社，1993.

第 4 章　轴系扭振安全性分析

4.1　轴系扭振危险截面应力分析

4.1.1　轴系扭振危险截面的确定

所谓扭振危险截面，是指当汽轮发电机组发生扭振故障时，轴系上容易出现较大幅度交变应力，产生疲劳寿命损耗的部位。其中，某类扭振故障下轴系出现最大幅度交变应力的位置被称为这类扭振故障下的最危险截面。扭振危险截面是轴系扭振安全性分析的主要对象，对各类扭振故障下的危险截面进行应力校核和疲劳寿命损耗计算，可以对机组在各类扭振下的安全性做出评价。

汽轮发电机组在正常运转时，其轴系所传递的扭矩是来自蒸汽作用于叶轮动叶上的力产生的对轴的力矩。这个力矩的大小随着轮盘数目的增加而逐级增加，在汽轮机末级后达到最大，因此最大扭矩出现在汽轮机最末级叶片和发电机绕组之间。当机组发生扭振故障时，不同类型的扭振故障，会在轴系上产生不同的扭矩分布。

当汽轮发电机组出两相短路等电磁力矩瞬态冲击类故障时，由于电磁力矩波动频率与轴系各阶扭振固有频率差别较大，且波动持续时间较短，所以电磁力矩的扰动不会激起轴系的共振，轴系在汽轮机侧承受着稳定的蒸汽力矩，而在发电机一端承受较大幅度的电磁力矩突变，此时机组轴系承受最大扭矩的位置，仍然在汽轮机最末级叶片和发电机绕组之间。

可以利用多段集中质量扭振模型对汽轮发电机组轴系进行扭振仿真。假设某机组发生两相短路故障，发电机电磁力矩如图 4-1 所示。经过扭振动态响应分析，得到该故障下轴系各部位所承受的最大扭矩，如图 4-2 所示，由图可知，轴系承受的最大扭矩在低压 B 转子靠发电机侧的轴颈处，由于此处轴段直径较小，且在轴颈处应力集中系数较大，显然该轴颈为电磁力矩瞬态冲击类扭振故障的最危险截面。

当机组发生 SSO 等共振类故障时，轴系的扭矩分布则由轴系扭振模态决定。汽轮机各段转子的形状均是中间直径较大，两端直径较小，轴系的转动惯量和刚度主要集中在各段转子中部，轴系的各阶扭振振型斜率最大处主要出现在各段转

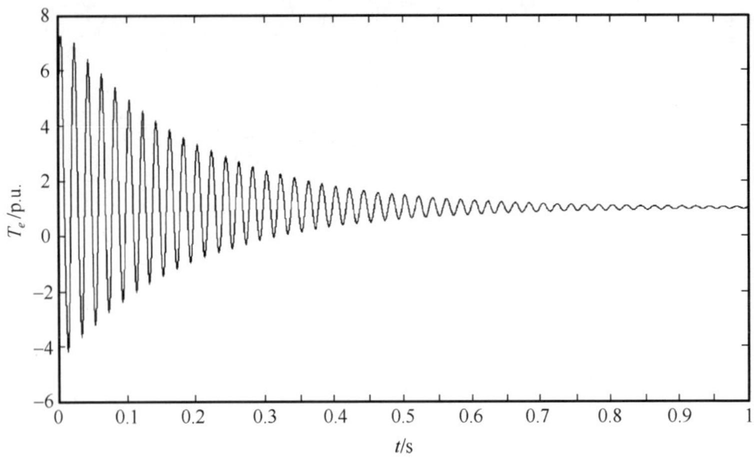

图 4-1 两相短路下发电机电磁力矩

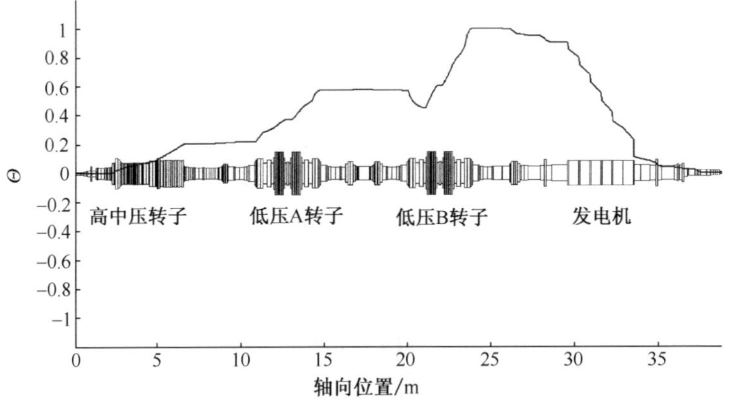

图 4-2 两相短路下轴系最大扭矩分布

子之间，振型的结点也往往出现于此。因此，轴系在扭振共振状态下的最大扭矩一般出现在各段转子连接处附近。

对前面算例中的同一机组进行扭振仿真。假设该机组发生第 1 阶 SSO，发电机电磁力矩如图 4-3 所示。经过扭振动态响应分析，得到该故障下轴系各部位所承受的最大扭矩，由图 4-4 可知，轴系承受的最大扭矩在低压 A 转子和低压 B 转子之间。由于轴系承受最大扭矩处有两个轴颈和两个联轴器，这些部位均应视为扭振危险截面，至于第 1 阶 SSO 下轴系的最危险扭振截面，需要对这些部位做进一步的应力计算。

综上所述，轴系的扭振危险截面主要出现在扭矩较大、直径较小且容易出现应力集中的部位，如轴系上的轴颈、联轴器螺栓等。除这些因素外，轴系的安全性

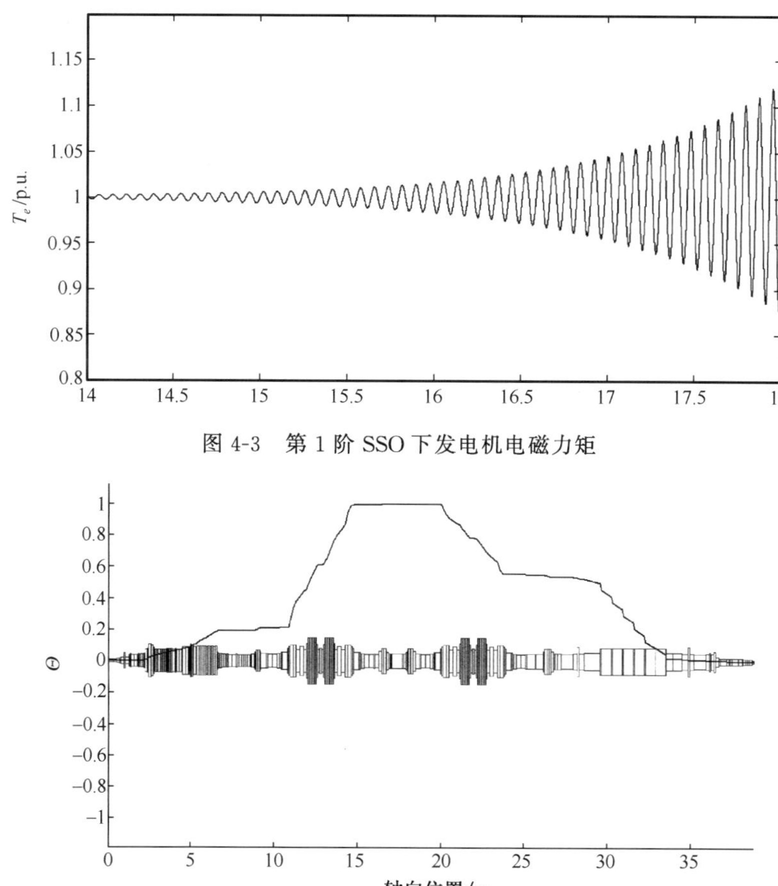

图 4-3　第 1 阶 SSO 下发电机电磁力矩

图 4-4　第 1 阶 SSO 下轴系最大扭矩分布

还受各轴段交界处的材料特性、加工条件、表面光洁度、缺口效应、尺寸效应等与疲劳寿命损耗有关的因素影响，故扭振危险截面的位置，必须经过多方面的计算和校核才能最终确定。

4.1.2　扭振危险截面应力计算

1. 危险截面的扭应力计算

通过扭振动态响应计算，可以得到轴系在扭振状态下各危险截面的实时扭矩情况。由材料力学可知，对于圆形截面轴，最大扭应力 $\tau_{\max}$ 在轴的外表面，其计算公式为

$$\tau_{\max} = \frac{M_n}{W_p} \tag{4-1}$$

式中，M_n 为危险截面所受扭矩；W_p 为危险截面的抗扭截面模量，其量纲为长度的三次方。

轴段抗扭截面模量 W_p 的计算公式为

$$W_p = \frac{J}{R} \tag{4-2}$$

式中，$J = \int_A r^2 \mathrm{d}A$ 为轴段横截面的极惯性矩，其量纲为长度的四次方；r 为轴段截面中心道截面任一点的半径；$\mathrm{d}A$ 为轴段截面上的微圆面积；R 为圆形截面轴的外半径。

需要注意的是，由于以上推导中利用了胡克定律，故以上公式仅在 $\tau_{\max}$ 不超过材料的剪切比例极限的情况下有效。

对于实心轴段，令 $D = 2R$ 为直径，有

$$J = \int_A r^2 \mathrm{d}A = 2\pi \int_0^{D/2} r^3 \mathrm{d}r = \frac{\pi D^4}{32} \tag{4-3}$$

对于空心轴段，令 d 为内直径，则有

$$J = \int_A r^2 \mathrm{d}A = \int_{d/2}^{D/2} 2\pi r^3 \mathrm{d}r = \frac{\pi}{32}(D^4 - d^4) \tag{4-4}$$

若考虑圆形截面轴扭转时的变形，如图 4-5 所示，需另外进行分析。

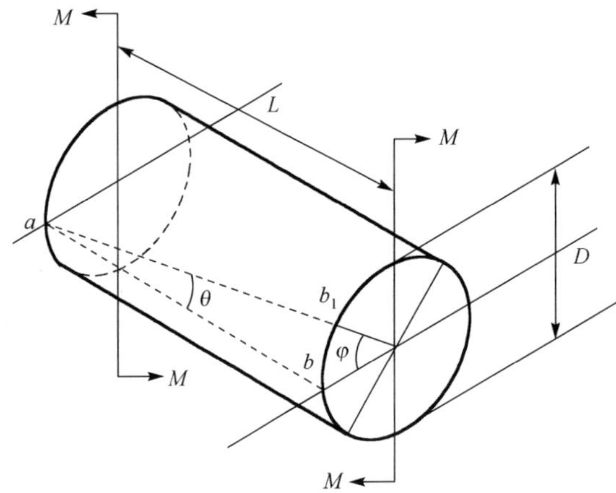

图 4-5 轴段扭转变形

设有一长度为 L 的圆形截面的实心轴段，其外直径为 D。在此轴段外表面取一纵向纤维 ab，设轴段受外扭矩 T 作用，纤维 ab 转过一螺旋角 θ，使其变到 ab_1 的位置。如果扭转角 φ 非常小，则轴的圆形截面仍保持圆形，其直径也不会改变。轴段截面外径处的弧度可以通过扭转角 φ 和螺旋角 θ 来表示为

$$bb_1 = \frac{D\varphi}{2} = \theta L \tag{4-5}$$

根据式(4-5),轴段的扭转变形 θ 可表示为

$$\theta = \frac{D\varphi}{2L} \tag{4-6}$$

根据扭转应变和扭转应力的基本关系,可知

$$\tau = G\theta \tag{4-7}$$

式中,G 为轴材料的剪切弹性模量。将式(4-6)的 θ 值代入式(4-7),可得

$$\tau = \frac{GD\varphi}{2L} \tag{4-8}$$

由式(4-8)可以看出,扭应力和扭转角成正比,和直径成正比,而和轴的长度成反比。取 r 为任意半径,则相应于 bb_1 的微元弧段可表示为 $r\mathrm{d}\varphi$。由于轴对称,在 r 处取一半径方向微元厚度为 $\mathrm{d}r$ 的薄圆环。这时微元弧长为

$$r\mathrm{d}\varphi = \mathrm{d}x\mathrm{d}\theta \tag{4-9}$$

$$\mathrm{d}\theta = r\frac{\mathrm{d}\varphi}{\mathrm{d}x} \tag{4-10}$$

由式(4-8),可以得到微元薄环处的扭应力表达式为

$$\tau = G\mathrm{d}\theta = Gr\frac{\mathrm{d}\varphi}{\mathrm{d}x} \tag{4-11a}$$

在微元环处作用的微元抵抗力矩应等于外作用微元扭矩可表示为

$$\mathrm{d}M_n = \tau \cdot 2\pi r\mathrm{d}r \cdot r = 2\pi\tau r^2\mathrm{d}r \tag{4-11b}$$

将式(4-11a)中的 τ 值代入式(4-11b),得到

$$\mathrm{d}M_n = G\frac{\mathrm{d}\varphi}{\mathrm{d}x}2\pi r^3\mathrm{d}r \tag{4-11c}$$

作用于截面的扭矩应等于整个截面的反向力矩。将式(4-11c)变为面积分,即将 $\mathrm{d}A = 2\pi r\mathrm{d}r$ 代入上式,得到

$$M_n = G\frac{\mathrm{d}\varphi}{\mathrm{d}x}\int_A r^2\mathrm{d}A \tag{4-12}$$

式中,积分号中即是式(4-3)所表示的圆形轴截面的极惯性矩 J。

因此,如果轴的长度为 L,总扭转角为 φ,则式(4-12)可写为

$$\frac{M_n}{J} = \frac{G\varphi}{L} \tag{4-13}$$

式(4-1)和式(4-13)即为圆形截面轴的简单扭转理论公式。需要注意的是:在推导过程中未考虑弯矩和扭矩的联合作用及应力集中的影响。

轴段发生扭转变形时,有应变能储存于轴段当中,当外扭矩发生变化时,它可使轴段产生扭转振动。设有一个受到外扭矩作用的圆形等截面轴段,取其微元长度段 $\mathrm{d}x$,在圆形截面半径 r 处取厚度为 $\mathrm{d}r$ 的微元环,如图 4-6(a)所示。等截面轴

段上的应力分布如图 4-6(b)所示。图中 τ_1 表示外表面的扭应力，τ 表示任意半径 r 处的扭应力。轴段上应力沿半径呈直线分布，即 $\tau = \tau_1 \dfrac{r}{R}$。

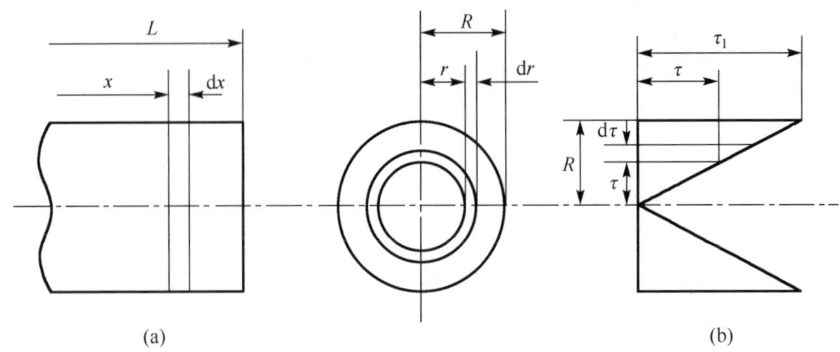

图 4-6　轴扭转应变能

当此微元环在圆弧方向发生大小为 $r\mathrm{d}\varphi$ 的位移时，微元圆环上的切向合力 p 所作的微元功 $\mathrm{d}W$ 等于材料的微元应变能 $\mathrm{d}U$，即

$$\begin{aligned}
\mathrm{d}U &= \frac{1}{2}pr\mathrm{d}\varphi = \frac{1}{2}\cdot 2\pi r\mathrm{d}r\cdot \tau r\mathrm{d}\varphi \\
&= \frac{1}{2}\cdot 2\pi r\mathrm{d}r\cdot \tau\mathrm{d}x\cdot \mathrm{d}\theta \\
&= \frac{1}{2}\cdot 2\pi r\mathrm{d}r\cdot \tau\mathrm{d}x\,\frac{\tau}{G} \\
&= \frac{1}{2G}\cdot 2\pi r\mathrm{d}r\cdot \tau^2\mathrm{d}x \\
&= \frac{\tau^2}{2G}\cdot \text{微元体积}
\end{aligned} \tag{4-14}$$

利用 $\tau = \tau_1 \dfrac{r}{R}$，对式(4-14)积分，可得长为 L 的轴段的总扭转应变能为

$$U = \int_0^L \frac{\tau^2 J}{2GR^2}\mathrm{d}x \tag{4-15}$$

利用式(4-1)和式(4-2)，可以得到 $\tau = M_n \dfrac{R}{J} = M_n \dfrac{R}{J}$，将其代入式(4-15)，可得

$$U = \int_0^L \frac{M_n^2}{2GJ}\mathrm{d}x \tag{4-16}$$

式(4-16)即为圆形截面轴的应变能公式，它应用于材料应力不超过屈服点时。

对于非等截面轴段，可以对轴段进行分段，求出各段轴的应变能然后相加。在轴系组成中，往往遇到含锥形段和阶梯形轴的情况，这时可将它们化为扭转当量轴段。对此当量轴的要求是和原来轴的扭转大小相同、最大应力和应变能相同。此时,可取当量轴段的直径为原来非均匀轴段的最小直径,然后计算出当量轴段的长度以满足上述要求。

对于锥形轴段,如图 4-7 所示,设该轴段长度为 l,小端直径为 d,大端直径为 D。取一微元段 $\mathrm{d}x$,其直径为 y,与小端的距离为 x。该微元段的极惯性矩为 $J_x = \frac{\pi y^4}{32}$。根据图 4-7,可知 $y = \frac{x}{l}(D-d)+d$,有

$$\frac{\mathrm{d}y}{\mathrm{d}x} = \frac{D-d}{l}, \quad \mathrm{d}x = \frac{l\mathrm{d}y}{D-d} \tag{4-17}$$

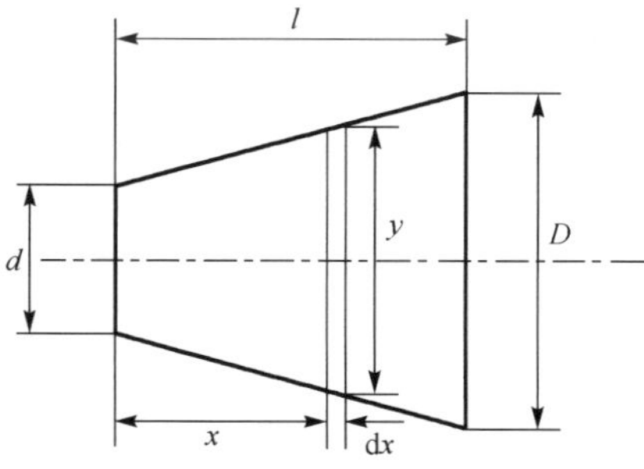

图 4-7　锥形轴的扭转

利用式(4-16)对此锥形轴段进行计算,得到

$$U = \int_0^l \frac{M_n^2}{2GJ_x}\mathrm{d}x \tag{4-18}$$

将 J_x 和 $\mathrm{d}x$ 的表达式代入式(4-18)并变换积分上下限,可得到应变能表达式为

$$U = \frac{16M_n^2 l}{G\pi(D-d)}\int_d^D \frac{\mathrm{d}x}{y^4} = \frac{16M_n^2 l}{3G\pi(D-d)}\left(\frac{1}{d^3}-\frac{1}{D^3}\right) \tag{4-19}$$

取锥形轴的当量轴的直径为 d,长度为 L,其应变能为

$$U = \frac{16M_n^2}{G\pi d^4}\int_0^l \mathrm{d}x = \frac{16M_n^2 l}{G\pi d^4} \tag{4-20}$$

由式(4-19)和式(4-20),使应变能相等,可求出当量长度 L 为

$$L = \frac{dl(D^3-d^3)}{3D^3(D-d)} \tag{4-21}$$

得到了此当量长度,即可用于扭应力和扭转角度的计算。

对于阶梯形轴,图 4-8 所示,也可将其化为等直径的当量长度的轴。将公式(4-16)应用于阶梯轴,并设传递的扭矩不变,得到总变形能为

$$U = \int_0^{l_1}\frac{M_n^2}{2G_1J_1}\mathrm{d}x + \int_0^{l_2}\frac{M_n^2}{2G_2J_2}\mathrm{d}x + \int_0^{l_3}\frac{M_n^2}{2G_3J_3}\mathrm{d}x \tag{4-22}$$

根据卡斯奇梁诺定理,可以得到扭转角表达式为

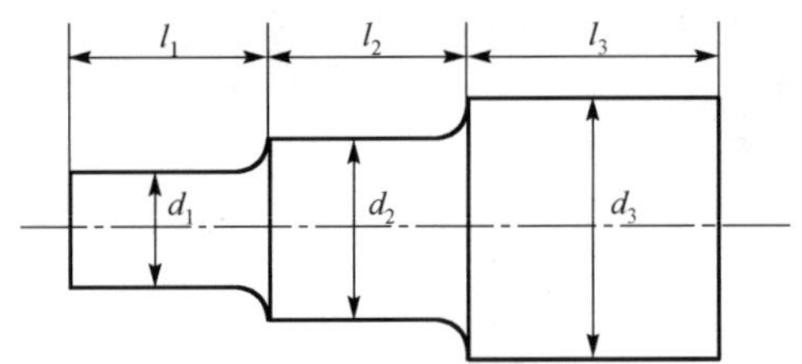

图 4-8 阶梯轴扭转

$$\frac{\mathrm{d}U}{\mathrm{d}M_n}=\theta=\frac{1}{G_1J_1}\int_0^L M_n\mathrm{d}x=\frac{M_nL}{G_1J_1} \tag{4-23}$$

令阶梯轴和当量轴的扭转角相等，即扭转情况相当，可从式(4-22)、(4-23)中求出当量轴的长度 L 为

$$L=l_1+l_2\frac{G_1J_1}{G_2J_2}+l_3\frac{G_1J_1}{G_3J_3}=l_1+l_2\frac{G_1}{G_2}\left(\frac{d_1}{d_2}\right)^4+l_3\frac{G_1}{G_3}\left(\frac{d_1}{d_3}\right)^4 \tag{4-24}$$

2. 危险截面的应力集中系数计算

根据上一小节中介绍的方法，利用当量轴可以对轴系各危险截面的扭应力进行计算，由于选取最小直径作为当量轴的直径，所以可计算出轴段所受的最大应力，即名义应力。但由于在轴的变直径处，其外表面的横向应力不是平行于轴中心，因而垂直于横截面上的应力会有变化，加上轴上的凹槽和圆角处产生的应力集中的影响，所以对于这些位置的应力还需要进一步计算。

如图 4-9 表示一个变直径的圆形截面轴段。取圆柱形坐标，z 轴为轴的中心线方向，r 为轴的半径方向。应力分布是轴对称的，故可以取任意子午面进行分析。

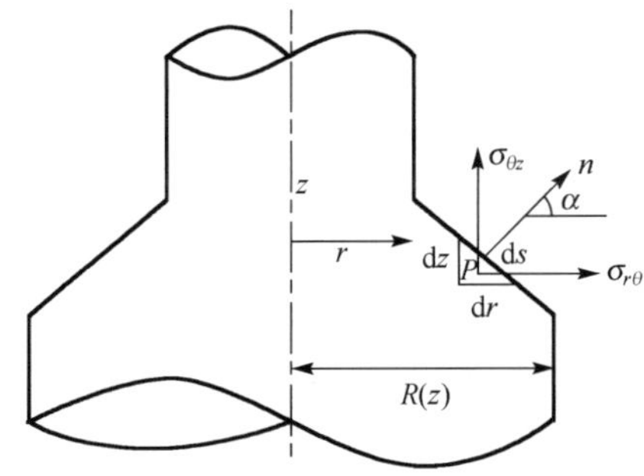

图 4-9 变直径圆形截面轴段

在变直径处表面取一个微三角单元，该微元沿轴方向长为 $\mathrm{d}z$，沿半径方向长为 $\mathrm{d}r$，沿外表面长为 $\mathrm{d}s$。n 为表面的外法线方向，角度以和半径方向的夹角 α 表

示。如果 α 为常数，就是指这一变直径轴段为锥形段。图中应力 σ 的双下标的意义是，第一个下标指出应力的方向，而第二个下标表示应力所作用的平面的外法线方向。

进行分析时假定，在轴段受扭矩作用时，径向位移 u_r 和轴向位移 u_z 为零。这里和简单扭转理论不同的是，在简单扭转理论中还假定切向位移 u_θ 和半径成正比。由于 $u_r = u_z = 0$，u_θ 和 θ 无关，可以得出应变分量为(双下标意义同前)

$$e_{rr} = e_{\theta\theta} = e_{zz} = e_{rz} = 0 \tag{4-25a}$$

$$e_{r\theta} = r\frac{\partial}{\partial r}\left(\frac{u_\theta}{r}\right) \tag{4-25b}$$

$$e_{\theta z} = \frac{\partial u_\theta}{\partial z} \tag{4-25c}$$

所以，只有应力分量 $\sigma_{r\theta}$ 和 $\sigma_{\theta z}$ 不为零，且与 θ 无关。如果忽略体力项，则可以得到以下的平衡方程：

$$\frac{\partial \sigma_{r\theta}}{\partial r} + \frac{\partial \sigma_{\theta z}}{\partial z} + \frac{2\sigma_{r\theta}}{r} = 0 \tag{4-26}$$

式(4-26)可表示为

$$\frac{\partial}{\partial r}(r^2\sigma_{r\theta}) + \frac{\partial}{\partial z}(r^2\sigma_{\theta z}) = 0 \tag{4-27}$$

式(4-27)可用以下表示的应力函数 $\phi(r,z)$ 满足

$$r^2\sigma_{r\theta} = -\frac{\partial \phi}{\partial z} \tag{4-28a}$$

$$r^2\sigma_{\theta z} = \frac{\partial \phi}{\partial r} \tag{4-28b}$$

两个非零的应变分量可由下式给出：

$$e_{r\theta} = \frac{\sigma_{r\theta}}{G} = \frac{1}{Gr^2}\frac{\partial \phi}{\partial z} \tag{4-29a}$$

$$e_{\theta z} = \frac{\sigma_{\theta z}}{G} = \frac{1}{Gr^2}\frac{\partial \phi}{\partial r} \tag{4-29b}$$

这些应变分量满足适宜的相容方程，它可由式(4-25)所示的应变定义导出

$$\frac{\partial}{\partial z}\left(\frac{e_{r\theta}}{r}\right) = \frac{\partial^2}{\partial r\partial z}\left(\frac{u_\theta}{r}\right) = \frac{\partial}{\partial r}\left(\frac{e_{\theta z}}{r}\right) \tag{4-30a}$$

$$\frac{\partial}{\partial r}\left(\frac{e_{\theta z}}{r}\right) - \frac{\partial}{\partial z}\left(\frac{e_{r\theta}}{r}\right) = 0 \tag{4-30b}$$

因而可得

$$\frac{\partial}{\partial r}\left(\frac{1}{r^3}\frac{\partial \phi}{\partial r}\right) + \frac{\partial}{\partial z}\left(\frac{1}{r^3}\frac{\partial \phi}{\partial z}\right) = 0 \tag{4-31a}$$

或表示为

$$\frac{\partial^2 \phi}{\partial r^2} - \frac{1}{r}\frac{\partial \phi}{\partial r} + \frac{\partial^2 \phi}{\partial z^2} = 0 \tag{4-31b}$$

由上述方程可以满足平衡方程、相容方程及本构方程，就可以反过来证实开始时的假定径向位移和轴向位移为零是成立的。

为建立对 ϕ 适宜的边界条件，在边界上取一点 P，如图 4-9 所示，在此小三角区作用的径向和轴向剪切应力分别为 $\sigma_{r\theta}$ 和 $\sigma_{\theta z}$。这两个应力作用在表面的局部法线方向的合力为

$$\sigma_{n\theta} = \sigma_{r\theta}\cos\alpha + \sigma_{\theta z}\sin\alpha \tag{4-32}$$

式中，$\cos\alpha = \frac{\mathrm{d}z}{\mathrm{d}s}$，$\sin\alpha = -\frac{\mathrm{d}r}{\mathrm{d}s}$。

引入式(4-28)，可得

$$\frac{\partial \phi}{\partial z}\frac{\mathrm{d}z}{\mathrm{d}s} + \frac{\partial \phi}{\partial r}\frac{\mathrm{d}r}{\mathrm{d}s} = 0 \tag{4-33a}$$

即

$$\frac{\mathrm{d}\phi}{\mathrm{d}s} = 0 \tag{4-33b}$$

式中，ϕ 沿边界为常数。

若已知剪切应力 $\sigma_{\theta z}$，则施加的扭矩 M_n 可由下式计算得出：

$$M_n = \int_0^R 2\pi r^2 \sigma_{\theta z}\,\mathrm{d}r = 2\pi \int_0^R \frac{\partial \phi}{\partial r}\mathrm{d}r = 2\pi\,[\phi]_0^R \tag{4-34}$$

式中，$R(z)$ 为截面的外半径。当扭矩沿 z 轴不变时，ϕ 值在 $r=0$ 和 $r=R$ 处之差必为常数。故可取适宜的边界条件为：在 $r=0$ 处，有 $\phi=0$；在 $r=R$ 处，有 $\phi=\frac{M_n}{2\pi}$。轴段的端部的条件视施加的扭矩情况而定，如果为简单扭转情况，$\sigma_{\theta z}$ 和半径成正比，$\sigma_{\theta z} = \frac{M_n r}{J}$。因此，由式(4-28)有

$$\frac{\partial \phi}{\partial r} = r^2 \sigma_{\theta z} = \frac{M_n r^3}{J} \tag{4-35}$$

$$\phi = \frac{M_n r^4}{4J} + C \tag{4-36}$$

又因 $r=0$ 时，$\phi=0$，故 $C=0$，由此可得

$$\phi = \frac{M_n r^4}{2\pi R^4} \tag{4-37}$$

由式(4-37)可看到，在轴段端面剪切应力分布和半径成正比例时，锥形轴段大直径处截面外径的剪切应力小于小端的数值。

利用上述公式可以计算轴台阶圆角处和轴中间凹槽处的应力集中，实际计算中可利用下式：

$$\tau = K_t \frac{M_n r}{J} \tag{4-38}$$

式中，r 为轴段外半径；K_t 为理论应力集中系数。

理论应力集中系数 K_t 表示缺口应力集中程度，其表达式为

$$K_t = \frac{\text{最大局部弹性应力}}{\text{名义应力}} \tag{4-39}$$

利用上述方法，即可对轴系扭振危险截面的局部应力及理论应力集中系数进行计算。结构的理论应力集中系数，一般可以通过理论计算、查图表或使用有限元分析软件的方法得到。其中，理论计算的方法计算过程繁琐，且不适用于键、销等特殊结构部位的计算；查理论应力集中系数图表的方法使用简便，但精度和对于各种结构的适用性都有限；相比之下，利用有限元分析软件计算结构的理论应力集中系数，计算精度较高，且适用于各种复杂形状的结构。

有限元分析软件可精确地获得结构的理论应力集中系数。如图 4-10 所示，截取某危险截面所在轴段，建立三维有限元模型，在容易产生应力集中的部位对网格进行加密。

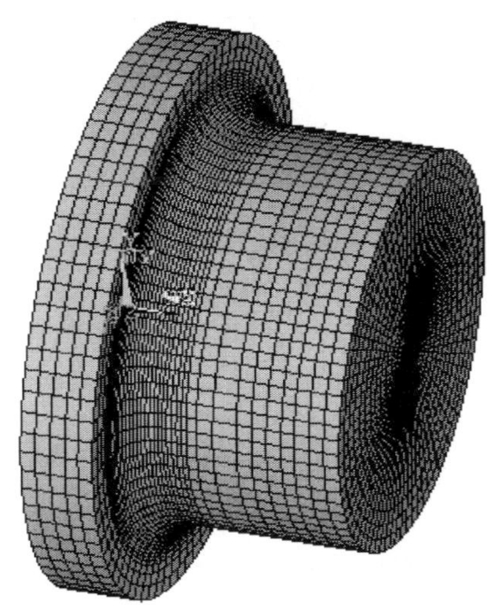

图 4-10　轴段有限元模型

将轴系受到的扭矩平均地作用在轴系一侧端面最外环的节点上，并将轴系的另一端固定，如图 4-11 所示。

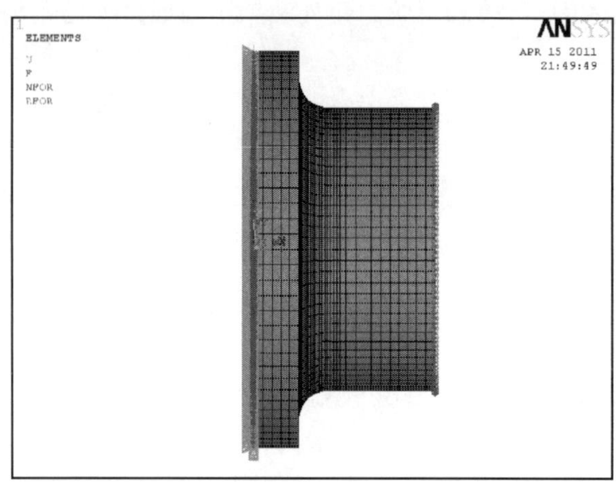

图 4-11　加载方式

端面最外环节点所受扭应力的计算方法为

$$\tau = \frac{M_n}{NR} \tag{4-40}$$

式中，M_n为端面扭矩(N·m)；N 为节点数目；R 为端面半径(m)。

加载求解后，后处理查看结果如图 4-12 所示。

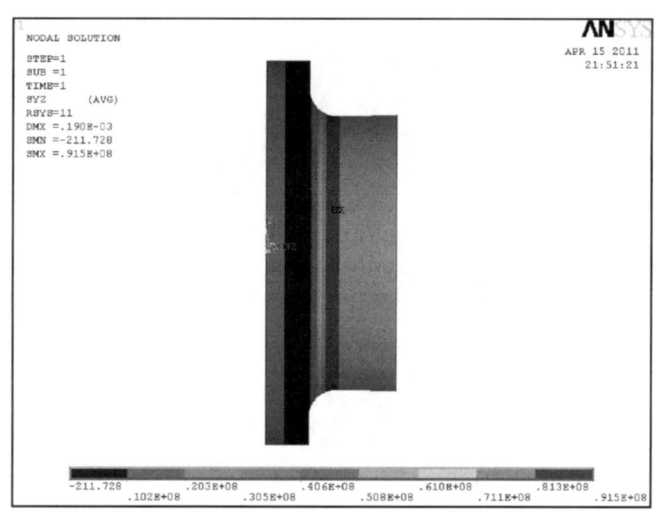

图 4-12　轴段应力分布

由图 4-12 可知，该轴段最大应力出现在它的过渡圆角处，理论应力集中系数利用式(4-39)即可计算得到。

汽轮发电机组轴系是由韧性材料制成的，当受静载荷时，应力集中产生的屈服可以向周围的材料转移而减轻其影响，即所谓塑性弥补作用。但汽轮机轴系在机组发生扭振故障时做相对往复扭转运动，如果因应力集中而产生屈服就会可能产生疲劳寿命损耗，最终导致损坏。轴系扭振危险截面的应力集中情况对其扭振疲劳寿命损耗的影响将在 4.3.2 节中介绍。

3. 联轴器螺栓的应力计算

汽轮发电机组中，各段汽轮机转子和发电机转子间的联轴节是通过螺栓连接起来的，由联轴器螺栓承受传递机组的扭矩。实际工作中，联轴器螺栓常因冲击性扭矩或疲劳作用而发生断裂，有时甚至只余下很少几个螺栓在工作。如果余下的几个螺栓也被剪断，则汽轮机在此联轴节前的转子会突然失去负载而招致转速迅速飞升，可能引起重大事故的发生。

当汽轮发电机组发生扭振故障时，联轴节的螺栓会受到交变应力的作用，机组负荷急剧变化时，会使螺栓受到冲击性的扭矩作用。例如在发电机甩负荷时，汽轮机停止进汽，则本来是带动发电机的汽轮机转子，立即变为由电网来拖动，这时联轴节螺栓所受扭矩及剪力的方向会迅速发生改变。

设联轴节的数目为 n，传递的总扭矩为 M_n，螺栓节圆半径为 R，每个螺栓传递的力为 δF，螺栓的直径为 d，螺栓承受的剪切应力为 τ_b。由力矩平衡可得

$$M_n = n\delta F \cdot R \tag{4-41}$$

$$\delta F = \tau_b \frac{\pi d^2}{4} \tag{4-42}$$

由此可得

$$\tau_b = \frac{4\delta F}{\pi d^2} = \frac{4M_n}{nR\pi d^2} \tag{4-43}$$

4.2　转子钢材料扭转疲劳特性计算

4.2.1　转子钢材料 S-N 曲线估算

一般情况下，在交变应力下工作的构件，尽管最大工作应力低于静载荷下材料的强度极限，甚至还低于弹性极限，但是经历了长期的工作后，构件有时会突然发生断裂破坏，这种现象习惯上称为材料的疲劳破坏。

疲劳失效以前所经历的应力或应变循环数称为疲劳寿命，一般用 N 表示。试样的疲劳寿命取决于材料的力学性能和施加的应力水平。一般来说，材料的强度极限越高，外加的应力水平越低，试样的疲劳寿命就越长；反之，疲劳寿命就越短。

表示这种外加应力水平和标准试样疲劳寿命之间关系的曲线称为材料的 S-N 曲线，简称 S-N 曲线。

S-N 曲线主要包括应力-寿命曲线和应变-寿命曲线两种形式，描述这两种形式曲线的表达式和模型有很多。由于汽轮发电机组发生扭振故障时，轴系上的应力幅度分布较广，转子钢材料有可能发生弹性形变，也可能发生塑性形变，针对这种情况，应变-寿命曲线可以更好地反映转子钢材料的疲劳特性。在所有的应变-寿命曲线中，Manson-Coffin 曲线使用最为广泛。本书选用 Manson-Coffin 曲线作为转子钢材料的疲劳-寿命曲线，用于轴系的扭振疲劳寿命损耗分析。

1. 材料轴向拉压 S-N 曲线表达式

材料的应变-寿命曲线，即 ε-N 曲线，是以总应变范围 $\Delta\varepsilon$ 为纵坐标，以破坏前的循环寿命 N 为横坐标画出来的曲线，可用下式描述：

$$\frac{\Delta\varepsilon}{2}=\frac{\sigma'_f}{E}(2N)^b+\varepsilon'_f(2N)^c \tag{4-44}$$

式中，b、c、σ'_f、ε'_f 分别为疲劳强度指数、疲劳延性指数、疲劳强度系数、疲劳延性系数；N 为循环次数[1]。

材料的循环应力-应变公式通常可用指数函数形式表达，其表达式，亦即循环加载下材料的本构关系如下所述。

弹性应变幅值：

$$\varepsilon_e=\sigma_e/E \tag{4-45}$$

塑性应变幅值：

$$\varepsilon_p=(\sigma_p/k')^{1/n'} \tag{4-46}$$

总应变幅值：

$$\varepsilon=\varepsilon_e+\varepsilon_p=\sigma_e/E+(\sigma_p/k')^{1/n'} \tag{4-47}$$

式中，E、σ、k'、n' 分别为材料的弹性模量、应力幅值、循环强度指数、循环应变硬化指数[2]。

大量的试验数据表明，对于大多数工程结构材料，稳定的循环应力-应变曲线与材料稳定的滞后回线之间存在简单的近似关系，即稳定的滞后回线与放大一倍的循环应力-应变曲线形状相似。因此，稳定滞后回线迹线可用下式计算：

$$\frac{\Delta\varepsilon}{2}=\frac{\Delta\sigma}{2E}+\left(\frac{\Delta\sigma}{2k'}\right)^{\frac{1}{n'}} \tag{4-48}$$

或

$$\Delta\varepsilon=\frac{\Delta\sigma}{E}+2\left(\frac{\Delta\sigma}{2k'}\right)^{\frac{1}{n'}} \tag{4-49}$$

其中

$$n' = b/c \tag{4-50}$$

$$k' = K \cdot \sigma'_f / \varepsilon_f^n \tag{4-51}$$

式(4-51)中，K 为修正系数。

2. 材料扭转 S-N 曲线表达式

通过与轴向工况下循环应力-应变和应变-寿命公式，以及与式(4-44)～式(4-51)类比，可以得出扭转工况下的循环应力-应变和应变-寿命公式：

$$\gamma_e = \tau_e / G \tag{4-52}$$

$$\gamma_p = (\tau_p / k'_\circ)^{\frac{1}{n'_\circ}} \tag{4-53}$$

$$\gamma = \gamma_e + \gamma_p = \tau_e / G + (\tau_p / k'_\circ)^{\frac{1}{n'_\circ}} \tag{4-54}$$

$$\frac{\Delta\gamma}{2} = \frac{\Delta\tau}{2G} + \left(\frac{\Delta\tau}{2k'_\circ}\right)^{\frac{1}{n'_\circ}} \tag{4-55}$$

和

$$\Delta\gamma = \frac{\Delta\tau}{G} + 2\left(\frac{\Delta\tau}{2k'_\circ}\right)^{\frac{1}{n'_\circ}} \tag{4-56}$$

$$\frac{\Delta\gamma}{2} = \frac{\tau'_f}{G}(2N)^{b_\circ} + \gamma'_f (2N)^{c_\circ} \tag{4-57}$$

$$n'_\circ = b_\circ / c_\circ \tag{4-58}$$

$$k'_\circ = K \cdot \tau'_f / \gamma_f^{n_\circ} \tag{4-59}$$

式中，K 为修正系数；G、τ、$k'_\circ$、$n'_\circ$、τ'_f、γ'_f、N、$b_\circ$、$c_\circ$ 分别为材料的剪切模量、应力幅值、扭转循环强度指数、扭转循环应变硬化指数(一般情况下，n' 为0.1～0.2)、扭转疲劳强度系数、扭转疲劳延性系数、扭转循环次数、扭转疲劳强度指数以及扭转疲劳延性指数[3]。

3. 材料 S-N 曲线参数估算方法

1)轴向参数求解方法

目前用于估算轴向拉压疲劳寿命计算公式参数的常用方法有 Manson 的四点关联法、通用斜率法和硬度法[4,5]。

(1)四点关联法。Manson 通过材料单调拉伸特性实验提出用于估算应变寿命曲线的四点关联法。其中两个点在弹性应变寿命曲线上，两个点在塑性应变寿命曲线上。与单调拉伸特性参数相关的疲劳特性参数算法如下：

$$\sigma'_f = \frac{E}{2} \times 10^{b\log 2 + \log\left[\frac{2.5\sigma_b(1+\varepsilon_f)}{E}\right]} \tag{4-60a}$$

$$b = \frac{\log[2.5(1+\varepsilon_f)/0.9]}{\log[1/(4\times 10^5)]} \tag{4-60b}$$

$$\varepsilon'_f = \frac{1}{2} \times 10^{c\log\frac{1}{20} + \log\left(\frac{1}{4}\varepsilon_f^{\frac{3}{4}}\right)} \tag{4-60c}$$

$$c = \frac{1}{3}\log\left(\frac{0.0132 - \Delta\varepsilon^*}{1.91}\right) - \frac{1}{3}\log\left(\frac{1}{4}\varepsilon_f^{\frac{3}{4}}\right) \tag{4-60d}$$

式中，σ_b 为极限抗拉强度；$\Delta\varepsilon^*$ 为 10^4 循环次数下对应的弹性应变幅值；ε_f 为单调拉断时的真实应变，可用截面收缩率 ψ（%）近似求得。

计算公式分别如下：

$$\Delta\varepsilon^* = 10^{b\log(4\times 10^4) + \log\left[\frac{2.5\sigma_b(1+\varepsilon_f)}{E}\right]} \tag{4-61a}$$

$$\varepsilon_f = \ln\frac{100}{100-\psi} \tag{4-61b}$$

（2）修正通用斜率法。Muralidharan 和 Manson 对通用斜率法进行了修正，可表述为

$$\sigma'_f = E \times 0.623\left(\frac{\sigma_b}{E}\right)^{0.832} \tag{4-62a}$$

$$b = -0.09 \tag{4-62b}$$

$$\varepsilon'_f = 0.019\varepsilon_f^{0.155}\left(\frac{\sigma_b}{E}\right)^{-0.53} \tag{4-62c}$$

$$c = -0.56 \tag{4-62d}$$

（3）硬度法。Roessle 和 Fatemi 提出了在已知材料布氏硬度和弹性模量下情况下疲劳特性参数的简单估算方法，适用于布氏硬度为 150HB 和 700HB 之间的材料。

疲劳强度指数 b 和疲劳塑性指数 c 分别为 -0.09 和 -0.56，与修正的通用斜率法[1]取值相同，疲劳特性参数算法如下：

$$\sigma'_f = 4.25(\mathrm{HB}) + 225 \tag{4-63a}$$

$$\varepsilon'_f = \frac{1}{E}\left[0.32(\mathrm{HB})^2 - 478(\mathrm{HB}) + 191000\right] \tag{4-63b}$$

2）轴系与扭转参数转化关系

根据轴向与扭转类比，可得到二者有如下关系[6]：

$$\sigma'_f = \sqrt{3}\tau'_f \tag{4-64}$$

$$\varepsilon'_f = \gamma'_f / \sqrt{3} \tag{4-65}$$

$$b = b_0 \tag{4-66}$$

$$c = c_0 \tag{4-67}$$

4.2.2 疲劳影响因素

1. 构件自身条件的影响

疲劳极限是指在一定循环次数下的疲劳强度，即从 S-N 曲线上所确定的恰好

在 N 次循环失效的估计应力值。对称循环的疲劳极限可记为 τ_{-1}，通常是在常温下用光滑小试样测定的，但实际构件的外形、尺寸、表面质量、工作环境等，都将影响疲劳极限的数值。在计算结构的疲劳寿命时，不仅要考虑各类应力对构件寿命影响，还要考虑与零件尺寸大小、表面加工、强化、受腐蚀等因素以及应力集中系数。

1）轴系结构的影响

疲劳缺口系数是指在相同条件和在 N 次循环的相同存活率下，无应力集中试样与有应力集中试样的疲劳强度之比，记为 K_f，可由下式计算：

$$K_f = 1 + q_n(K_t - 1) \tag{4-68}$$

式中，K_t 为结构的理论应力集中系数；q_n 为缺口敏感系数，其值为 0～1，它受到材料、几何尺寸、生产加工方法的影响，需要有详细的实验数据。工程中为使用方便，把疲劳缺口系数整理成曲线或表格，需要时可以查有关材料力学书籍和设计手册。疲劳缺口系数曲线使用起来简单快速，而且疲劳缺口系数可以准确地表达结构形状对疲劳的影响。

在轴系扭振疲劳寿命损耗计算中，轴颈等规则结构部位利用图表可以方便地得到其过渡圆角的疲劳缺口系数，但对于联轴器螺栓、键、销等特殊结构，并没有对应的疲劳缺口系数曲线可以利用，在这种情况下可用理论应力集中系数代替疲劳缺口系数近似地分析疲劳问题。

根据疲劳缺口系数的定义，在应力集中的作用下，轴系扭振危险截面的扭转疲劳极限为

$$(\tau_{-1})_k = \frac{(\tau_{-1})_d}{K_f} \tag{4-69}$$

式中，$(\tau_{-1})_d$ 表示转子钢光滑试样的疲劳极限；$(\tau_{-1})_k$ 表示受应力集中影响，且尺寸与光滑试样相同的试样的疲劳极限。

2）轴系表面质量的影响

轴系受扭矩作用，最大应力一般发生于表层，若轴系表面有缺陷，如加工的刀痕、擦伤等又将引起应力集中，因此疲劳裂纹也容易于表层萌生，从而降低了疲劳极限。所以，表面加工质量对疲劳极限也有明显影响。若表面磨光的试样的疲劳极限为 $(\tau_{-1})_d$，而表面为其他情况时构件的疲劳极限为$(\tau_{-1})_\beta$，则比值为

$$\beta = \frac{(\tau_{-1})_\beta}{(\tau_{-1})_d} \tag{4-70}$$

式中，β 称为表面质量系数。工程中为使用方便，把表面质量系数整理成表格，不同加工方法的表面质量系数如表 4-1 所示。

表 4-1　表面质量系数

加工方法	表面质量 $R_a/\mu m$	σ_b/MPa		
		400	800	1200
磨削	0.1～0.2	1	1	1
车削	1.6～4.3	0.95	0.90	0.80
粗削	3.2～12.5	0.85	0.80	0.65
未加工表面	6.3～25	0.75	0.65	0.45

由于汽轮发电机组轴系表面加工较为光滑，故在没有外伤的情况下，轴系表面质量系数 β 一般取 0.9～1。

2. 非对称循环的影响

S-N 曲线是在对称循环条件下试验得出的，对于复杂载荷-时间历程作用下的疲劳问题，存在平均应力的影响，因此需要对以上对称循环下的疲劳极限应力公式进行修正。

以平均应力 σ_m 为横坐标，应力幅为 σ_a 纵坐标，画出疲劳极限线图，如图 4-13 所示，它清楚地表明了应力幅 σ_a 随平均应力 σ_m 的变化而变化的情况。在曲线 *ACB* 以内的任意点表示在规定的寿命内(例如 $N=10^7$ 次)，都不会发生破坏；而在曲线 *ACB* 以外的任一点，表示达不到规定的寿命就发生破坏了；而在曲线 *ACB* 上的任一点，则表示其寿命恰好达到规定的寿命，这就是等寿命的概念。

图 4-13 中 *A* 点表示对称循环的疲劳极限，其纵坐标值正好等于持久疲劳极限 σ_{-1}，*B* 点为静载荷强度极限 σ_b。由原点作与坐标轴成 45°的射线，并与曲线 *ACB* 相交于 *C* 点，则 $OD=DC=\sigma_a/2$ 对应脉动循环的疲劳极限。

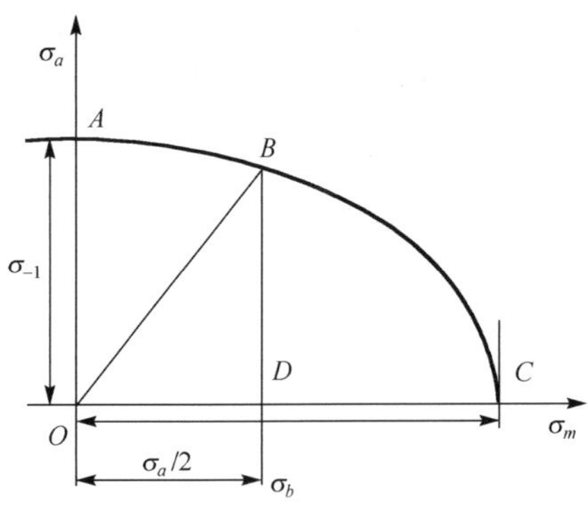

图 4-13　疲劳极限修正图

假设疲劳极限曲线是经过对称循环应力的疲劳极限点 *A* 和静强度极限点 *B*

的一条直线，则成为古德曼线，其方程形式为

$$\sigma_r = \sigma_{-1}\left(1 - \frac{\sigma_m}{\sigma_b}\right) \tag{4-71}$$

由拉压疲劳循环与扭转疲劳循环类比，可得出相应修正公式

$$\tau_r = \tau_{-1}^0\left(1 - \frac{\tau_m}{\tau_b}\right) \tag{4-72}$$

式中，τ_r、τ_{-1}^0、τ_m、τ_b 分别为修正后的扭转疲劳极限、无平均应力时的扭转疲劳极限、转子额定工况下的平均应力、材料的剪切极限应力。

考虑平均应力影响后的材料扭转应变-寿命曲线表达式，式(4-57)变为

$$\frac{\Delta\gamma}{2} = \frac{\tau'_f}{G}\left(1 - \frac{\tau_m}{\tau_b}\right)(2N)^{b_\circ} + \gamma'_f\,(2N)^{c_\circ} \tag{4-73}$$

3. 高周疲劳的影响

局部应力应变分析法特别适用于低周疲劳。对于高周疲劳，应对材料的应变-寿命曲线进行修正。对于高周疲劳，尺寸和表面加工等因素的影响不可忽略，应在低周疲劳公式的基础上对弹性线的斜率进行修正[3]：

$$b' = b \cdot \frac{\log(\sigma_{-1}\varepsilon\beta) - \log(\sigma'_f - \sigma_m)}{\log\sigma_{-1} - \log(\sigma'_f - \sigma_m)} \tag{4-74}$$

对于扭转疲劳，则有

$$b'_\circ = b_\circ \cdot \frac{\log(\tau_{-1}\varepsilon\beta) - \log(\tau'_f - \tau_m)}{\log\tau_{-1} - \log(\tau'_f - \tau_m)} \tag{4-75}$$

高周疲劳与低周疲劳的分界线是过渡寿命 N_T，根据式(4-44)和(4-45)可求得扭转疲劳过渡寿命为

$$2N_T = \left(\frac{G\gamma'_f}{\tau'_f}\right)^{\frac{1}{b_\circ - c_\circ}} \tag{4-76}$$

因此，根据扭振实际情况，转子的扭转疲劳应分两种情况考虑。

当应力循环处于高周疲劳区时，$N > N_T$，式(4-73)应改为

$$\frac{\Delta\gamma}{2} = \frac{\tau'_f}{G}\left(1 - \frac{\tau_m}{\tau_b}\right)(2N)^{b'_\circ} + \gamma'_f\,(2N)^{c_\circ} \tag{4-77}$$

当应力循环处于低周疲劳区时，$N \leqslant N_T$，式(4-73)仍适用。

4.3　轴系扭振寿命损耗计算

轴系扭转疲劳寿命损耗评估及寿命监测管理是汽轮发电机组扭振研究中极其重要的内容，由于金属材料疲劳问题本身的复杂性和汽轮发电机转子材料扭转

疲劳试验数据的缺乏，目前的扭振疲劳寿命估算方法在实际应用中的可信度和精确度还有欠缺。

汽轮机制造厂的轴系强度设计一般是按照发电机出口两相短路或120°非同期并网产生的扭应力不超过材料的屈服极限为准则的。但是研究表明，电气故障中的三相短路及三相重合闸不成功对高、中、低压转子的扭矩幅值影响最为显著，而且在最不利的情况下，一次三相重合闸不成功产生的冲击会给轴系带来永久性的破坏。同时，由于机网协调的作用，SSO 故障在国内呈增多的趋势。SSO 等故障有可能使轴系长期处于小损耗状态，随着轴系疲劳寿命损耗的不断累积，轴系发生裂纹的风险也将越来越大。因此，根据实际工作状况对轴系在扭转振动作用下的寿命损耗计算显得十分重要。

4.3.1　扭振疲劳破坏的特性

扭振疲劳破坏与传统的静扭力破坏有着本质的区别，主要表现在三个方面。

(1)两者形成时间不同。静扭力破坏大多是一次最大载荷作用下的破坏；扭振疲劳破坏是多次反复载荷作用下产生的破坏，它不是在短期内发生的，而是要经历一段时间的作用，甚至很长时间的累积才发生的。

(2)两者所需应力大小及影响因素不同。当静扭应力小于屈服极限或强度极限时，不会发生静扭力破坏；而交变应力在远小于静强度极限，甚至小于屈服极限的情况下，扭振疲劳破坏就可能发生。静扭力破坏的抗力主要决定于材料本身；而扭振疲劳破坏则对于材料的组成以及零件的形状、尺寸、表面状态、使用条件、外界环境等都十分敏感。

(3)两者表面征状不同。静扭力破坏通常有明显的塑性变形发生；扭振疲劳破坏通常没有外在的(宏观的)、显著的塑性变形迹象，甚至是塑性良好的金属也这样，就像脆性破坏一样，事先不易觉察出来。这表明疲劳破坏具有极大的危险性。造成轴系疲劳破坏的循环应力主要包括弯应力、扭应力、热应力。

4.3.2　局部应力应变法计算疲劳寿命

1. 局部应力应变法简介

1)设计思想与适用范围

常规疲劳设计法以名义应力为基本设计参数，按名义应力进行抗疲劳设计。而实际上，决定零件疲劳强度和寿命的是应变集中(或应力集中)处的最大局部应力和应变。因此，近代在应变分析和低周疲劳的基础上提出了一种新的疲劳寿命估算方法——局部应力应变法。它的设计思路是：零构件的疲劳破坏都是从应变集中部位的最大应变处起始，并且在裂纹萌生以前都会产生一定的局部塑性变形，局部塑性变形是疲劳裂纹萌生和扩展的先决条件。因此，决定零构件疲劳强度和寿命的是应变集中处的最大局部应力应变，只要最大局部应力应变相同，疲劳寿命就相同。因而有应力集中零构件的疲劳寿命，可以使用局部应力应变相同的光滑试样的应变-寿命曲线进行计算，也可以使用局部应力应变相同的光滑试样进行疲劳试验来模拟。

Wetzel 于 1971 年首先建立了用局部应力应变分析法估算零件在复杂载荷历史作用下的裂纹形成寿命的程序，之后这种方法就很快发展起来，并首先在美国的航空和汽车工业部门使用。现在这种方法已经在许多部门广泛应用。这种方法很快得到广泛应用的原因有好几个。首先，应变是可以测量的，而且已被证明是一个与低周疲劳相关的极好参数，根据应变分析的方法，可以将高低周疲劳寿命的估算方法统一起来。其次，使用这种方法时，只需知道应变集中部位的局部应力应变和基本的材料疲劳性能数据，就可以估算零件的裂纹形成寿命，避免了大量的结构疲劳试验。第三，这种方法可以考虑载荷顺序对应力应变的影响，特别适用于随机载荷下的寿命估算。第四，这种方法易于与计数法结合起来，可以利用计算机进行复杂的计算。

用名义应力有限寿命设计法估算出的是总寿命，而局部应力应变法估算出的是裂纹形成寿命。这种方法常常与断裂力学方法联合使用，用这种方法估算出裂纹形成寿命以后，再用断裂力学方法估算出裂纹扩展寿命，两阶段寿命之和即为零件的总寿命。

2)预备知识

(1)Masing 特性[1]。如图 4-14 所示，将不同应力幅下的应力-应变迟滞回线平移，使其坐标原点重合时，若迟滞回线的上行段迹线相吻合，则该材料具有 Masing 特性，称为 Masing 材料。反之，若迟滞回线最高点与其上行迹线有明显的差异时，则该材料不具有 Masing 特性，称为非 Masing 材料。Masing 特性的物理意义是，材料循环应力-应变曲线的弹性部分不随应变幅值的变化而变化，或者说材料循环加载时屈服点是不变的。

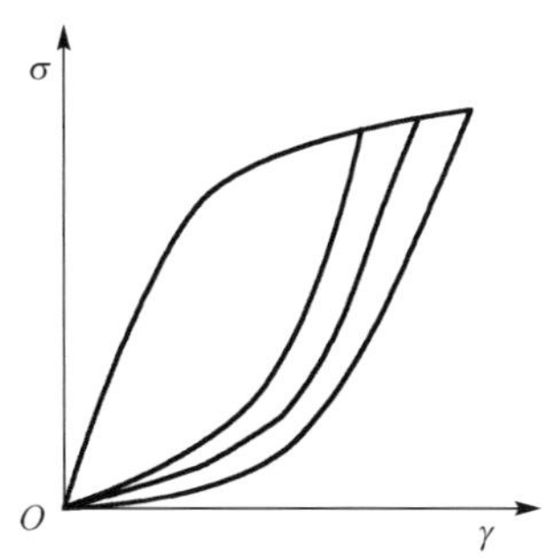

图 4-14　材料的 Masing 特性

(2)材料的记忆特性[13]。材料的记忆特性是指材料在循环加载下,当后级载荷的绝对值大于前级时,材料仍按前级迹线的变化规律继续变化。例如,对于图 4-15 所示的情况,第一次加载时,按循环应力-应变曲线由点 O 升载到 A。然后按迟滞回线降载至 B,并升载至 C。当由 C 点降载至 D 时,在达到 B 点之前按以 C 点为原点的迟滞回线降载;在降至 B 点以后,则似乎记得原来的变化规律,仍按以 A 点为起点的迟滞回线变化。由 D 点升载时,在达到 A 点以前,按以 D 点为起点的迟滞回线变化;在达到 A 点之后,则似乎记得 OA 原来的变化特性,仍按循环应力-应变曲线变化。

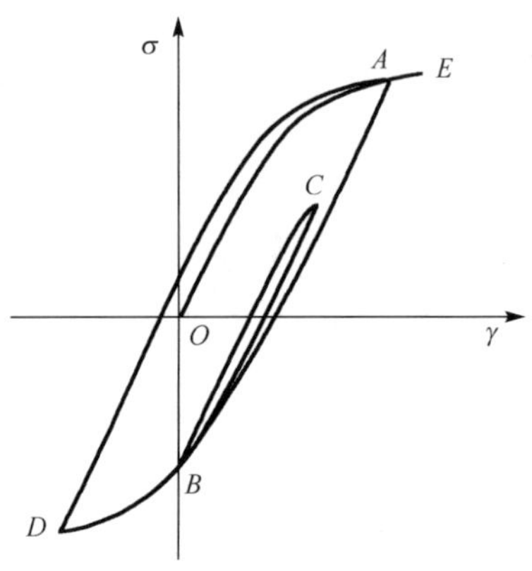

图 4-15 材料的记忆特性

(3)载荷顺序效应。缺口零件的应力集中处在拉伸载荷作用下发生局部屈服。卸载后处于弹性状态的材料要恢复原来的状态,而已发生塑性变形的材料则阻止这种恢复,从而使缺口根部产生残余压应力,未发生塑性变形的区域产生残余拉应力。如大载荷后接着出现小载荷,则此小载荷引起的应力将叠加在残余应力之上,因此后面的小载荷循环造成的损伤受到前面大载荷循环的影响,这就是载荷的顺序效应。载荷顺序对疲劳寿命的影响,可用雨流计数等方法分析,分析方法将在后面详细介绍。

2. *疲劳寿命估算方法*

用局部应力应变法估算谱载荷下的疲劳寿命,可使用载荷-应变标定曲线法、修正 Neuber 法和能量密度法等方法,本章仅介绍载荷-应变标定曲线法和修正 Neuber 法。

1)载荷-应变标定曲线法

寿命估算步骤如下。

第一步:根据载荷-应变标定曲线将载荷-时间历程转化为局部应变-时间历

程，得出载荷-应变标定曲线可使用试验法和有限元法，这里仅介绍试验法。

使用试验法时，首先在相同材质的几何相似模拟试样上的缺口根部贴上应变片，测出循环稳定后的载荷幅值与应变幅值间的关系。这时，载荷和应变也形成稳定的滞回环。滞回环顶点的连线即为载荷-应变标定曲线，它常用下面形式的数学式进行拟合：

$$\varepsilon = \frac{P}{C_1} + \left(\frac{P}{C_2}\right)^{\frac{1}{d}} \tag{4-78}$$

式中，ε 为局部应变；P 为载荷(N)；C_1、C_2、d 为拟合常数。

得出载荷-应变标定曲线以后，就可以根据它将载荷-时间历程转化为应变-时间历程。

若将载荷-应变标定曲线表示为下面的普遍形式：

$$\varepsilon = G(P) \tag{4-79}$$

利用倍增原理(即将载荷-应变回线的顶点放在原点以后，滞后回线的坐标恰好比载荷-应变标定曲线放大一倍)，可得滞后回线的方程为

$$\frac{\Delta\varepsilon}{2} = G\left(\frac{\Delta P}{2}\right) \tag{4-80}$$

于是，加载时有

$$\frac{\varepsilon - \varepsilon_r}{2} = G\left(\frac{P - P_r}{2}\right) \tag{4-81a}$$

卸载时有

$$\frac{\varepsilon_r - \varepsilon}{2} = G\left(\frac{P_r - P}{2}\right) \tag{4-81b}$$

式中，P_r、ε_r 为载荷-应变回线上前一次反向的终点的载荷和应变值；P、ε 为载荷-应变回线上本次反向的终点的载荷和局部应变值。

开始加载时，使用载荷-应变标定曲线，以后，再反复使用式(4-81a)和式(4-81b)，即可由载荷-时间历程得出局部-应变时间历程。在计算过程中应注意材料的记忆特性。

第二步：根据循环应力-应变曲线，由局部应变-时间历程得出局部应力-时间历程。已知循环应力-应变曲线的方程为

$$\varepsilon = \frac{\sigma}{E} + \left(\frac{\sigma}{k'}\right)^{\frac{1}{n'}} \tag{4-82}$$

利用倍增原理，可得应力-应变回线的方程为

$$\frac{\Delta\varepsilon}{2} = \frac{\Delta\sigma}{2E} + \left(\frac{\Delta\sigma}{2k'}\right)^{\frac{1}{n'}} \tag{4-83}$$

与载荷-应变回线的情况相似，加载时有

$$\frac{\varepsilon-\varepsilon_r}{2}=\frac{\sigma-\sigma_r}{2E}+\left(\frac{\sigma_r-\sigma}{2k'}\right)^{\frac{1}{n'}} \tag{4-84a}$$

卸载时有

$$\frac{\varepsilon_r-\varepsilon}{2}=\frac{\sigma_r-\sigma}{2E}+\left(\frac{\sigma_r-\sigma}{2k'}\right)^{\frac{1}{n'}} \tag{4-84b}$$

式中，ε_r、σ_r为前一次反向的终点的局部应变和局部应力；ε、σ 为本次反向的终点的局部应变和局部应力。

第一次加载时使用的循环应力-应变曲线，以后再反复使用式(4-84a)和式(4-84b)，就可以从局部应变-时间历程得出局部应力-时间历程。在计算过程中也必须注意材料的记忆特性。

第三步：作出局部应力-应变响应图。有了局部应变-时间历程和对应的局部应力-时间历程以后，就可绘出局部应力-应变响应图。这时，局部应力应变形成若干个封闭的滞回环。

在计算机或专用的计数仪器中输入局部应变-时间历程和循环应力-应变曲线以后，利用雨流法程序或有效系数法等计数程序，可以直接鉴别出封闭的滞回环。亦即第二步、第三步工作，可由雨流法程序或有效系数法程序完成。

第四步：利用一定的损伤式计算损伤。判别出封闭的滞回环以后，就可以滞回环为对象计算每种滞回环的损伤。

若某种滞回环的寿命为 N_i，则每个这种滞回环的损伤为 $1/N_i$。可以直接用应变-寿命关系式，式(4-73)和式(4-77)计算损伤，该计算式对疲劳寿命 N 为隐式，可用数值方法求解。

第五步：计算累积疲劳寿命损耗。由以上的损伤计算式计算出各种循环的损伤以后，即可根据疲劳累积损伤理论计算结构的累积疲劳寿命损耗。疲劳累积损伤理论在 4.3.3 节中会有详细介绍。

2)修正 Neuber 法

修正 Neuber 法是一种近似方法，其精度较载荷-应变标定曲线法为低，但使用起来比较方便，因此得到了广泛应用。

修正 Neuber 法的出发点是：在中、低寿命范围，当缺口处发生局部屈服时，应当考虑两个集中系数，即应变集中系数 K'_ε 和应力集中系数 K'_σ，两者之间的关系为

$$K_t=(K'_\sigma K'_\varepsilon)^{\frac{1}{2}} \tag{4-85}$$

而

$$K'_\sigma=\frac{\Delta\sigma}{\Delta S} \tag{4-86}$$

$$K'_{\varepsilon} = \frac{\Delta\varepsilon}{\Delta e} \tag{4-87}$$

式中，ΔS、Δe 为名义应力范围和名义应变范围；$\Delta\sigma$、$\Delta\varepsilon$ 为局部应力范围和局部应变范围；K_t为理论应力集中系数。

将 K_σ和 K_ε的表达式代入式(4-85)可得

$$K_t\,(\Delta S \cdot \Delta e \cdot E)^{\frac{1}{2}} = (\Delta\sigma \cdot \Delta\varepsilon \cdot E)^{\frac{1}{2}}$$

而

$$\Delta S = E \cdot \Delta e$$

所以

$$K_t \cdot \Delta S = (\Delta\sigma \cdot \Delta\varepsilon \cdot E)^{\frac{1}{2}} \tag{4-88}$$

有了式(4-88)以后，就可以把局部应力应变与名义应力联系起来，而名义应力与载荷成正比，从而可以把载荷与局部应力应变联系起来。使用中发现，用式(4-88)计算出的局部应力应变过大。因此，在寿命估算中常用疲劳缺口系数 K_f 来代替理论应力集中系数 K_t。这时，式(4-88)变为

$$K_f \cdot \Delta S = (\Delta\sigma \cdot \Delta\varepsilon \cdot E)^{\frac{1}{2}}$$

为了方便起见，可以改写为

$$\Delta\sigma \cdot \Delta\varepsilon = \frac{(K_f \cdot \Delta S)^2}{E} \tag{4-89}$$

式(4-89)称为修正 Neuber 公式，它相当于 XY=常数的双曲线，式中的 K_f仍用 K_t时称为 Neuber 公式。

利用修正 Neuber 公式进行寿命估算的步骤如下[6]。

第一步：用材料力学公式将载荷-时间历程转化为名义应力-时间历程。

第二步：用修正 Neuber 公式和材料的循环应力-应变曲线将名义应力-时间历程转化为局部应力-时间历程。

第三步：利用循环应力-应变曲线由局部应力-时间历程得出缺口根部的局部应力-应变响应，得出封闭的应力-应变滞回环。

第四步：利用一定的损伤计算式计算每种循环的损伤。

第五步：利用 Miner 法则进行寿命估算(见 4.3.3 节)。

具体的估算方法如下。

名义应力 S 与载荷 P 呈线性关系，其关系式为

$$S = \left(\frac{1}{A} + \frac{c}{Z}\right)P = CP \tag{4-90}$$

式中，A 为缺口处的净截面积(mm^2)；Z 为缺口界面的净抗弯截面系数(mm^3)；c

为力作用点到缺口截面的距离(mm);C 为比例系数。

利用式(4-90)很容易将载荷-时间历程转化为名义应力-时间历程。

修正 Neuber 公式(4-89)与应力-应变迟滞回线的方程联立,可以得出局部应力与名义应力之间的关系为

$$\frac{\Delta\sigma^2}{E}+2\Delta\sigma\left(\frac{\Delta\sigma}{2k'}\right)^{\frac{1}{n'}}=\frac{(K_f\Delta S)^2}{E} \tag{4-91}$$

如果将式(4-90)代入式(4-91),则可以直接得出局部应力与载荷间的关系为

$$\frac{\Delta\sigma^2}{E}+2\Delta\sigma\left(\frac{\Delta\sigma}{2k'}\right)^{\frac{1}{n'}}=\frac{K_f^2C^2\Delta P^2}{E} \tag{4-92}$$

于是,加载时有

$$\frac{(\sigma-\sigma_r)^2}{E}+2(\sigma-\sigma_r)\left(\frac{\sigma-\sigma_r}{2k'}\right)^{\frac{1}{n'}}=\frac{K_f^2C^2\Delta P^2}{E} \tag{4-93a}$$

卸载时有

$$\frac{(\sigma_r-\sigma)^2}{E}+2(\sigma_r-\sigma)\left(\frac{\sigma_r-\sigma}{2k'}\right)^{\frac{1}{n'}}=\frac{K_f^2C^2\Delta P^2}{E} \tag{4-93b}$$

式中,σ_r为前一次反向终了时的局部应力(MPa);σ 为本次反向终了时的局部应力(MPa);E 为弹性模量(MPa);k' 为循环强度系数(MPa);n' 为循环应变硬化系数;K_f为疲劳缺口系数;C 为比例系数;ΔP 为载荷变化范围(N)。

反复使用式(4-93a)及(4-93b),即可直接由载荷-时间历程得出局部应力-时间历程。

需要注意的是,第一次加载时,使用循环应力-应变曲线。这时,循环应力-应变曲线与修正 Neuber 公式联立后,可以得出局部应力与载荷间的关系为

$$\frac{\sigma^2}{E}+\sigma\left(\frac{\sigma}{k'}\right)^{\frac{1}{n'}}=\frac{(K_fS)^2}{E} \tag{4-94}$$

或

$$\frac{\sigma^2}{E}+\sigma\left(\frac{\sigma}{k'}\right)^{\frac{1}{n'}}=\frac{K_f^2C^2P^2}{E} \tag{4-95}$$

另外,计算时还应注意材料的记忆效应,即当后一次的载荷超过前一次的载荷以后,应力应变间的关系仍服从前一次载荷的应力-应变迹线。

得出局部应力-时间历程以后,利用应力-应变回线,反复使用式(4-84a)和式(4-84b),即可由局部应力-时间历程得出局部应变-时间历程。这时,也必须注意材料的记忆效应和在第一次加载时使用循环应力-应变曲线。

另外,得出局部应力-时间历程和局部应变-时间历程以后,就可以使用与载

荷-应变标定曲线法相同的方法，把局部应力-应变响应画成若干个封闭的滞回环，并使用与它相同的方法估算疲劳寿命。

同样，将载荷-时间历程、修正 Neuber 公式、局部应力与载荷间的关系式和循环应力-应变曲线输入计算机以后，即可利用雨流法程序自动判别出封闭的滞回环。将这些滞回环的参量取出以后，可以进行损伤和寿命估算。计算出的疲劳寿命也应除以寿命安全系数。

3. 雨流计数法

汽轮机转子从启动-变负荷运行-停机的过程，以及由于故障或人为操作引起的扰动都可以诱发轴系扭振，扭振过程中，转子承受的扭转应力不是单调上升或下降，而是随机波动的。在整个运行周期中，扭转应力应变的波形是由一些幅值不等、周期不一的波形叠加成的。由于材料的记忆效应，闭合循环一旦形成，则会影响其后载荷应变响应的分析，如果忽略小应力应变循环的影响，则会使疲劳损伤计算的最后结果由于误差过大而失去意义。

如果考虑全部循环历程，就必须判定闭合循环的形成、新载荷应变曲线起始点的变化。雨流法就是通过在载荷历程中不断去除闭合的循环，使载荷历程变得越来越简单。在去除每一闭合循环的同时，记录下该循环的局部应力和应变，同时作进一步处理，如计算闭合循环的应变幅度、平均应变、疲劳损伤等；当所有的闭合循环从载荷历程中去除后，剩余载荷为一种先扩散后收敛（或相反）的载荷历程，一般按半循环处理；根据同样的方法，可确定半循环的应力应变幅值、平均应力，其疲劳损伤为全循环的一半。如图 4-16 所示，a 为原始的局部应变历程，b、c 为去除完整应变循环后的应变历程，d 为最后所得的完整应变循环个数、应变幅等参数。全循环判据为

$$\begin{cases} |X_{i+3}-X_i| \geqslant |X_{i+2}-X_{i+1}| \\ (X_{i+3}-X_i)\cdot(X_{i+2}-X_{i+1})<0 \end{cases} \tag{4-96}$$

一个全循环的局部应力应变相关量计算公式包括以下几个。

应力幅值为

$$\sigma_a=\frac{|\sigma_{i+1}-\sigma_{i+2}|}{2} \tag{4-97}$$

应变幅值为

$$\varepsilon_a=\frac{|\varepsilon_{i+1}-\varepsilon_{i+2}|}{2} \tag{4-98}$$

平均应力为

$$\sigma_m=\frac{\sigma_{i+1}+\sigma_{i+2}}{2} \tag{4-99}$$

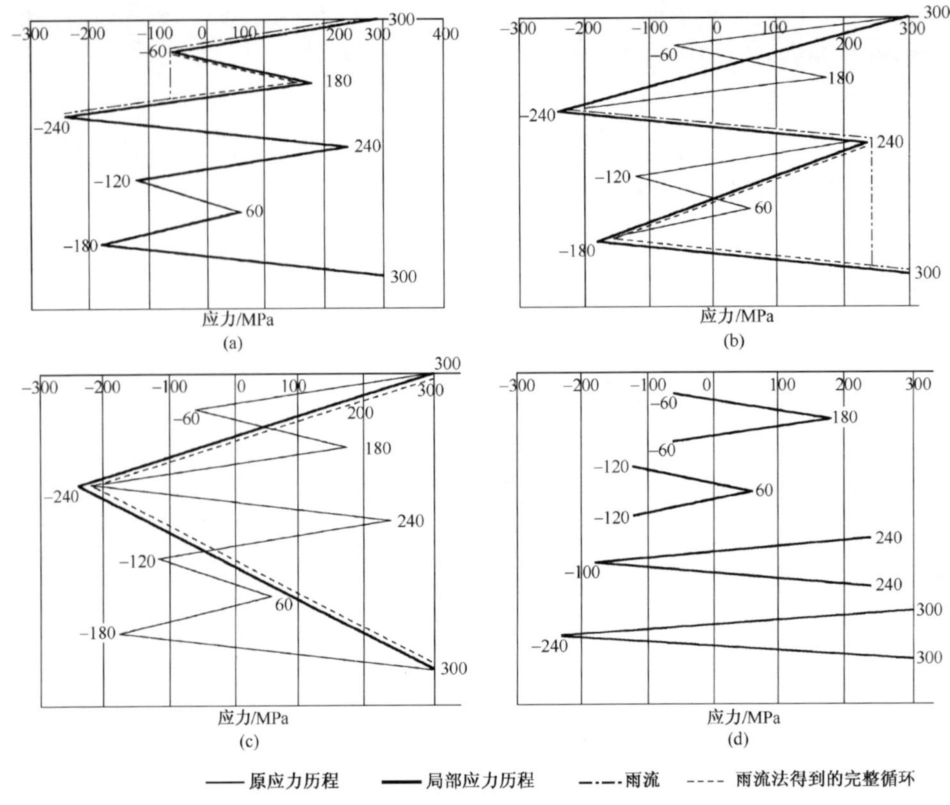

图 4-16　雨流法分析轴系载荷历程示意

平均应变为

$$\varepsilon_m = \frac{\varepsilon_{i+1} + \varepsilon_{i+2}}{2} \tag{4-100}$$

弹性应变分量为

$$\varepsilon_e = \frac{\sigma_a}{G} \tag{4-101}$$

塑性应变分量为

$$\varepsilon_P = \varepsilon_a - \varepsilon_e \tag{4-102}$$

具体编写程序代码时，取应变-时间历程的前四个点，判断是否组成全循环；如果是，则去掉中间两点，同时根据这两点的值计算应变幅、平均应变，统计该次循环造成的疲劳损耗，再取随后两点判断；如果不是，则后推一点，与前面三点一起判断，如此循环往复。去掉所有全循环后，剩余的或扩散或收敛的应变历程按半循环计算，即从第二点起，每两点一组构成半循环，计算疲劳寿命。此时每个半循环的疲劳损耗为闭合全循环的一半。程序流程如图 4-17 所示。

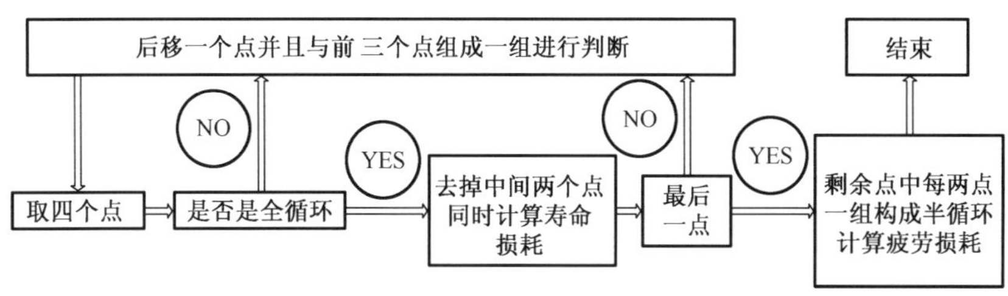

图 4-17　雨流法循环计数程序流程图

4. 多轴疲劳影响修正

轴系实际受力情况较为复杂，特别在联轴节部位，正常工况下需承受本身的预紧力、传递功率的扭转应力、跨接转子的重力、不平衡的轴向推力以及接合面张口的交变弯曲应力等，扭振发生时，增加了不等幅交变的扭转扭转应力，以及通过弯扭耦合作用在轴表面及中心孔表面的交变拉压应力。所有作用力中前三种是恒定，其余的都是交变的；局部应力应变法的基础是假定缺口部位的应力处于完全单轴状态，而实际结构受力状态一般为双轴或三轴状态，因此在进行强度较核和疲劳计算时，各种应力的当量合成需要一个正确的强度准则，一般按式(4-103)～式(4-105)进行修正。根据 von Mises 变形能密度法则(第四强度理论)，对于双轴应力，当量应力为

$$\sigma_{eq} = \sqrt{\sigma_a^2 + 3\tau_a^2} \tag{4-103}$$

式中，σ_a 为产生的拉压应力幅值；τ_a 为扭转剪切应力幅值；两者都为定常和交变应力之和。

当量多轴应变公式为

$$\varepsilon_{eq} = \sqrt{(\varepsilon_{3a} - \varepsilon_{1a})^2 + (\varepsilon_{2a} - \varepsilon_{1a})^2 + (\varepsilon_{3a} - \varepsilon_{2a})^2} / [\sqrt{2}(1 + \nu)] \tag{4-104}$$

对于纯扭转，泊松比 ν 假定为 0.5(假定塑性应变为主，体积不变)，等效应力应变公式如下：

$$\sigma_{eq} = \sqrt{3}\tau, \quad \varepsilon_{eq} = \gamma / \sqrt{3} \tag{4-105}$$

对不同试验材料依据相关标准和试验条件，以控制应变和控制应力两种不同方式，通过施加等幅、对称循环的轴向应力和剪切应力，由试验数据拟合得到特定材料的单轴应力-寿命曲线或单轴应变-循环周次寿命曲线，工程上多用后者。实际工程构件所承受的载荷往往是一些复杂的组合交变载荷，构件中某些几何不连续位置的三个主应力可能处于非比例状态，或它们的方向随着时间而变化，这种应力下的疲劳称为多轴疲劳。计算轴系扭转疲劳寿命损耗时必须考虑多轴应力修正。常用的疲劳寿命计算公式有五个，分别介绍如下。

1)Manson-Coffin 应变-寿命公式

$$(\Delta\gamma_P+\Delta\gamma_e)/2=\left(\frac{\tau'_f-\tau_m}{G}\right)\cdot(2N_f)^{b_0}+\gamma'_f\cdot(2N_f)^{b_0}+\gamma'_f\cdot(2N_f)^{c_0}\tag{4-106}$$

式中，$\Delta\gamma_P$、$\Delta\gamma_e$ 为弹性剪应变和塑性剪应变；τ'_f为扭转疲劳强度系数；τ_m为平均扭转应力；b_0 为扭转疲劳强度指数；N_f为疲劳循环数；γ'_f 为扭转疲劳塑性系数，可由式 $B=\varepsilon_f^2$ 估算，其中 ε_f为材料的真实断裂应变；c_0 为剪切疲劳延性指数。

系数 b 是考虑到前面所述的局部应力应变法是在低周疲劳寿命估算方法基础上发展来的，而扭转疲劳属于高周疲劳分析，可用式(4-74)或式(4-75)对系数 b 进行修正。

2)修正的 Manson-Coffin 公式

该模型假定临界面为经历最大剪应变变幅的平面。由于弹性阶段和塑性阶段的泊松比不一样，分别为 ν_e 和 ν_p，所以多轴应变状态下的修正 Manson-Coffin 公式为

$$\varepsilon_{eq}=(1+\nu_e)\left(\frac{\tau'_f-\tau_m}{G}\right)\cdot(2N_f)^b+(1+\nu_P)\gamma'_f\cdot(2N_f)^c\tag{4-107}$$

式中，$\varepsilon_{eq}=\sqrt{[(\varepsilon_{3a}-\varepsilon_{1a})^2+(\varepsilon_{2a}-\varepsilon_{1a})^2+(\varepsilon_{3a}-\varepsilon_{2a})^2]/2}$。

3)Bannantine 公式

$$\sigma_{\max}\Delta\varepsilon=\frac{\sigma'^2_f}{G}(2N)^{2b}+\sigma'_f\varepsilon'_f(2N)^{b+c}\tag{4-108}$$

式中，$\Delta\varepsilon$、$\sigma_{\max}$ 为最大正应变变幅平面上的正应变振幅和当前循环中的最大法向应力。

4)Manson-Halford 模型

该模型引入多轴应力因子 M_F，将用该因子修正过的等效塑性应变范围代入轴向塑性应变寿命方程，估计出扭转疲劳寿命。

$$M_F\left(\frac{\Delta\varepsilon_P}{2}\right)_{eq}=C(N_f)^c\tag{4-109}$$

$$\begin{cases}M_F=\dfrac{1}{2-T_F}, & T_F\leqslant 1\\ M_F=T_F, & T_F\geqslant 1\end{cases}\tag{4-110}$$

$$T_F=\frac{\sigma_1+\sigma_2+\sigma_3}{\dfrac{1}{\sqrt{2}}\sqrt{(\sigma_1-\sigma_2)^2+(\sigma_2-\sigma_3)^2+(\sigma_3-\sigma_1)^2}}\tag{4-111}$$

5)基于扭转形式的预测模型

$$\frac{\Delta\gamma_{\max}}{2}(1+k\varepsilon_n)=\frac{2\tau'_f}{G}(2N_f)^{b_0}+\gamma'_f(2N_f)^{c_0}\tag{4-112}$$

式中，$\Delta\gamma_{\max}$ 为最大剪应变幅；k 为材料常数；ε_n为最大扭转面上的法向正应变。

4.3.3　疲劳累积损伤理论

在常规疲劳试验中，循环应力的应力幅在整个试验过程中保持不变。实际上，转子在工作中所承受的循环载荷是变幅的，有些是规则变化的，有些是随机变化的。当轴系受循环变幅应力作用时，如果认为在应力集中处的最大应力须小于光滑试样的疲劳极限，则从这个观点出发进行设计，必然太保守，尤其在工作载荷出现高载荷的次数较少时更是如此。为了弥补这个缺点，可以考虑允许零件中出现大于疲劳极限的应力。按这种考虑设计零件，就不是无限寿命设计，而是有限寿命设计。为了保证有安全裕量，计算寿命应是零件所需工作寿命的若干倍，这就需要有估算疲劳寿命的方法。估算方法有许多，但都是建立在“损伤”这个概念上的。当材料承受高于疲劳极限的应力时，每一循环都会使材料产生一定量的损伤，这种损伤是能累积的。当操作累积到临界值时，零件就会发生破坏，于是出现了多种疲劳累积损伤理论。在扭振疲劳寿命损耗分析中，最常用的是线性疲劳累积损伤理论。

线性疲劳累积操作理论是指在循环载荷作用下，疲劳损伤可以线性地累积，各个应力之间相互独立和互不相关，当累积的损伤达到某一数值时，试件或构件就发生疲劳破坏，常用的线性疲劳累积理论如表 4-2 所示。

表 4-2　常用的线性疲劳累积理论[2]

作者	累积损伤模型		材料参数
Palmgren Miner	损伤理论	$D_i = 1/N_i$	N_i
	破坏准则	$\sum D_i = 1$	
Lundberg	损伤理论	$D = \dfrac{N_0}{\alpha} l^{-s}\gamma(s-1)\exp(-ls_0)$	N_0
	破坏准则	$\sum D_i = 1$	S_0
Shanleg	损伤理论	$D = \exp\left[CK\left(\dfrac{n_i}{N_i}-1\right)\right], K = S_{\alpha_i}^n$	N_i
	破坏准则	$\sum D_i = 1$	n
Grover	损伤理论	$D_i = \dfrac{1}{\alpha_i N_i}$	N_i
	破坏准则	$\sum D_i = 1$	α_i

Miner 理论是其中的代表理论，它指出以下几方面的损伤计算方法。

(1)一个循环造成的损伤为

$$D = \frac{1}{N} \tag{4-113}$$

式中，N 为对应于当前载荷水平 S 的疲劳水平。

(2)等幅载荷下,n 个循环造成的损伤为

$$D = \frac{n}{N} \tag{4-114}$$

变幅载荷下,n 个循环造成的损伤为

$$D = \sum_{i=1}^{n} \frac{1}{N_i} \tag{4-115}$$

式中,N_i为对应于当前载荷水平 S_i的疲劳寿命。

(3)临界疲劳损伤 D_{CR}。若是常幅循环载荷,显然当循环载荷的次数 n 等于其疲劳寿命 N 时,疲劳破坏发生,即 $n=N$,得到

$$D_{\mathrm{CR}} = 1 \tag{4-116}$$

Miner 理论是一个线性疲劳累积损伤理论,它没有考虑载荷次序的影响,而实际上加载次序对疲劳寿命的影响很大,对此已有了大量的试验研究。对于二级或者很少几级加载的情况下,试验件破坏时的临界损伤值 D_{CR}偏离 1 很大。对于随机载荷,试验件破坏时的临界损伤值 D_{CR}在 1 附近,这也是目前工程上广泛采用 Miner 理论的原因。

除了 Miner 线性疲劳累积损伤理论外,还有一些修正的线性疲劳累积损伤理论,与上面相对应的。

(1)一个循环造成的损伤

$$D = \frac{1}{N} \tag{4-117}$$

式中,N 为对应于当前载荷水平 S 的疲劳水平。

(2)等幅载荷下,n 个循环造成的损伤

$$D = \frac{n}{N} \tag{4-118}$$

变幅载荷下,由于材料具有循环硬化/循环软化、循环蠕变/循环松弛、记忆等特性,n 个循环造成的损伤在变幅载荷作用下材料的瞬时疲劳损伤与加载顺序有关。设第 j 次载荷作用下,材料的疲劳操作为 D_j,则第 i 次载荷作用下产生的疲劳损伤与当时的损伤状态有关,即

$$\begin{aligned} D &= D_1 + D_2 \mid_{D_1 = f(\varepsilon_1, R_1)} + D_3 \mid_{D_2 = f(\varepsilon_2, R_2)} + \cdots + D_i \mid_{D_{u-1}} = f(\varepsilon_{i-1}, R_{i-1}) \\ &= \sum_{j}^{n} D_j \mid_{D_{j-1}} = f(\varepsilon_{j-1}, R_{j-1}) \end{aligned} \tag{4-119}$$

式中,$D_i \mid_{D_{i-1}} = f(\varepsilon_{i-1}, R_{i-1})$ 表示在计算第 i 次加载产生的疲劳损伤时,要考虑在此以前产生的损伤状态,这可以通过当前的局部应力应变状态实现。

(3)临界疲劳损伤。若是常幅循环载荷,显然当循环载荷的次数 n 等于其疲劳寿命 N 时,疲劳破坏发生,即 $n=N$,得到

$$D_{CR} = 1 \tag{4-120}$$

基于线性累积原理的 Miner 法则可得到累积疲劳寿命损耗计算公式为

$$D_f = \sum_{i=1}^{k} \frac{n_i}{N_{ci}} \tag{4-121}$$

式中，k 为不同幅值应力应变循环的个数，$1/N_{ci}$ 为特定总应变或总应力下的一个完整循环的疲劳寿命损耗率，N_{ci} 就等于疲劳寿命公式中的 N_f，n_i 为对应应力应变特征的循环次数[2]。

4.3.4 扭振疲劳寿命损耗分析模型

基于上述理论，可以建立扭振疲劳寿命分析模型。

将局部应力应变法应用于扭转疲劳，式(4-101)和式(4-102)分别可以变为如下形式：

$$\Delta\tau \cdot \Delta\gamma = K_f^2 \Delta\tau_0^2 / G = F(\Delta\tau_0) \tag{4-122}$$

$$f(\Delta\gamma) = \Delta\gamma/2 - F(\Delta\tau_0)/(2G \cdot \Delta\gamma) - [F(\Delta\tau_0)/(2k'_o \cdot \Delta\gamma)]^{\frac{1}{n'_o}} = 0 \tag{4-123}$$

式中，$\Delta\tau_0$ 为界面处一个应力循环中的名义扭应力；$F(\Delta\tau_0)$ 是关于该名义扭应力的函数。

在汽轮机组轴系扭转疲劳的研究中，危险截面处名义应力 $\Delta\tau_0$ 均由该处的瞬时扭矩经计算得出，故 $\Delta\tau_0$ 可视为瞬时转矩的函数。因此，式(4-122)可表示为

$$\Delta\tau \cdot \Delta\gamma = K_f^2 f_M^2(M)/G = F_M(M) \tag{4-124}$$

式中，$f_M(M) = \Delta\tau_0$。所以式(4-123)也可以表示为

$$f(\Delta\gamma) = \Delta\gamma/2 - F_M(M)/(2G \cdot \Delta\gamma) - [F_M(M)/(2k'_o \cdot \Delta\gamma)]^{\frac{1}{n'_o}} = 0 \tag{4-125}$$

结合式(4-124)和(4-125)，可以得到汽轮发电机组轴系发生扭振时的疲劳寿命损耗计算模型。

当危险截面受扭转循环应力时，有

$$\begin{aligned}
&\left[\frac{\tau'_f}{G}\left(1-\frac{\tau_m}{\tau_b}\right)(2N)^{b_o} + \gamma'_f\,(2N)^{c_o}\right] \\
&= \frac{\dfrac{K_f^2}{G} f_M^2(M)}{2G \cdot 2\left[\dfrac{\tau'_f}{G}\left(1-\dfrac{\tau_m}{\tau_b}\right)(2N)^{b_o} + \gamma'_f(2N)^{c_o}\right]} \\
&\quad - \left\{\frac{\dfrac{K_f^2}{G} f_M^2(M)}{2k'_o \cdot 2\left[\dfrac{\tau'_f}{G}\left(1-\dfrac{\tau_m}{\tau_b}\right)(2N)^{b_o} + \gamma'_f(2N)^{c_o}\right]}\right\}^{\frac{1}{n'_o}}
\end{aligned} \tag{4-126}$$

当危险截面受拉压循环应力时，有

$$\left[\frac{\sigma'_f}{E}\left(1-\frac{\sigma_m}{\sigma_b}\right)(2N)^b+\varepsilon'_f(2N)^c\right]$$

$$=\frac{\dfrac{K_f^2}{E}f_M^2(M)}{2E\cdot 2\left[\dfrac{\sigma'_f}{E}\left(1-\dfrac{\sigma_m}{\sigma_b}\right)(2N)^b+\varepsilon'_f(2N)^c\right]}$$

$$-\left\{\frac{\dfrac{K_f^2}{E}f_M^2(M)}{2k'\cdot 2\left[\dfrac{\tau'_f}{E}\left(1-\dfrac{\sigma_m}{\sigma_b}\right)(2N)^b+\varepsilon'_f(2N)^c\right]}\right\}^{\frac{1}{n'}} \tag{4-127}$$

当考虑到高周疲劳造成的影响时，可分别用式(4-74)和式(4-75)求出 b' 和 $b'_\circ$。

式(4-126)和式(4-127)利用局部应力应变法，考虑了构件形状、尺寸、表面加工、高周疲劳、平均应力等因素对构件疲劳寿命造成的影响，建立起了瞬时扭矩和疲劳寿命损耗间一一对应的关系。

在此模型基础上，计算汽轮发电机组轴系发生扭振时某危险截面疲劳寿命损耗时的步骤如下：

(1)用四点关联法或通用斜率法估算出危险截面处材料的应变-寿命曲线。

(2)分析截面处名义应力与扭矩之间的函数关系，很容易求出该处名义应力-扭矩关系 $f_M(M)$。

(3)分析截面处名义应力与实际应力的关系，根据图表求出该处的缺口减弱系数 K_f。在工程实际中，有些结构没有现有的缺口减弱系数图表与之对应，可用解析法或有限元分析法求出它的应力集中系数 K_t 代替 K_f 进行计算。

(4)对于联轴器键槽、螺栓处等存在装配应力的截面，应计算装配应力。

(5)用雨流计数法分析危险截面载荷谱，找出瞬时扭矩谱中的全循环、半循环，并计算出每个扭矩循环的扭矩幅值和平均扭矩。

(6)将扭矩循环的幅值和平均扭矩代入 $f_M(M)$，求出研究对象所受的名义应力和平均应力。其中，平均应力为 $f_M(M)$ 对应平均扭矩的值与该处装配应力之和。

(7)将前面得到的数据代入式(4-126)或式(4-127)，可得到每一个应力循环对危险截面造成的寿命损耗。

(8)利用 Miner 线性疲劳累积理论，最终求得整个扭振过程对该截面造成的疲劳损耗。

4.4　机网扰动下汽轮发电机组轴系扭振的评估

4.4.1　机网大扰动下轴系扭振的评估指标

轴系扭振的评估作为汽轮发电机组扭振研究中最终的目标任务，合理有效的评估方法和准确可靠的评估结果是非常重要的，对电网的防治灾变和经济运行有着重大的工程应用价值。

在现代复杂的电力系统中，不可避免地会发生各种故障或误操作，从而引发电磁力矩瞬态冲击类扭振或共振类扭振。用疲劳寿命损耗作为扭振影响的评价指标是合理的，它综合考虑了扭应力的整个时间历程。尽管考察最大扭应力或平均应力对分析扭振影响强度有一定的指导作用，但是它们不能完全、准确地表征轴系扭振造成危害的程度。

由于轴系疲劳寿命损耗是累积的，不仅与扰动类型、受力位置、加载时序等有关，还与扰动发生的频率有关，涉及的问题很复杂，对于严重扰动下机组轴系扭振的允许标准，国内外尚未达成统一，目前主要采用的仍是西德电站设备联合制造公司针对国外多种型号汽轮发电机组进行分析研究得出的疲劳损耗许可范围，而对国产机组，国内还没有形成特有的、规范的考核准则，这也是目前轴系扭振研究中需要解决的问题。

近几年，国内外电厂已先后发现了在一些大机组轴系上存在着长期的低幅振荡。机组轴系的设计主要是以发电机机端两相短路和 120°非同期并网下轴系承受最大应力不超过屈服极限作为考核标准，但是在能够承受住机端两相短路和 120°非同期并网的冲击的同时，是否也能保证机组轴系在长期低幅振荡下的安全性，以及对这类振荡该如何评估，这是目前轴系扭振研究中新的课题，有待深入的研究。

1. 最大扭应力

国内外通过对电网大扰动下轴系扭振的大量研究，认为发电机近距离(包括发电机机端)两相或三相短路并切除以及不同相位的并网，会激发起大型汽轮发电机组轴系扭振，并产生很高的机械扭应力。

在 20 世纪 70 年代之前，评估汽轮发电机组轴系扭振安全性一直采用发电机机端三相短路的最大扭应力作为准则，但是自美国莫哈维尔电厂发生轴系断裂事故后，国际上对轴系扭振进行了大量的研究试验，结果表明电力系统中很多扰动对轴系的影响远比机端三相短路严重。在有串补电容的系统中，输电线路不恰当的补偿度在大扰动下很容易诱发机电耦合振荡，其后果可能远超过机端三相短路时的情况。此外，电网中的扰动往往不是单一的，短时间内的多次冲击作用使轴系在原来的扭振基础上再产生一个新的扭振，这时若以最大扭应力作为扭振评估指标显然存在着较大的偏差。因此，以发生故障时轴系各个截面的最大扭应力作为轴系扭振的评估指标存在一定的局限性，需要寻找更为合理的指标。

2. *疲劳寿命损耗*

在大扰动下，由于机电系统的相互作用，轴系在不平衡转矩冲击下会激起振荡，引发高幅值的冲击性暂态扭矩，并产生较大的轴系扭应力，当扭应力达到轴系的疲劳极限时，将导致轴系的疲劳寿命损耗。轴系扭振疲劳损耗是汽轮发电机扭振危害的一个直接表现，但这种危害有着较强的隐蔽性，通常情况下没有明显的宏观塑性变形，往往表现为轴系损伤累积到一定程度后轴系的突然性断裂。因此，国际上通过对机组扭振作用的深入研究，逐渐形成了以轴系疲劳寿命损耗作为扭振的评估指标，通过对其定量的估计来分析扭振对轴系影响的程度。

目前，实际工程中轴系疲劳寿命损耗的估算方法已经比较成熟，进行电磁、机电过程仿真的 PSCAD/EMTDC、EMTP、NETOMAC、MANDISP 等软件比较完善，加上疲劳损耗的相关理论和计算方法的不断深入，因此，在机组扭振分析中得到的疲劳寿命损耗值具有较高的工程应用价值。对于疲劳寿命损耗的计算分析方法已在本书前面给出。

由电网大扰动引起的轴系瞬态扭振响应中，短时间内的高幅振荡及其急剧的变化是十分显著的，这一部分历程对疲劳寿命有重要的影响。有关文献就扭应力幅值和平均应力对轴系疲劳寿命损耗的影响做了详细讨论，并以基于轴系 S-N 曲线得到的单个循环寿命损耗的简化曲线，充分说明了扭应力幅值和平均应力共同影响轴系的疲劳损耗，并且对于同一考核截面，扭应力幅值越高，平均应力越大，对应的疲劳损耗就越严重。

同时，扭振阻尼的作用引起某些峰、谷值点的部分变化，使得雨流计数的结果发生了变化，在扭矩、应力数量级相同或接近的情况下，扭矩和应力的幅值变为次要因素，计数结果将对寿命损耗起主要作用。通常情况下，忽略系统阻尼比计及阻尼作用下的疲劳损耗要大，随着阻尼增加，疲劳损耗呈减小趋势，但并非一直减小，局部可能会出现寿命损耗增加的现象。

综上所述，评价轴系扭振的影响，最大扭应力或平均应力都不宜作为评估的指标，应综合考虑高于疲劳极限的扭应力的整个时间历程。疲劳寿命损耗正是考虑了多种影响因素，成为目前工程界公认的轴系扭振的评估指标。

4.4.2　大扰动对轴系扭振影响的评估标准

在轴系扭振疲劳寿命损耗逐渐取代故障时轴系最大扭应力作为轴系扭振的评估指标后，国际上许多著名的研究机构和制造部门以及国际性组织（如国际大电网会议）都在着手研究扭振设计的新标准。由于系统扰动对轴系扭振疲劳寿命损耗的影响，与扰动类型、发生的条件、轴系结构和材料以及疲劳寿命的评估方法等许多因素有关，有很大的分散性和复杂性，因此，国内外对轴系扭振的评估，尚未形成统一的标准。目前，被国际上普遍接受的是西德电站设备联合制造公司的技术标准。如表 4-3 所示，给出了西德电站设备联合制造公司对多种型号汽轮发电机组在不同扰动冲击下的轴系扭振疲劳寿命损耗的分析结果，表中用百分比表示轴系疲劳损耗的范围。

从表 4-3 可得出在不同的系统故障和开关操作下的轴系扭振疲劳损耗的范围以及相对的严重程度，这对机电系统扭振分析起到了很好的指导作用，也是国际上普遍接受作为汽轮发电机组轴系设计的依据。如表 4-4 所示，给出了西德电站设备联合制造公司关于典型的大扰动对轴系影响的允许标准。

表 4-3　各种扰动冲击下轴系扭振疲劳损耗的分析结果汇总

<table>
<tr><th>扭振级别</th><th colspan="4">故障或扰动类型</th><th>每次事件的疲劳损耗/%</th></tr>
<tr><td rowspan="8">第一级
单一冲击</td><td colspan="2" rowspan="2">发电机出口两相短路</td><td colspan="2">高压侧（系统母线）</td><td>0.0005～0.012</td></tr>
<tr><td colspan="2">低压侧（发电机出线）</td><td>0.005～0.85</td></tr>
<tr><td colspan="2" rowspan="2">发电机出口三相短路</td><td colspan="2">高压侧（系统母线）</td><td>0.007～0.08</td></tr>
<tr><td colspan="2">低压侧（发电机出线）</td><td>0.05～0.85</td></tr>
<tr><td colspan="2">非同期并网</td><td colspan="2">$90° \leqslant \delta \leqslant 120°$</td><td>0.5～12.0</td></tr>
<tr><td colspan="2">甩 100%负荷</td><td colspan="2"></td><td>0.006～0.04</td></tr>
<tr><td colspan="2" rowspan="2">正常线路切换</td><td colspan="2">负荷 $\Delta P \leqslant 0.5$p.u.（标幺值）</td><td>0.0005～0.001</td></tr>
<tr><td colspan="2">负荷 $\Delta P > 0.5$p.u.</td><td>0.001～0.05</td></tr>
<tr><td rowspan="4">第二级
双重冲击</td><td rowspan="4">故障切换</td><td rowspan="4"></td><td rowspan="2">两相故障</td><td>$Vr=0.2$</td><td>0.0005～0.001</td></tr>
<tr><td>$Vr=0$</td><td>0.0005～0.1</td></tr>
<tr><td rowspan="2">三相故障</td><td>$Vr=0.2$</td><td>0.0005～0.25</td></tr>
<tr><td>$Vr=0$</td><td>0.0008～5.0</td></tr>
</table>

续表

<table>
<tr><th>扭振级别</th><th colspan="5">故障或扰动类型</th><th>每次事件的疲劳损耗/%</th></tr>
<tr><td rowspan="8">第三级多重冲击</td><td rowspan="8">高速重合闸</td><td rowspan="8">系统故障</td><td rowspan="4">单相故障</td><td rowspan="2">三相重合闸</td><td>成功</td><td>0.0005～0.006</td></tr>
<tr><td>不成功</td><td>0.0005～0.1</td></tr>
<tr><td rowspan="2">两相重合闸</td><td>成功</td><td>0.0005～0.006</td></tr>
<tr><td>不成功</td><td>0.0005～0.05</td></tr>
<tr><td rowspan="2">两相故障</td><td rowspan="2">三相重合闸</td><td>成功</td><td>0.0005～0.1</td></tr>
<tr><td>不成功</td><td>0.0005～6.0</td></tr>
<tr><td rowspan="2">三相故障</td><td rowspan="2">三相重合闸</td><td>成功</td><td>0.008～5.0</td></tr>
<tr><td>不成功</td><td>≥0.001</td></tr>
<tr><td>第四级谐振</td><td colspan="5">次同步谐振(疲劳极限较低并依赖于保护措施，如滤波器、附加阻尼控制、切换操作等)</td><td>≤10.0</td></tr>
</table>

表 4-4　西德电站设备联合制造公司关于典型的大扰动对轴系影响的允许标准

扰动类型	每次冲击的疲劳寿命损耗	
	目标值	最大允许值
发电机出口三相短路(SC)	<1%	3%
非同期并网(FS)	<7%	20%
近处短路及 FCT≤0.15 s	3%	10%
切除 0.15 s≤FCT≤临界 FCT	5%	15%

对于轴系扭振，国内外评估的观点不尽相同，标准也不统一，目前主要是以表 4-3、表 4-4 中数据作为轴系扭振的评估标准。国产机组在轴系结构、材料、制造工艺等及电力网络方面，与国外的产品都存在一定的差异性，但是针对国产机组，国内还没有形成特有的、规范的轴系扭振考核准则。上海发电设备成套研究所在 1990 年主持编制的汽轮发电机轴系扭振考核导则，主要考虑避开工频、倍频的共振，并针对机组承受两相短路故障工况做出规定，但对于电网其他冲击没有做出相应的规定。

根据西德电站设备联合制造公司关于典型的大扰动对轴系影响的允许标准，

第 7 章中的算例中某 600MW 机组在机端两相、三相短路和 120°、180°非同期并网四种扰动冲击下，机组轴系疲劳寿命损耗远小于其限值，说明机组轴系有较大的安全裕度，能够承受较重的故障冲击。

4.4.3　长期低幅振荡的评估

近年来，随着系统中 HVDC、SVC、PSS(电力系统稳定器，power system stabilizer)等有源快速控制装置的不断投入，给系统输电带来有利作用的同时，也引入了一些新的轴系扭振问题。国内外电厂通过扭振监测技术，已先后发现了在一些大机组轴系上存在着长期低幅振荡。尽管这种振荡的幅值很小，但是在长期积累下，所引起的疲劳损耗仍有可能会影响到机组的寿命。有关文献详细分析了由 HVDC 换流站交流侧频率波动引起的小振荡及轴系长期积累的度劳损耗，以 30 年为期限，结果表明，对于离换流站电气距离非常近的发电机组，由于长期的低幅振荡产生的累积疲劳损耗可使机组在寿命期内发生损伤或断裂。

前面所述的疲劳损耗计算方法以轴系材料的 S-N 曲线为基础，其中对应循环次数为 10^6 的扭应力为疲劳极限，扭应力小于该极限，则疲劳损耗忽略不计，这种方法主要是针对有限次循环的收敛性扭振而言的。对于轴系中长期存在的低幅值振荡，则需要对 S-N 曲线做高周疲劳修正，将 S-N 曲线延拓至 $10^7 \sim 10^8$ 次循环。目前，国内对于这种小振荡给予了特别的关注，相关的研究也将进一步展开。

4.5　小　　结

本章对汽轮发电机组的轴系扭振安全性评价方法进行了讨论，给出了轴系扭振危险截面的确定方法和危险截面的应力计算方法。利用模型仿真法可根据发电机电磁力矩准确计算瞬态冲击类扭振故障下轴系各危险截面的应力历程，然而对于 SSO 等共振类扭振故障，利用轴系扭振固有特性，根据轴系机头/机尾扭角对轴系扭振危险截面应力历程进行推算的方法则更为可行。

扭振对汽轮发电机组的危害主要体现在轴系疲劳寿命损耗上，鉴于转子钢扭转疲劳性能数据严重匮乏的现状，本章通过最常见的轴向低周疲劳寿命 Coffin-Manson 模型推导出适合工程应用的转子钢扭转疲劳寿命模型，分析了应力集中、平均应力等多种因素对扭转疲劳寿命的影响，给出了在没有相关疲劳特性参数可参阅的条件下，应用四点关联法、修正通用斜率法和硬度法估算转子钢扭转疲劳特性参数的方法。基于这种转子钢扭转疲劳寿命模型，本章给出了轴系扭振危险截面的疲劳寿命损耗分析方法：在获得机组扭振动态响应结果的基础上，采用雨流法对载荷谱进行分析，考虑应力集中和平均应力的影响，利用局部应力-应变法进行轴系扭振疲劳寿命损耗计算，并结合 Miner 线性疲劳累积损伤理论，从而较准确地得到每一次扭振故障对机组轴系所带来的损伤以及轴系的剩余寿命。最后，本章分析了国内外扭振安全性分析的研究现状及其安全评估策略，总结了各类扭振故障及其扰动组合对轴系的危害程度和一次性冲击允许的寿命损耗范围，为相关部位风险门槛值的确定提供了参考。

参考文献

[1] 徐灏. 疲劳强度[M]. 北京：高等教育出版社，1990.

[2] 姚卫星. 结构疲劳寿命分析[M]. 北京：国防工业出版社，2003.

[3] 赵少汴，王忠宝. 抗疲劳设计：方法与数据[M]. 北京：机械工业出版社，1995.

[4] Kim K S. Estimation methods for fatigue properties of steels under axial and torsional loading[J]. International Journal of Fatigue，2002，24 (7)：783-793.

[5] Manson S S. Fatigue behavior in strain cycling in the low and intermediate cycle range[C] //10th Sagamore Army Materials Research Conf.,1963.

[6] 李晓波. 汽轮发电机组轴系扭振建模与寿命损耗分析[D]. 北京：华北电力大学，2006.

第5章 电力系统次同步振荡

5.1 电力系统次同步振荡问题概述

随着我国"西电东送"战略的实施和市场化运作的大区互联大电网的逐步形成,我国电力系统已进入大机组、超高压、超大规模、远距离、交直流混合输电的时代,串联电容补偿装置和高压直流输电等电力电子设备广泛投入使用,600MW及以上容量的机组成为电网的主力机组,机组的蒸汽参数不断提高,轴系结构越来越复杂,轻质、柔性、多支承、大跨距、高功率密度的特征更加明显。这些因素都极大地增加了发生电力系统次同步振荡的危险。

电力系统SSO问题属于系统的振荡失稳,是由电力系统中一种特殊的机电耦合作用引起的,其最大的危害在于:严重的机电耦合作用可直接导致大型汽轮发电机组转子严重破坏,造成重大事故,危及电力系统的安全运行。针对这种情况,研究在SSO发生的情况下电力系统中机、电、磁耦合扰动的传播。对各类扭振故障进行风险评估,制定SSO的监测、保护、预防与控制策略,是保证电力系统安全稳定运行最直接的手段,对于电力系统灾变防治,避免出现电力设备严重损毁的重大事故和安全稳定运行具有重大理论意义和工程应用价值。

IEEE次同步谐振(SSR)工作小组在进行SSO问题研究及研究成果总结方面做了大量的工作,为了方便学术研究和交流,先后三次给出了SSO的定义、术语和符号,解释SSO发生的原因[1-3],将有关研究文献目录汇总于五篇报告[4-8],总结了1997年以前国外关于SSO问题大部分研究成果,并分别列出了系列参考文献,供研究人员参考。IEEE次同步谐振工作小组给出了两个SSO分析计算标准模型[9,10],这两个模型已经大量应用于SSO问题研究。另外,IEEE次同步谐振工作小组还给出了其他一些关于SSO建模、分析方法以及抑制措施对策的文献。美国电力科学研究院也多次资助了与SSO有关的研究工作,取得了广泛的成果。

5.1.1 次同步振荡定义及分类

根据IEEE次同步谐振工作小组的定义,SSR是指在特殊运行状态下,电力系统中的电气系统和汽轮发电机组的机械系统之间以低于系统同步频率的某个或多个振荡频率交换能量，导致汽轮发电机轴系受到损害的动态过程。SSO 的概念比 SSR 的概念范围大一些，它在更广的范围内研究机电耦合系统的相互作用，包括汽轮发电机组和诸如 PSS、HVDC 以及 FACTS 控制器等电气设备之间的相互作用，本书中，在讨论 SSR 和 SSO 时，在没有特殊强调的情况下，都使用"次同步振荡"这一术语。

根据 IEEE 工作组的研究报告，SSO 根据其产生原因，可以分为四种类型：感应发电机效应 (induction generator effect)、机电扭振互作用(torsional interaction effect)、暂态力矩放大作用(transient torque amplification)和装置引起的 SSO(device dependent SSO)[11,12]。需要指出的是，电力系统发生 SSO 时，不能单纯地以上述某一原因来分析，而要综合考虑各个因素的影响。

1. 感应发电机效应

感应发电机效应源于同步发电机的转子对低于系统同步频率的次同步频率的电流表现出的视在负阻特性。由于转子转速高于定子次同步电流分量产生的次同步旋转磁场的转速，所以从定子端来看，转子对次同步电流的等效电阻呈负值。当这一视在负值电阻大于定子和输电系统在电气谐振频率下的等效电阻之和时，就会产生电气自激振荡，这就是感应发电机效应。感应发电机效应属于只考虑电气动态行为的自激现象。

2. 机电扭振互作用

当发电机转子产生频率为轴系固有扭振频率的振荡时，将在定子中感应出次同步频率(与轴系固有扭振频率互补)的电压分量，当该电压分量的频率与电气谐振频率接近时，它将维持转子上产生的次同步转矩。而当次同步转矩与转子转速增量同相位，且等于或大于转子固有机械阻尼转矩时，就会加剧轴系的扭振，这就是电气系统和发电机轴系的扭转相互作用。在这样的条件下，即使因转子振荡而在电枢中感应出很低的电压，此电压产生的电流加强了系统中因扰动产生的次同步电流，合成的次同步电流也会产生足够的扭矩来维持原先的转子振荡，使振荡呈增加的趋势发展，形成持续的不稳定振荡过程，即 SSR 过程。扭转相互作用属于考虑机电耦合作用的自激现象。

3. 暂态力矩放大作用

在系统受到大扰动的暂态过程中，如故障或开关动作，如果此时暂态电磁转矩中有接近轴系某机械振荡频率的分量，且该分量具有较大的幅值，则将导致很大的轴系扭矩，对发电机组轴系可能造成极大的破坏，这种现象称为暂态扭矩放大作用。对于 SSO 问题，主要关心的是由扭转应力造成的轴系损坏。轴系损坏可能由长时间的低幅扭振引起的疲劳积累造成，也可能由短时间的高幅振荡导致。

4. 装置引起的次同步振荡

HVDC 的换流器能够产生很宽频带的电流，如果采用了不恰当的控制策略使得 HVDC 系统的控制回路对次同步电流呈现正反馈，则有可能会激发汽轮发电机组的轴系扭振。PSS 在电力系统中已获得广泛的应用，在保证电力系统的稳定运行中占有重要的地位。但 PSS 对系统低频振荡模态(振荡频率为 0.1～2.0Hz)提供良好阻尼的同时，可能将一个或多个对应于轴系次同步扭振模态频率的振荡信号注入发电机励磁绕组，从而激发轴系扭振模态的 SSO。此外，各种 FACTS 控制器的引入也可能会造成 SSO 现象的产生。研究电力系统中这些重要设备对轴系扭振的影响，也是 SSO 研究中的重要内容之一。

5.1.2　次同步振荡产生机理

1. 串联电容补偿引起次同步谐振机理

图 5-1 是由串联补偿电容形成的 SSR 系统的简单示意图，它由发电机、变压器、输电线路、串联补偿电容器和无限大功率电源组成。

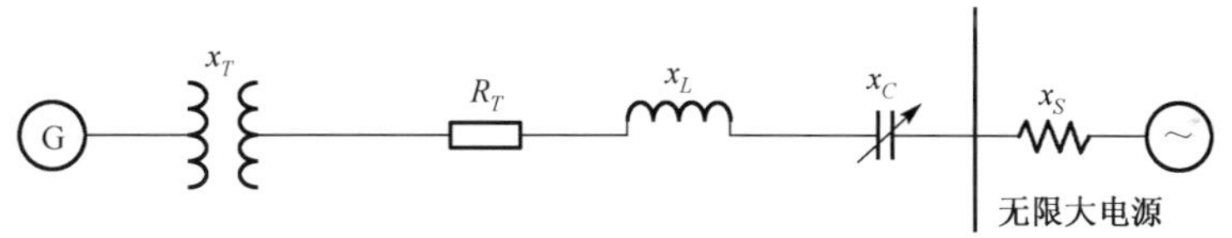

图 5-1　带有串联电容补偿的单机无穷大系统

串联电容补偿是为了提高超高电压远距离输电线路的传输能力，用于补偿线路感抗的一种经济有效的方法。当线路安装了串联补偿电容以后，在电力系统中可能会出现次同步频率的电气谐振。次同步(subsynchronous)和超同步(super-synchronous)分别用于表明频率是低于同步频率还是高于同步频率。在某一角频率 ω 下，线路的复阻抗为

$$Z = R + \mathrm{j}\left(\omega L - \frac{1}{\omega C}\right) \tag{5-1}$$

式中，R、L、C 分别表示输电线路的电阻、电感和串联补偿电容。

这一电路的谐振频率和标幺值分别为

$$\omega = \sqrt{\frac{1}{LC}} \tag{5-2}$$

$$\omega_* = \frac{\omega}{\omega_0} = \sqrt{\frac{1}{\omega_0^2 LC}} = \sqrt{\frac{x_C}{x_L}} = \sqrt{K_C} \tag{5-3}$$

式中，x_L、x_C为额定频率下的感抗和容抗，可用有名值或标幺值，当选用工程上常用的基准系统时，电感 L 与感抗 x_L的标幺值相等，电容的倒数与容抗 x_C的标幺值相等；K_C称为补偿度，通常 $K_C<1$，故谐振频率 ω 的标幺值亦小于 1，即这一频率为次同步频率。

对于图 5-1 的整个系统而言，假定发电机的等值电抗为 x_G，变压器的等值电抗为 x_T，系统等值内阻抗为 $R_S+\mathrm{j}x_S$；若忽略输电线路对地电容，则此时的电气谐振角频率为

$$\omega_e = \sqrt{\frac{x_C}{x_G + x_T + x_L + x_S}} \tag{5-4}$$

式中，x_G可近似用 x''_d 代替。在这一谐振频率下，$x_G + x_T + x_L + x_S$ 中消耗的无功功率与 x_C 中产生的无功功率正好相等；显然，在补偿度 $K_C<1$ 时，$\omega_e<1$，谐振角频率 ω_e 也是次同步频率。

假设在某一稳态运行情况下，机组轴系上受到一个微小扰动，使发电机转子产生绝对角位移 $\Delta\theta$ 为

$$\Delta\theta = A\sin(\omega_m t) \tag{5-5}$$

式中，ω_m为轴系某一自然扭振频率的标幺值，相应的角速度增量为

$$\Delta\omega = A\omega_m\cos(\omega_m t) \tag{5-6}$$

转子的这一运动在发电机定子中将产生次同步频率$(1-\omega_m)$和超同步频率$(1+\omega_m)$的电压分量以及相应的电流分量，其中的电流分量会感应滑差频率为 $f_0 \pm f_n$的转子电流和转矩。当定子回路的电磁振荡频率 ω_e和轴系的某一自然扭振频率ω_m互补，即当 ω_e和 ω_m之和为同步频率时，发电机转子频率为 ω_m的振荡分量在定子绕组中所引起的次同步频率$(1-\omega_m)$分量将产生负阻尼作用，从而形成机械与电气间的相互激励。如果这种激励能抵偿或超过机械和电磁振荡中的各种阻尼和电阻的功率消耗，则振荡便得以维持甚至发散。这就是具有串联电容补偿的电力系统发生 SSR 的机理。由于定子回路的谐振频率一般不超过同步频率，而且超同步分量电流所形成的转矩将产生正阻尼作用，因此一般不会出现超同步谐振。

2. HVDC 引起次同步振荡机理

HVDC 换流器控制与邻近汽轮发电机组轴系扭振相互作用的机理可用图 5-2 进行解释。若与整流站紧密耦合的发电机上有微小转子机械扰动 $\Delta\delta=A\sin(\omega_m t)$，则将引起机端电压(即图 5-2 中的整流站交流母线电压 $U\angle\theta_U$)的幅值 U 和相位 θ_U 发生变化，换相电压相位的变化 $\Delta\theta_U$ 会使整流站的实际触发角 α 和预期触发角 α_0 间有同样大小的偏移。触发角的改变以及换相电压幅值的变化 ΔU 都会引起直线母线电压 U_d 的摄动；而 U_d 的摄动会引起直流电流 I_d 的变化。HVDC 的定电流控制器会迅速对 I_d 的变化作出响应，并实施相应的调整动作，试图防止 I_d 的变化，由于最终不可能完全消除 ΔI_d，从而造成发电机电磁力矩的摄动 ΔT_e。如果发电机转速偏移量 $\Delta\omega$ 与电气转矩变化量 ΔT_e 之间的相角差超过 90°，则 ΔT_e 会助增初始扰动，即出现负阻尼，一旦该阻尼超过发电机轴系所提供的机械阻尼，轴系就出现 HVDC 控制系统引起的扭振不稳定。其本质上属于机电扭振互作用，但与串补电容条件的机电扭振作用的过程和机理有较大不同。

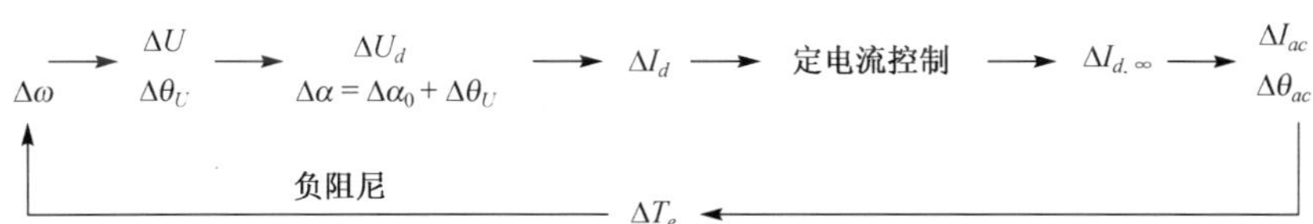

图 5-2　HVDC 引发 SSO 示意图

3. PSS 等快速控制器及 FACTS 装置引起的次同步振荡

在实际的系统运行中发现高速动作的汽轮发电机组调节系统，包括发电机励磁调节系统和汽轮机调速系统也能够响应反馈信号中的扭振分量，从而引起不稳定的 SSO。PSS 在电力系统中应用的初衷是通过励磁系统来增加发电机机械模态的阻尼转矩，以抑制系统持续的低频振荡。但是，将 PSS 应用于大型汽轮发电机组上时却碰到了新的问题，即在向机组的低频振荡模式提供良好阻尼的同时，有可能向轴系的某个或多个次同步扭振模态提供不可忽视的负阻尼，从而激发轴系扭振，使系统变得不稳定。同样的，响应快速的 FACTS 控制器的出现也有可能引起 SSO 问题。近年来对静止无功补偿器(SVC)引起 SSO 的可能进行了仿真分析和应用研究，结果表明在一定条件下 SVC 可能显著降低附近机组的 SSO 模态阻尼乃至激发不稳定 SSO。

5.2 次同步振荡分析用数学模型

5.2.1 Park 变换和 Clarke 变换

进行坐标变换就是将一种坐标表示的定子变量变换成用其他坐标来表示。在电力系统分析中，除 abc 坐标系统外，还常用 $dq0$、$\alpha\beta0$ 和 $xy0$ 等坐标系统[13]。它们间的关系可参考图 5-3。$dq0$ 坐标系统是固定在转子上的直角坐标系统，它用两个坐标或者两个实数来表示空间的一个点(综合向量的端点)，发电机的转速 ω 就是 $dq0$ 坐标的转速。$\alpha\beta0$ 坐标系统是固定在定子的直角坐标系统，它也是用两个坐标或者两个实数来表示空间的一个点(综合向量的端点)，这一坐标系统的转速等于零。$xy0$ 是以发电机的额定转速旋转的直角坐标系统，发电机的额定转速也是对应于全系统额定频率的转速。当系统发生扰动时，各个发电机的转速和全系统的平均转速(平均频率)将偏离额定值，但 $xy0$ 坐标的转速不变，仍维持系统扰动前的额定转速，$xy0$ 坐标转速的标幺值始终等于 1。

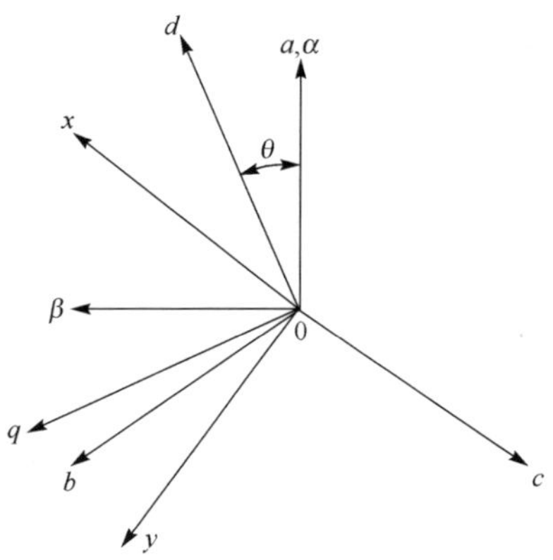

图 5-3 电力系统各种坐标系

用 abc、$dq0$ 和 $\alpha\beta0$ 坐标表示的电磁量各分量之间的变换公式如以下各式所示(以电流变量 i 为例)：

$$\begin{cases} \boldsymbol{i}_{dq0} = \boldsymbol{P}\boldsymbol{i}_{abc} \\ \boldsymbol{i}_{abc} = \boldsymbol{P}^{-1}\boldsymbol{i}_{dq0} \end{cases} \tag{5-7}$$

$$\begin{cases} \boldsymbol{i}_{\alpha\beta0} = \boldsymbol{C}\boldsymbol{i}_{abc} \\ \boldsymbol{i}_{abc} = \boldsymbol{C}^{-1}\boldsymbol{i}_{\alpha\beta0} \end{cases} \tag{5-8}$$

式(5-7)和式(5-8)分别为 Park 变换及其逆变换、Clarke 变换及其逆变换的表达形式，它们对电压和磁链方程同样适用。其中，$\boldsymbol{i}_{dq0}=[i_d, i_q, i_0]^{\mathrm{T}}$，$\boldsymbol{i}_{abc}=[i_a, i_b, i_c]^{\mathrm{T}}$，$\boldsymbol{i}_{\alpha\beta0}=[i_\alpha, i_\beta, i_0]^{\mathrm{T}}$。$\boldsymbol{P}$ 和 $\boldsymbol{C}$ 分别为 Park 变换矩阵和 Clarke 变换矩阵，$\boldsymbol{P}^{-1}$ 和 $\boldsymbol{C}^{-1}$ 是它们的逆变换矩阵，其表达式如下：

$$\boldsymbol{P}=\frac{2}{3}\begin{bmatrix}\cos\theta & \cos(\theta-2\pi/3) & \cos(\theta+2\pi/3)\\ -\sin\theta & -\sin(\theta-2\pi/3) & -\sin(\theta+2\pi/3)\\ 1/2 & 1/2 & 1/2\end{bmatrix} \tag{5-9}$$

$$\boldsymbol{P}^{-1}=\begin{bmatrix}\cos\theta & -\sin\theta & 1\\ \cos(\theta-2\pi/3) & -\sin(\theta-2\pi/3) & 1\\ \cos(\theta+2\pi/3) & -\sin(\theta+2\pi/3) & 1\end{bmatrix} \tag{5-10}$$

$$\boldsymbol{C}=\frac{2}{3}\begin{bmatrix}1 & -\frac{1}{2} & -\frac{1}{2}\\ 0 & \frac{\sqrt{3}}{2} & -\frac{\sqrt{3}}{2}\\ \frac{1}{2} & \frac{1}{2} & \frac{1}{2}\end{bmatrix} \tag{5-11}$$

$$\boldsymbol{C}^{-1}=\begin{bmatrix}1 & 0 & 1\\ -\frac{1}{2} & \frac{\sqrt{3}}{2} & 1\\ -\frac{1}{2} & -\frac{\sqrt{3}}{2} & 1\end{bmatrix} \tag{5-12}$$

变换矩阵 $\boldsymbol{P}$ 中的 θ 为转子 d 轴与定子 a 轴间的角度。比较式(5-9)和式(5-11)或从图 5-3 可发现，$\boldsymbol{C}$ 变换是 $\theta=0$ 时的 $\boldsymbol{P}$ 变换。

5.2.2　同步发电机数学模型

1. 同步发电机的基本方程

同步发电机是电力系统的心脏，主要包括定子和转子两大部分，它是一种集旋转与静止、电磁变化与机械运动于一体，实现电能与机械能变换的元件。它的动态性能十分复杂，并且对全电力系统的动态性能有极大的影响。因此应当对它作深入分析，以便建立用于研究分析电力系统各种物理问题的同步发电机数学模型。发电机的数学模型包括发电机的转子运动方程和电流电压平衡计算、电磁暂态数值计算等发电机基本方程式。其中转子运动方程描述了转子运动的机械暂态过程，而发电机的基本方程则体现了同步发电机电势与机端电压、电流之间的关系，以及各电势在不同情况下的变化规律。这些方程能够实时反映出发电机的空载特性、短路特性和各种负载下不同功率因数时的负载特性等，能够正确地模拟发电机从开机、并网、加减负荷、满负荷运行、解列等整个过程，同时对发电机异常运行也能正确地加以模拟。为了简化分析计算，在实际工程问题的研究中，通常将实际的三相同步发电机作为“理想电机”处理[14]，即做如下假定：

(1)电机磁铁部分的磁导率为常数，既忽略磁滞、磁饱和的影响，也不计涡流及集肤作用等影响。

(2)对纵轴及横轴而言，电机转子在结构上是完全对称的。

(3)定子的3个绕组的位置在空间互相相差120°电角度，3个绕组在结构上完全相同。同时，它们均在气隙中产生正弦分布的磁动势。

(4)定子及转子的槽及通风沟等不影响电机定子和转子的电感，即认为电机的定子及转子具有光滑的表面。

在理想电机的假设下，给出同步发电机在 abc 坐标下的基本方程。正方向的规定：

(1)定子各相绕组轴线的正方向作为各相绕组磁链的正方向。

(2)励磁绕组和直轴阻尼绕组磁链的正方向与 d 轴正方向相同。

(3)交轴阻尼绕组磁链的正方向与 q 轴正方向相同。

(4)定子各相绕组电流产生的磁通方向与各该相绕组轴线的正方向相反时电流为正。

(5)转子各绕组电流产生的磁通方向与 d 轴或 q 轴正方向相同时电流为正。

(6)在定子回路中向负荷侧观察，电压降的正方向与定子电流的正方向一致。

(7)在励磁回路中向励磁绕组侧观察，电压降的正方向与励磁电流的正方向一致。

如图5-4所示，大型汽轮发电机的形式为凸极机，一般采用7绕组形式模拟，即定子上静止的 a、b 和 c 相绕组，d 轴励磁绕组 f 和等值阻尼 D 绕组，q 轴的等效阻尼绕组 g 和 Q。

假设三相绕组电阻相等，$r_a=r_b=r_c=r$ 可列出六个回路的电压方程

$$\begin{bmatrix} u_a \\ u_b \\ u_c \\ u_f \\ 0 \\ 0 \\ 0 \end{bmatrix} = \begin{bmatrix} r & 0 & 0 & 0 & 0 & 0 & 0 \\ 0 & r & 0 & 0 & 0 & 0 & 0 \\ 0 & 0 & r & 0 & 0 & 0 & 0 \\ 0 & 0 & 0 & r_f & 0 & 0 & 0 \\ 0 & 0 & 0 & 0 & r_D & 0 & 0 \\ 0 & 0 & 0 & 0 & 0 & r_g & 0 \\ 0 & 0 & 0 & 0 & 0 & 0 & r_Q \end{bmatrix} \begin{bmatrix} -i_a \\ -i_b \\ -i_c \\ i_f \\ i_D \\ i_g \\ i_Q \end{bmatrix} + \begin{bmatrix} p\psi_a \\ p\psi_b \\ p\psi_c \\ p\psi_f \\ p\psi_D \\ p\psi_g \\ p\psi_Q \end{bmatrix} \tag{5-13}$$

式中，ψ 为各绕组磁链；p 为微分算子。

同步发电机中各绕组磁链是由本身绕组的自感磁链和其他绕组与本身绕组

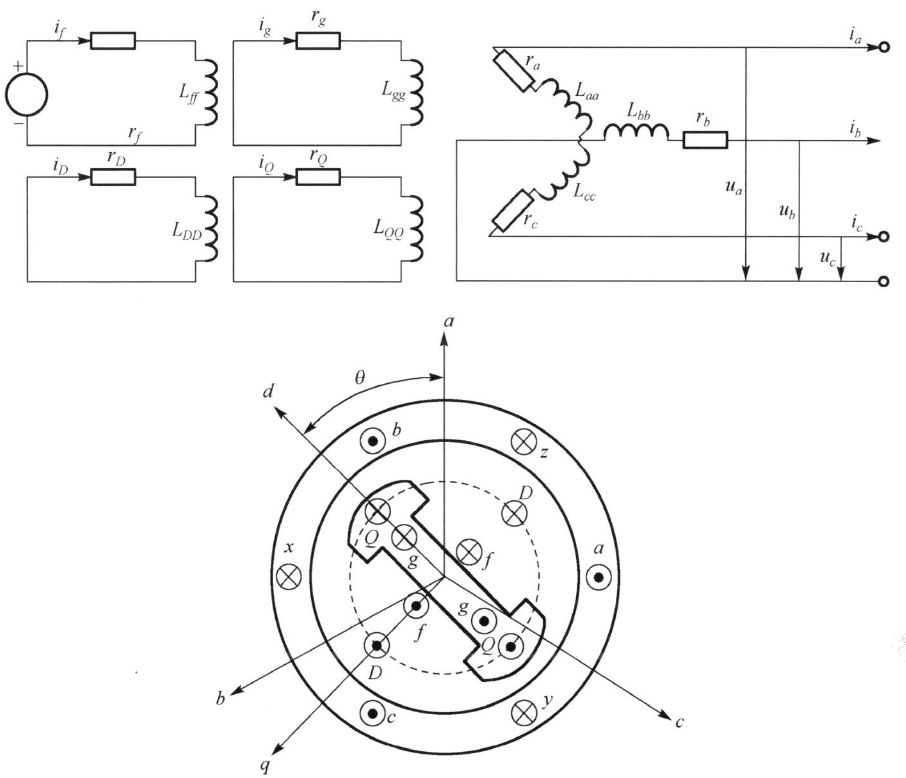

图 5-4　同步发电机各回路电路图和各绕组位置示意图

的互感磁链组合而成，其磁链方程为

$$\begin{bmatrix}\psi_a\\ \psi_b\\ \psi_c\\ \psi_f\\ \psi_D\\ \psi_g\\ \psi_Q\end{bmatrix}=\begin{bmatrix}L_{aa} & M_{ab} & M_{ac} & M_{af} & M_{aD} & M_{ag} & M_{aQ}\\ M_{ba} & L_{bb} & M_{bc} & M_{bf} & M_{bD} & M_{bg} & M_{bQ}\\ M_{ca} & M_{cb} & L_{cc} & M_{cf} & M_{cD} & M_{cg} & M_{cQ}\\ M_{fa} & M_{fb} & M_{fc} & L_{ff} & M_{fD} & M_{fg} & M_{fQ}\\ M_{Da} & M_{Db} & M_{Dc} & M_{Df} & L_{DD} & M_{Dg} & M_{DQ}\\ M_{ga} & M_{gb} & M_{gc} & M_{gf} & M_{gD} & L_{gg} & M_{gQ}\\ M_{Qa} & M_{Qb} & M_{Qc} & M_{Qf} & M_{QD} & M_{Qg} & L_{QQ}\end{bmatrix}\begin{bmatrix}-i_a\\ -i_b\\ -i_c\\ i_f\\ i_D\\ i_g\\ i_Q\end{bmatrix}\tag{5-14}$$

式中，L 为各绕组的自感；M 为互感，两个绕组间的互感是可逆的，即有 $M_{ab}=M_{ba}$ 等。

采用 Park 变换将 abc 坐标系统中的电压和磁链方程转换到 $dq0$ 坐标系，并采用 x_{ad} 基值系统对其进行标幺化，可得标幺值形式下的发电机基本方程为

$$\begin{bmatrix} u_d \\ u_q \\ u_0 \\ u_f \\ 0 \\ 0 \\ 0 \end{bmatrix} = \begin{bmatrix} r & 0 & 0 & 0 & 0 & 0 & 0 \\ 0 & r & 0 & 0 & 0 & 0 & 0 \\ 0 & 0 & r & 0 & 0 & 0 & 0 \\ 0 & 0 & 0 & r_f & 0 & 0 & 0 \\ 0 & 0 & 0 & 0 & r_D & 0 & 0 \\ 0 & 0 & 0 & 0 & 0 & r_g & 0 \\ 0 & 0 & 0 & 0 & 0 & 0 & r_Q \end{bmatrix} \begin{bmatrix} -i_d \\ -i_q \\ -i_0 \\ i_f \\ i_D \\ i_g \\ i_Q \end{bmatrix} + \begin{bmatrix} p\psi_d \\ p\psi_q \\ p\psi_0 \\ p\psi_f \\ p\psi_D \\ p\psi_g \\ p\psi_Q \end{bmatrix} + \begin{bmatrix} -\omega\psi_q \\ \omega\psi_d \\ 0 \\ 0 \\ 0 \\ 0 \\ 0 \end{bmatrix} \tag{5-15}$$

$$\begin{bmatrix} \psi_d \\ \psi_q \\ \psi_0 \\ \psi_f \\ \psi_D \\ \psi_g \\ \psi_Q \end{bmatrix} = \begin{bmatrix} x_d & 0 & 0 & x_{ad} & x_{ad} & 0 & 0 \\ 0 & x_q & 0 & 0 & 0 & x_{aq} & x_{aq} \\ 0 & 0 & x_0 & 0 & 0 & 0 & 0 \\ x_{ad} & 0 & 0 & x_f & x_{fD} & 0 & 0 \\ x_{ad} & 0 & 0 & x_{fD} & x_D & 0 & 0 \\ 0 & x_{aq} & 0 & 0 & 0 & x_g & x_{aq} \\ 0 & x_{aq} & 0 & 0 & 0 & x_{aq} & x_Q \end{bmatrix} \begin{bmatrix} -i_d \\ -i_q \\ -i_0 \\ i_f \\ i_D \\ i_g \\ i_Q \end{bmatrix} \tag{5-16}$$

式(5-15)、(5-16)中的相关变量和参数均为标幺值形式。

将同步发电机的数学模型分为以下几组：

$$\begin{cases} u_d = p\psi_d - \omega\psi_q - ri_d \\ u_q = p\psi_q + \omega\psi_d - ri_q \\ u_0 = p\psi_0 - ri_0 \end{cases} \tag{5-17}$$

$$\begin{cases} u_f = p\psi_f + r_f i_f \\ 0 = p\psi_D + r_D i_D \\ 0 = p\psi_g + r_g i_g \\ 0 = p\psi_Q + r_Q i_Q \end{cases} \tag{5-18}$$

$$\begin{cases} \psi_d = -x_d i_d + x_{ad} i_f + x_{ad} i_D \\ \psi_f = -x_{ad} i_d + x_f i_f + x_{fD} i_D \\ \psi_D = -x_{ad} i_d + x_{fD} i_f + x_D i_D \end{cases} \tag{5-19}$$

$$\begin{cases} \psi_q = -x_q i_q + x_{aq} i_g + x_{aq} i_Q \\ \psi_g = -x_{aq} i_q + x_g i_g + x_{aq} i_Q \\ \psi_Q = -x_{aq} i_q + x_{aq} i_g + x_Q i_Q \end{cases} \tag{5-20}$$

$$\psi_0 = -x_0 i_0 \tag{5-21}$$

式(5-17)中的前两个电压方程构成同步发电机的运行向量图，列式中约定，磁链综合相量 ψ_d、ψ_q的正方向沿 d、q 轴；其他变量的综合相量的 d、q 分量，即电流 i_d、i_q，电势 e_d、e_q和电压 u_d、u_q等的正方向沿$-d$、$-q$ 轴，如图 5-5 所示。

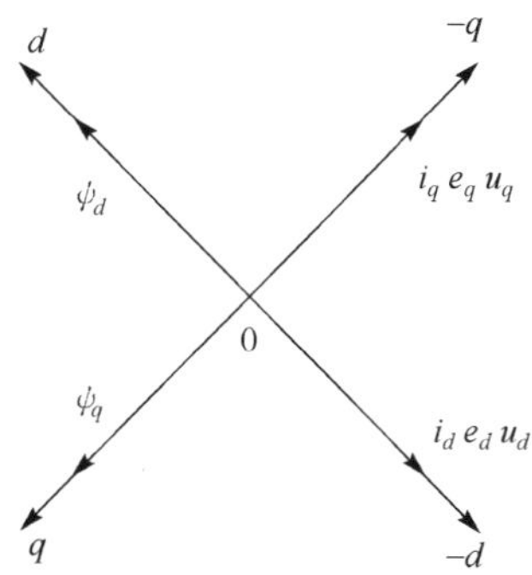

图 5-5　磁链、电流、电势、电压的 d、q 分量的约定正方向

式(5-17)中的前两式为同步发电机 d、q 轴电压方程，可用图 5-6 中的相量图表示。图 5-6 中的 $\omega\psi_d$ 和 $\omega\psi_q$ 为发电机电势，它们在空间分别滞后于磁链 ψ_d 和 ψ_q 为$\frac{\pi}{2}$弧度，把 ψ_q 的发电机电势反向，即为 $-\omega\psi_q$；$p\psi_d$、$p\psi_q$ 为变压器电势，它们在空间分别滞后于磁链 ψ_d 和 ψ_q 为 π 弧度。

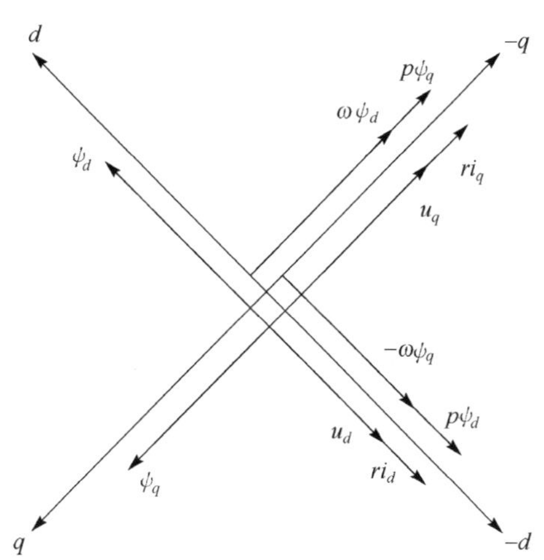

图 5-6　派克方程的相量图表示形式

在一般情况下，图 5-6 所示的相量图，其 d、q 坐标轴的转速不是常数。各变量的 d、q 轴分量，如 $\omega\psi_d$、$\omega\psi_q$、$p\psi_d$、$p\psi_q$、ri_d、ri_q 和 u_d、u_q 等，其数值也不是常数。如图 5-6所示是解除了转速恒定约束和量值恒定约束的相量图。如将各变量的 d、q 轴分量合成，以 $\boldsymbol{i}$ (i_d、i_q的相量和)、$\boldsymbol{\psi}$ (ψ_d、ψ_q的相量和)、$\boldsymbol{e}$ ($\omega\psi_d$、$\omega\psi_q$、$p\psi_d$、$p\psi_q$的相量和)以及 $\boldsymbol{u}$ (u_d、u_q的相量和)表示，在动态过程中，发电机转子和各综合相量 $\boldsymbol{i}$、$\boldsymbol{\psi}$、$\boldsymbol{e}$、$\boldsymbol{u}$ 的转速都不等于常数又各不相等，$\boldsymbol{i}$、$\boldsymbol{\psi}$、$\boldsymbol{e}$、$\boldsymbol{u}$ 等综合相量的模值也不等于常

数;只有在正常稳态运行方式下,这些综合相量的量值都是常数,它们的转速以及发电机转子的转速也都是常数且等于额定转速。

对式(5-17)的前两式或对图 5-6 中的相量图忽略其变压器电势项,则得同步发电机定子的电压方程为

$$\begin{cases} u_d = -\omega\psi_q - ri_d \\ u_q = \omega\psi_d - ri_q \end{cases} \tag{5-22}$$

式(5-22)称为同步发电机定子的准稳态(quasi-steady-state, QSS)模型,图 5-7 为其相量图。

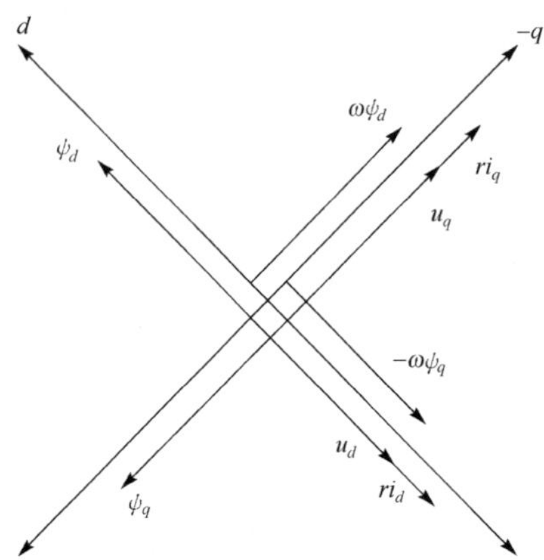

图 5-7　同步发电机定子的准稳态相量图

需要指出的是,发电机出厂说明书上给出的参数(x_σ、x_d、x_q、x_d'、x_d''、x_q''及 T_{d0}'、T_{d0}''、T_{q0}''等)都是实验参数,通过 d 轴和 q 轴的等值电路,可以推导出式(5-18)~式(5-20)中的参数 x_{ad}、x_{aq}、x_f、x_D、x_g、x_Q以及电阻参数 r_f、r_D、r_g、r_Q[15]。

(1) $x_{ad} = x_d - x_\sigma$。

(2) $x_{aq} = x_q - x_\sigma$。

(3)由 $x_d' = x_d - \dfrac{x_{ad}^2}{x_f}$,可求得 $x_f = \dfrac{x_{ad}^2}{x_d - x_d'}$。

(4)由 $x_d'' = x_d' - \dfrac{(x_{ad} \,//\, x_{\sigma f})^2}{(x_{ad} \,//\, x_{\sigma f}) + x_{\sigma D}} = x_d' - \dfrac{(x_d' - x_\sigma)^2}{(x_d' - x_\sigma) + x_{\sigma D}}$,可求得 $x_D = x_{ad} + x_{\sigma D} = x_{ad} + \dfrac{(x_d' - x_\sigma)(x_d'' - x_\sigma)}{(x_d' - x_d'')}$。

(5)由 $x_q' = x_q - \dfrac{x_{aq}^2}{x_g}$,可求得 $x_g = \dfrac{x_{aq}^2}{x_q - x_q'}$。

(6)由 $x_q'' = x_q' - \dfrac{(x_{aq} \,//\, x_{\sigma g})^2}{(x_{aq} \,//\, x_{\sigma g}) + x_{\sigma Q}} = x_q' - \dfrac{(x_q' - x_\sigma)^2}{(x_q' - x_\sigma) + x_{\sigma Q}}$,可求得 $x_Q = x_{aq} + x_{\sigma Q} = x_{aq} + \dfrac{(x_q' - x_\sigma)(x_q'' - x_\sigma)}{(x_q' - x_q'')}$。

(7)由 $T'_{d0}=\dfrac{x_f}{\omega_B r_f}$,可求得 $r_f=\dfrac{x_f}{\omega_B T'_{d0}}$。

(8)由 $T''_{d0}=\dfrac{x_{\sigma D}+(x_{\sigma f}\ /\!/\ x_{ad})}{\omega_B r_D}$,可求得 $r_D=\dfrac{x_D-x_{ad}^2/x_f}{\omega_B T''_{d0}}$。

(9)由 $T'_{q0}=\dfrac{x_g}{\omega_B r_g}$,可求得 $r_g=\dfrac{x_g}{\omega_B T'_{q0}}$。

(10)由 $T''_{q0}=\dfrac{x_{\sigma Q}+(x_{\sigma g}\ /\!/\ x_{aq})}{\omega_B r_Q}$,可求得 $r_Q=\dfrac{x_Q-x_{aq}^2/x_g}{\omega_B T''_{q0}}$。

2. 发电机运行参数初值计算

计算发电机运行参数初值,即计算故障前正常运行方式参数,可以利用图 5-8 中的相量图。在全系统潮流计算完成后,有每一个发电机接点的电压 $\boldsymbol{U}$ 和注入电流 $\boldsymbol{I}$,它们与 xy 参考坐标间的关系如图 5-8 所示。令电压和电流相量的实部和虚部为 e、f 和 r、s,即[16,17]

$$\boldsymbol{U}=e+\mathrm{j}f,\quad \boldsymbol{I}=r+\mathrm{j}s \tag{5-23}$$

则发电机功角 δ 为

$$\delta=\arctan\frac{f+x_q r+Rs}{e+Rr-x_q s} \tag{5-24}$$

式中,R 为发电机定子绕组的电阻。

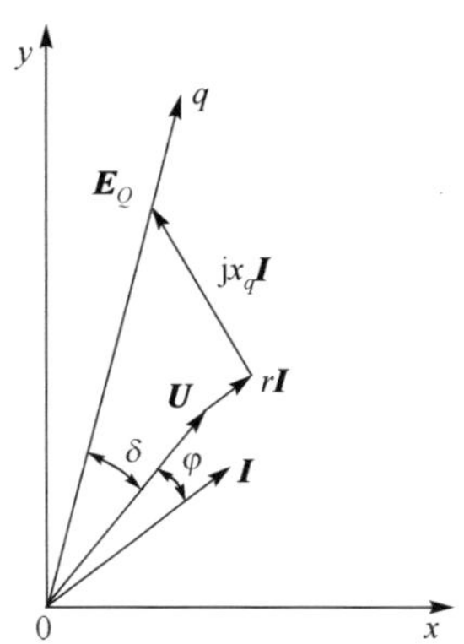

图 5-8 发电机运行参数初值计算

电压、电流的 d、q 轴分量分别为

$$\begin{cases}u_d=\sqrt{e^2+f^2}\sin\delta\\u_q=\sqrt{e^2+f^2}\cos\delta\end{cases} \tag{5-25}$$

$$\begin{cases} i_d = \sqrt{r^2 + s^2}\sin(\delta + \varphi) \\ i_q = \sqrt{r^2 + s^2}\cos(\delta + \varphi) \end{cases} \tag{5-26}$$

对于复杂的电力系统，发电机的功角 δ 常取以额定同步转速旋转的 xy 坐标的实轴，即 x 轴为参考轴。

发电机各转子绕组电流的初值为

$$\begin{cases} i_f = \dfrac{1}{x_{ad}}(u_q + Ri_q + x_d i_d) \\ i_D = 0, i_g = 0, i_Q = 0 \end{cases} \tag{5-27}$$

发电机各绕组磁链的初值可用磁链方程式(5-19)和式(5-20)计算。

3. 发电机的功率方程式和电磁转矩方程式

以 $dq0$ 坐标表示的标幺值形式的功率方程(省略下标 *)为

$$p = u_d i_d + u_q i_q + 2u_0 i_0 \tag{5-28}$$

式中，p 为瞬时功率。

以 $dq0$ 坐标表示的标幺值形式的电磁转矩方程(省略下标 *)为

$$T_e = i_q\psi_d - i_d\psi_q \tag{5-29}$$

5.2.3 励磁系统数学模型

励磁系统起着调节电压、保持发电机端电压或枢纽点电压恒定的作用，并可控制并列运行发电机的无功功率分配，对发电机动态行为有很大影响，可以帮助提高电力系统的稳定极限。励磁系统的附加控制，又称电力系统稳定器可以增强系统的电气阻尼，有的励磁系统还具有附加非连续励磁控制环节[11,18]。同步发电机励磁系统功能结构框图如图 5-9 所示，V_{UEL} 和 V_{OEL} 分别为低励和过励限幅。

根据励磁机类型的不同，总体上可以将励磁系统分为三大类：① 直流励磁系统，它通过直流励磁机供给发电机励磁功率；② 交流励磁系统，它通过交流励磁机及半导体可控或不可控整流供给发电机励磁功率；③ 静态励磁系统，它从机端或电网经变压器取得功率，经可控整流供给发电机励磁功率，其形式通常为自并励(激)的或自复励(激)的。

实际电力系统中，励磁系统特别是电压调节器种类繁多，各不相同，IEEE 推荐了多种励磁调节系统和电力系统稳定器模型。图 5-10 和图 5-11 给出了 IEEE AC1A 型励磁系统和单通道 PSS 的传递函数框图，表 5-1 和表 5-2 给出了它们的一组典型参数。如果读者想了解更多的励磁系统和 PSS 结构，可参考文献[18]。实际 SSO 仿真中，可从电厂或者制造厂获取详细的励磁系统结构和参数。应当指

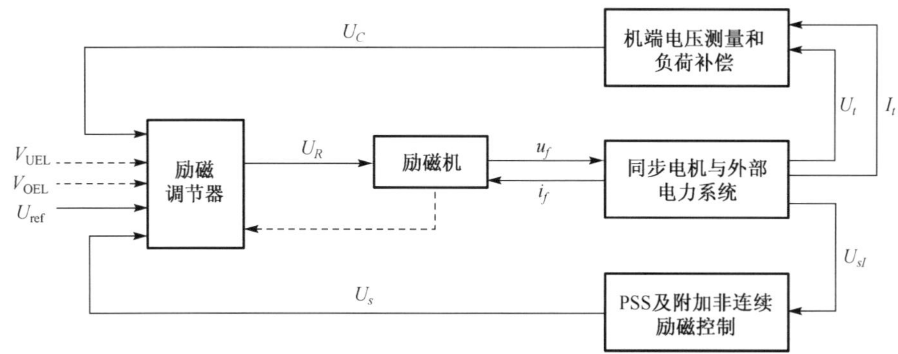

图 5-9　同步发电机励磁系统功能结构框图

出，如果没有准确的励磁系统参数，则不宜采用精细的励磁系统模型，而应当采用较简单的模型并采用较可靠的经验参数，其分析结果更为可靠。

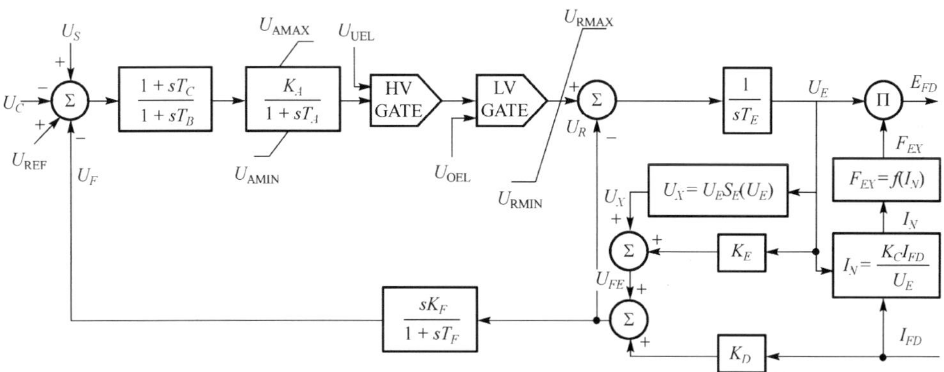

图 5-10　IEEE AC1A 型励磁系统标准模型

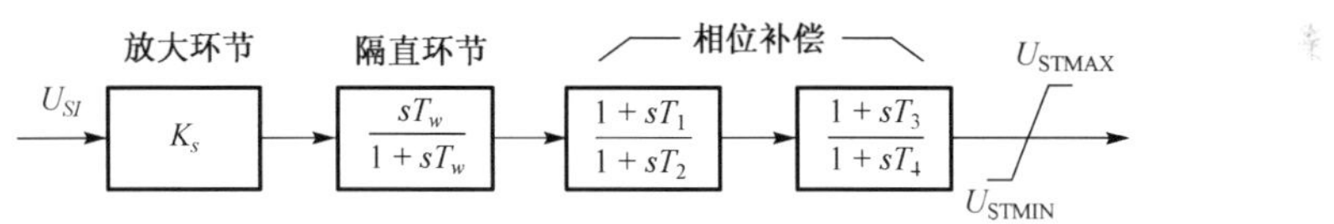

图 5-11　IEEE 单通道 PSS 模型

表 5-1　AC1A 型励磁系统的参数

参数	取值	参数	取值	参数	取值
K_A	400	T_E	0.80	U_{RMAX}	6.03
T_A	0.02	K_D	0.38	U_{RMIN}	−5.43
T_B	0.00	K_E	1.00	$S_E(U_{E1})$	0.10
T_C	0.00	K_C	0.20	U_{E1}	4.18
K_F	0.03	U_{AMAX}	14.5	$S_E(U_{E2})$	0.03
T_F	1.00	U_{AMIN}	−14.5	U_{E2}	3.14

表 5-2 IEEE 单通道 PSS 模型的参数

输入信号	K_s	T_w/s	T_1/s	T_2/s	T_3/s	T_4/s	U_{STMAX}/p. u.	U_{STMIN}/p. u.
$\Delta\omega$	1	10	1.2128	0.0093	1.12128	0.0093	0.1	−0.066
$-\Delta P_e$	0.1	10	0.15	0.01	0	0	0.1	−0.066

5.2.4 汽轮发电机组轴系数学模型

1. 汽轮发电机组轴系简单集中质量模型

理论上来说，机电一体化分析中，轴系可以分成任意多段，而在实际应用中，一般采用 4～6 质量块模型。这里暂将轴系分成 6 段，汽轮发电机组轴系对应的多段集中质量模型可用图 5-12 表示。该系统可用下列二阶常数微分方程组描述：

$$\begin{cases}J_1\ddot{\varphi}_1+d_{11}\dot{\varphi}_1+d_{12}(\dot{\varphi}_1-\dot{\varphi}_2)+k_{12}(\varphi_1-\varphi_2)=T_{m1}\\J_2\ddot{\varphi}_2+d_{22}\dot{\varphi}_2+d_{12}(\dot{\varphi}_2-\dot{\varphi}_1)+d_{23}(\dot{\varphi}_2-\dot{\varphi}_3)+k_{12}(\varphi_2-\varphi_1)+k_{23}(\varphi_2-\varphi_3)=T_{m2}\\J_3\ddot{\varphi}_3+d_{33}\dot{\varphi}_3+d_{23}(\dot{\varphi}_3-\dot{\varphi}_2)+d_{34}(\dot{\varphi}_3-\dot{\varphi}_4)+k_{23}(\varphi_3-\varphi_2)+k_{34}(\varphi_3-\varphi_4)=T_{m3}\\J_4\ddot{\varphi}_4+d_{44}\dot{\varphi}_4+d_{34}(\dot{\varphi}_4-\dot{\varphi}_3)+d_{45}(\dot{\varphi}_4-\dot{\varphi}_5)+k_{34}(\varphi_4-\varphi_3)+k_{45}(\varphi_4-\varphi_5)=T_{m4}\\J_5\ddot{\varphi}_5+d_{55}\dot{\varphi}_5+d_{45}(\dot{\varphi}_5-\dot{\varphi}_4)+d_{56}(\dot{\varphi}_5-\dot{\varphi}_6)+k_{45}(\varphi_5-\varphi_4)+k_{56}(\varphi_5-\varphi_6)=-T_e\\J_6\ddot{\varphi}_6+d_{66}\dot{\varphi}_6+d_{56}(\dot{\varphi}_6-\dot{\varphi}_5)+k_{56}(\varphi_6-\varphi_5)=-T_{ex}\end{cases}\tag{5-30}$$

式中，T_{m1}、T_{m2}、T_{m3}、T_{m4}为汽轮机转动质量块上随时间而变化的外扭矩；T_e为发电机的电磁转矩；T_{ex}为励磁机质量块所受的电磁转矩；J_i为对应集中参数质量的转动惯量($i=1,2,\cdots,6$)；φ_i、$\dot{\varphi}_i$、$\ddot{\varphi}_i$ 为对应集中参数质量(相对与参考坐标)的转角、角速度和角加速度；d_{ii}为对应集中参数质量上所出现的摩擦阻尼系数；$d_{j(j+1)}$为作用在对应轴段(无质量)扭转弹簧上的材料阻尼系数($j=1,2,\cdots,5$)；$k_{j(j+1)}$为对应轴段(无质量)扭转弹簧系数。

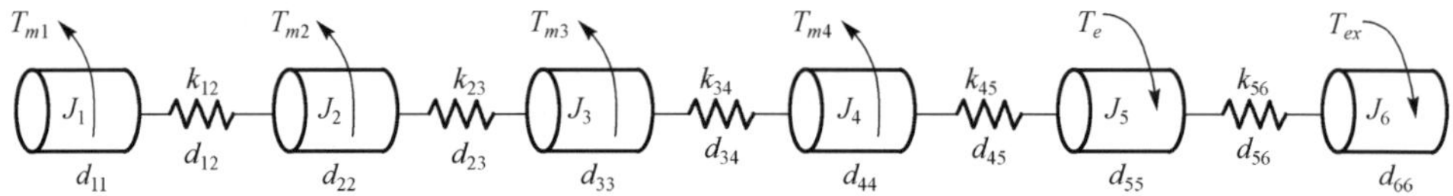

图 5-12 汽轮发电机组轴系简单集中质量模型

当作为输入量的外扭矩以及全部有关参数已知后，解方程(5-30)就可确定各轴段中所出现的交变转矩；再进一步考虑应力集中、表面腐蚀、环境条件等因素的影响后，就可由轴段间的交变扭矩确定各轴段和联轴节处的交变扭应力；最后再计及材料特性以及由扭应力和扭振循环次数等因素所确定的各轴段疲劳寿命损耗后，即可求得各轴段的变形程度并提出相应的运行标准与要求。

轴系模型的阻尼由惯性质量的自阻尼和相邻惯性质量的互阻尼两部分构成。自阻尼主要是蒸汽阻尼和电阻尼，互阻尼主要是材料阻尼。单纯从理论上分析和确定这些阻尼并区分其性质是困难的，一般由试验确定。

2. 机械系统的初值计算

机械系统的初值包括轴系各段的角度 φ、角加速度 ω 和外施力矩 T。假定在 $t=0$ 时发电机处于稳态运行，这时轴系各段的角速度相等，即

$$\omega_1 = \omega_2 = \omega_3 = \omega_4 = \omega_5 = \omega_6 = \omega_0 \tag{5-31}$$

汽轮机原动力矩的总和为 T_m，它在高压缸、中压缸、低压缸 A、低压缸 B 间按一定比例分配。设外力矩在这四个质量块上的分配比例依次为 r_1、r_2、r_3、r_4，则第 i 个质量块上的外力矩为 $T_i=r_iT_m(i\leqslant 4)$，r_1、r_2、r_3、r_4 应满足 $r_1+r_2+r_3+r_4=1$。励磁机转子上的力矩一般忽略不计，即 $T_6=-T_{ex}=0$，发电机转子上的力矩为 $T_5=-T_e$。

稳态运行时，T_{m} 按下式确定：

$$\begin{aligned}\sum T &= T_m - T_e - T_{D1} - T_{D2} - T_{D3} - T_{D4} - T_{D5} - T_{D6} \\ &= T_m - T_e - \sum_{i=1}^{6} D_i\omega_0 = 0\end{aligned}$$

即

$$T_m = T_e + \sum_{i=1}^{6} D_i\omega_0 \tag{5-32}$$

发电机转子角速度 δ(即 φ_5)由电气系统的初值给出。根据 δ 的初值，可进一步计算每一个质量块的初值。为方便起见，先计算相邻两个质量块之间的角速度偏差：

$$\begin{cases}\Delta\varphi_{12} = (T_1 - T_{D1})/k_{12} = (T_1 - D_1\omega_0)/k_{12} \\ \Delta\varphi_{23} = (T_1 + T_2 - D_1\omega_0 - D_2\omega_0)/k_{23} \\ \Delta\varphi_{34} = (T_1 + T_2 + T_3 - D_1\omega_0 - D_2\omega_0 - D_3\omega_0)/k_{34} \\ \Delta\varphi_{45} = (T_1 + T_2 + T_3 + T_4 - D_1\omega_0 - D_2\omega_0 - D_3\omega_0 - D_4\omega_0)/k_{45} \\ \Delta\varphi_{56} = (T_1 + T_2 + T_3 + T_4 + T_5 - D_1\omega_0 - D_2\omega_0 - D_3\omega_0 - D_4\omega_0 - D_5\omega_0)/k_{56}\end{cases} \tag{5-33}$$

并有以下关系：

$$\begin{cases}\varphi_6 = \varphi_5 - \Delta\varphi_{56} = \delta - \Delta\varphi_{56} \\ \varphi_5 = \delta \\ \varphi_4 = \varphi_5 + \Delta\varphi_{45} \\ \varphi_3 = \varphi_4 + \Delta\varphi_{34} \\ \varphi_2 = \varphi_3 + \Delta\varphi_{23} \\ \varphi_1 = \varphi_2 + \Delta\varphi_{12}\end{cases} \tag{5-34}$$

5.2.5 汽轮机及其调速系统数学模型

汽轮机是以一定温度和压力的水蒸气为工质的叶轮式发动机,其动态特性只考虑汽门和喷嘴间的蒸汽惯性引起的蒸汽容积效应。当改变汽门开度时,由于汽门和喷嘴之间存在一定容积的蒸汽,这些蒸汽压力不会立即发生变化,因而作用在汽轮机转子上的输入机械功率也不会立即发生变化,而是经过一个动态过程后达到相应的稳态值。汽轮机输入机械功率响应汽门开度变化的这一动态过程在数学上可以用一个惯性环节来表示[11,15]。

在计及蒸汽容积效应时,汽轮机常采用以下三种动态模型:① 只计及高压蒸汽容积效应的一阶模型;② 计及高压蒸汽、中间再热蒸汽的容积效应的二阶模型;③ 计及高压蒸汽、中间再热蒸汽及低压蒸汽的容积效应的三阶模型。如图 5-13 所示给出了三阶模型的原理图和传递函数框图, 其中,1 为高压缸调节汽室,2 为再热器,3 为中压缸与低压缸之间的跨接管,4 为高压缸,5 为中压缸,6 为低压缸;P_m为汽轮机输出机械功率(标幺值);μ 为汽门开度(标幺值);T_{CH}为高压缸汽室的蒸汽容积时间常数,典型值一般为 0.1～0.4s;T_{RH}为再热器的蒸汽容积时间常数,典型值一般为 4～11s;T_{CO}为跨接管的蒸汽容积时间常数,典型值一般为 0.3～0.5s;f_1、f_2、f_3分别为高、中、低压缸稳态输出功率占总输出功率的百分比。

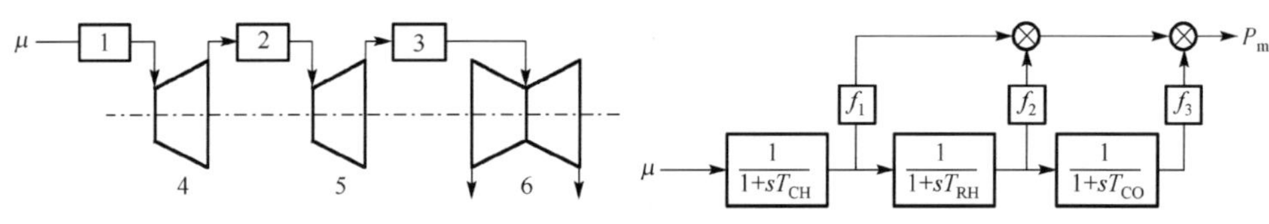

图 5-13 汽轮机三阶数学模型

汽轮机调速器有液压调速器和中间再热机组用的功频电液调速器两种,从功能结构上看,它们都由转速测量及调节器、继动器和液压油动机三部分组成。为了适应中间再热式汽轮机的调节特点,现在大多采用功频电液调速器,它是在液压调速系统的基础上引入了测功单元,进行输出功率反馈,以改善工频调节特性。同时采用 PID 调节器,既可克服中间再热蒸汽容积效应,又有利于保证必要的静态特性,其数学模型的原理框图和传递函数框图如图 5-14 和图 5-15 所示。

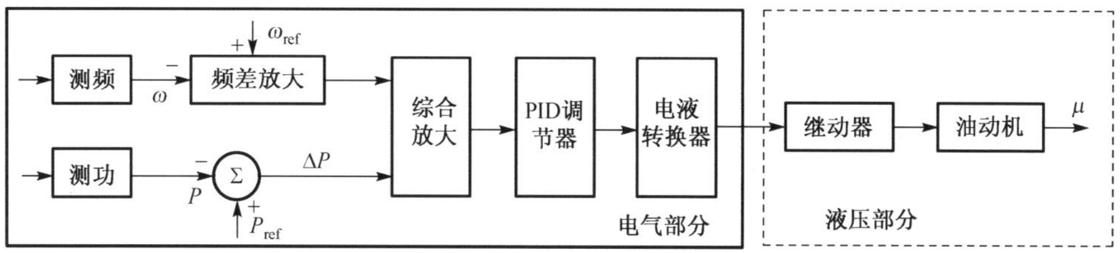

图 5-14　汽轮机功频电液调速器原理框图

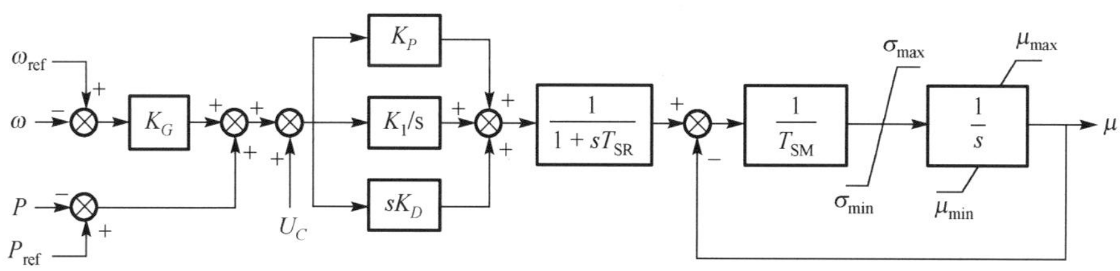

图 5-15　汽轮机功频电液调速器传递函数框图

5.2.6　交流电力网络数学模型

1. 输电线路数学模型

在 SSO 分析中，通常假定输电线路三相对称，并采用集中参数的 π 型等值电路表示，包括具有互感耦合的三相集中参数串联阻抗支路，以及具有相间电场耦合的三相集中参数并联电容支路，如图 5-16 所示，其中，R_s 和 R_m 分别表示串联支路每相自电阻和相间互电阻，L_s 和 L_m 分别表示串联支路每相自电感和相间互电感，C_g 和 C_Δ 分别表示相对地并联电容和相间电容[11,15,17]。

采用集中参数的输电线路串联阻抗支路数学模型可以表示为

$$\boldsymbol{u}_{abc1}-\boldsymbol{u}_{abc2}=\boldsymbol{L}p\,\boldsymbol{i}_{abc}+\boldsymbol{R}\boldsymbol{i}_{abc} \tag{5-35}$$

式中，$\boldsymbol{u}_{abc1}=[u_{a1},\ u_{b1},\ u_{c1}]^{\mathrm{T}}$，$\boldsymbol{u}_{abc2}=[u_{a2},\ u_{b2},\ u_{c2}]^{\mathrm{T}}$，$\boldsymbol{i}_{abc}=[i_a,\ i_b,\ i_c]^{\mathrm{T}}$，$\boldsymbol{L}$ 和 $\boldsymbol{R}$ 分别为串联阻抗支路电感系数矩阵和电阻系数矩阵，其表达式为

$$\boldsymbol{L}=\begin{bmatrix} L_S & L_m & L_m \\ L_m & L_S & L_m \\ L_m & L_m & L_S \end{bmatrix},\quad \boldsymbol{R}=\begin{bmatrix} R_S & R_m & R_m \\ R_m & R_S & R_m \\ R_m & R_m & R_S \end{bmatrix}$$

输电线路并联电容支路的数学模型为

$$\begin{cases} \boldsymbol{i}_{abc1}-\boldsymbol{i}_{abc}=\dfrac{1}{2}\boldsymbol{C}p\boldsymbol{u}_{abc1} \\ \boldsymbol{i}_{abc}-\boldsymbol{i}_{abc2}=\dfrac{1}{2}\boldsymbol{C}p\boldsymbol{u}_{abc2} \end{cases} \tag{5-36}$$

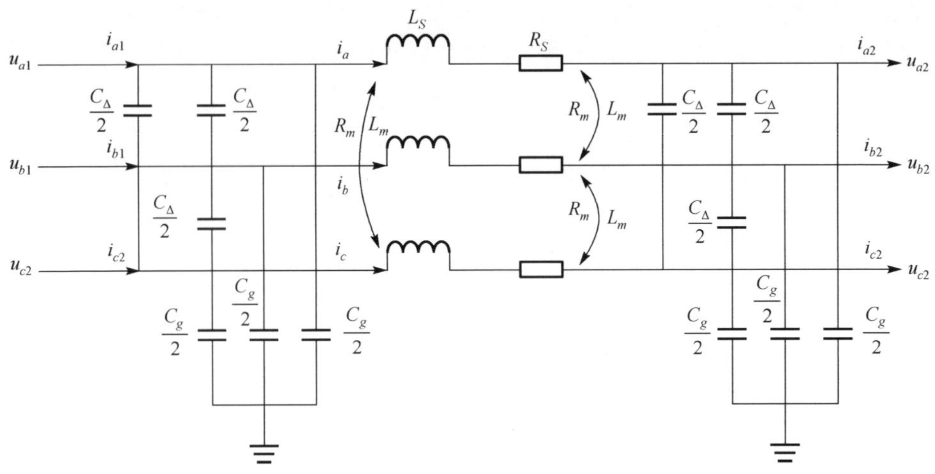

图 5-16　输电线路集中参数等值电路

式中，$\boldsymbol{i}_{abc1}=[i_{a1},\ i_{b1},\ i_{c1}]^{\mathrm{T}}$，$\boldsymbol{i}_{abc2}=[i_{a2},\ i_{b2},\ i_{c2}]^{\mathrm{T}}$分别为输电线路首段和末端三相电流，$\boldsymbol{C}'$为三相电容系数矩阵，其表达式为

$$\boldsymbol{C}'=\begin{bmatrix} C_S & C_m & C_m \\ C_m & C_S & C_m \\ C_m & C_m & C_S \end{bmatrix}$$

式中，$C_S=C_g+2C_\Delta$为单相自电容，$C_m=-C_\Delta$为相间互电容。

以上几种参数输电线路模型是在三相静止 abc 坐标系下给出的，电力系统数字仿真中输电网络方程还常常采用静止的 $\alpha\beta0$ 坐标系表示，采用 Clarke 变换导出 $\alpha\beta0$ 坐标系表示的输电线路数学模型为

$$\boldsymbol{u}_{\alpha\beta01}-\boldsymbol{u}_{\alpha\beta02}=\boldsymbol{L}_{\alpha\beta0}p\boldsymbol{i}_{\alpha\beta0}+\boldsymbol{R}_{\alpha\beta0}\boldsymbol{i}_{\alpha\beta0} \tag{5-37}$$

$$\begin{cases} \boldsymbol{i}_{\alpha\beta01}-\boldsymbol{i}_{\alpha\beta02}=\dfrac{1}{2}\boldsymbol{C}_{\alpha\beta0}p\boldsymbol{u}_{\alpha\beta01} \\ \boldsymbol{i}_{\alpha\beta0}-\boldsymbol{i}_{\alpha\beta02}=\dfrac{1}{2}\boldsymbol{C}_{\alpha\beta0}p\boldsymbol{u}_{\alpha\beta02} \end{cases} \tag{5-38}$$

式中，$\boldsymbol{u}_{\alpha\beta01}=[u_{\alpha1},\ u_{\beta1},\ u_{01}]^{\mathrm{T}}=\boldsymbol{C}\boldsymbol{u}_{abc1}$，$\boldsymbol{u}_{\alpha\beta02}=[u_{\alpha2},\ u_{\beta2},\ u_{02}]^{\mathrm{T}}=\boldsymbol{C}\boldsymbol{u}_{abc2}$，$\boldsymbol{i}_{\alpha\beta0}=[i_\alpha,\ i_\beta,\ i_0]^{\mathrm{T}}=\boldsymbol{C}\boldsymbol{i}_{abc}$，$\boldsymbol{i}_{\alpha\beta01}=[i_{\alpha1},\ i_{\beta1},\ i_{01}]^{\mathrm{T}}=\boldsymbol{C}\boldsymbol{i}_{abc1}$，$\boldsymbol{i}_{\alpha\beta02}=[i_{\alpha2},\ i_{\beta2},\ i_{02}]^{\mathrm{T}}=\boldsymbol{C}\boldsymbol{i}_{abc2}$，均为 abc 坐标系中三相电压、电流经过 Clarke 变换后在 $\alpha\beta0$ 坐标系中的电压、电流分量；$\boldsymbol{L}_{\alpha\beta0}=\mathrm{diag}[L_\alpha, L_\beta, L_0]$，其中 $L_\alpha=L_\beta=L_S-L_m$，$L_0=L_S+2L_m$；$\boldsymbol{C}_{\alpha\beta0}=\mathrm{diag}[C_\alpha, C_\beta, C_0]$，其中 $C_\alpha=C_\beta=C_S-C_m$，$C_0=C_S+2C_m$。

2. 变压器数学模型

当变压器采用 Yn、Y12 或者 dd12 绕组连接方式时，变比 k 为一个实系数，采

用标幺值时，其数值近似等于1.0，这时变压器的等值电路相当于一个没有互感的输电线路串联阻抗支路。如果变压器采用Yn、d11绕组连接方式，由于各侧相电压和相电流之间存在相位移动，变压器原副方各相电压、电流之间将变得复杂一些。因此，首先讨论Yn、d11绕组连接方式下理想变压器的方程式，忽略变压器的励磁支路，并将变压器看作由一个理想变压器和三相阻抗支路两部分组成，简化模型如图5-17所示[19]。

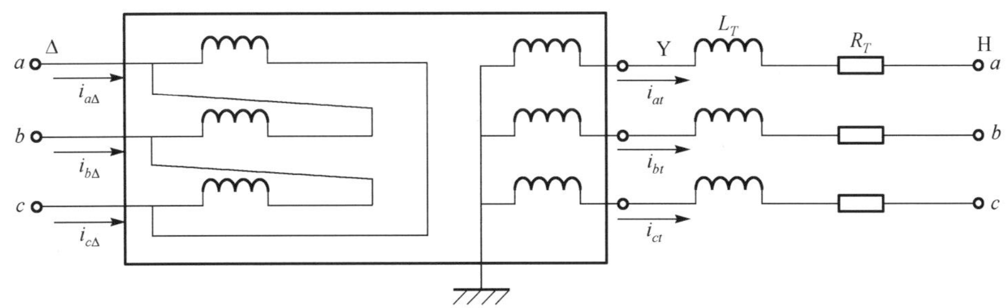

图5-17　Yn、d11变压器等效电路图

根据图5-17，理想变压器两侧的线电流、相电压之间的关系分别为

$$\begin{bmatrix} i_{a\Delta} \\ i_{b\Delta} \\ i_{c\Delta} \end{bmatrix} = \frac{k}{\sqrt{3}} \begin{bmatrix} 1 & -1 & 0 \\ 0 & 1 & -1 \\ -1 & 0 & 1 \end{bmatrix} \begin{bmatrix} i_{a\mathrm{Y}} \\ i_{b\mathrm{Y}} \\ i_{c\mathrm{Y}} \end{bmatrix} \tag{5-39}$$

$$\begin{bmatrix} u_{a\mathrm{Y}} \\ u_{b\mathrm{Y}} \\ u_{c\mathrm{Y}} \end{bmatrix} = \frac{k}{\sqrt{3}} \begin{bmatrix} 1 & 0 & -1 \\ -1 & 1 & 0 \\ 0 & -1 & 1 \end{bmatrix} \begin{bmatrix} u_{a\Delta} \\ u_{b\Delta} \\ u_{c\Delta} \end{bmatrix} \tag{5-40}$$

式中，k为变压器变压比。

三相R_T-L_T阻抗支路方程为

$$\begin{bmatrix} u_{a\mathrm{Y}} - u_{a\mathrm{H}} \\ u_{b\mathrm{Y}} - u_{b\mathrm{H}} \\ u_{c\mathrm{Y}} - u_{c\mathrm{H}} \end{bmatrix} = \begin{bmatrix} R_T & 0 & 0 \\ 0 & R_T & 0 \\ 0 & 0 & R_T \end{bmatrix} \begin{bmatrix} i_{a\mathrm{Y}} \\ i_{b\mathrm{Y}} \\ i_{c\mathrm{Y}} \end{bmatrix} + \begin{bmatrix} L_T & 0 & 0 \\ 0 & L_T & 0 \\ 0 & 0 & L_T \end{bmatrix} \begin{bmatrix} pi_{a\mathrm{Y}} \\ pi_{b\mathrm{Y}} \\ pi_{c\mathrm{Y}} \end{bmatrix} \tag{5-41}$$

式中，R_T、L_T为归算到变压器变压侧的电阻和电感。

将式(5-39)～式(5-41)变换至$\alpha\beta0$坐标系统后，得变压器数学模型为

$$\begin{bmatrix} i_{\alpha\mathrm{Y}} \\ i_{\beta\mathrm{Y}} \end{bmatrix} = \frac{1}{k} \begin{bmatrix} \sqrt{3}/2 & 1/2 \\ -1/2 & \sqrt{3}/2 \end{bmatrix} \begin{bmatrix} i_{\alpha\Delta} \\ i_{\beta\Delta} \end{bmatrix} \tag{5-42}$$

$$\begin{bmatrix} u_{\alpha\Delta} \\ u_{\beta\Delta} \end{bmatrix} = \frac{1}{k} \begin{bmatrix} \sqrt{3}/2 & -1/2 \\ 1/2 & \sqrt{3}/2 \end{bmatrix} \begin{bmatrix} u_{\alpha\mathrm{Y}} \\ u_{\beta\mathrm{Y}} \end{bmatrix} \tag{5-43}$$

$$i_{0\Delta} = 0, \quad u_{0\Delta} = 0, \quad u_{0\mathrm{Y}} = 0 \tag{5-44}$$

$$\begin{bmatrix} u_{\alpha Y}-u_{\alpha H} \\ u_{\beta Y}-u_{\beta H} \\ u_{0Y}-u_{0H} \end{bmatrix}=\begin{bmatrix} R_T & 0 & 0 \\ 0 & R_T & 0 \\ 0 & 0 & R_T \end{bmatrix}\begin{bmatrix} i_{\alpha Y} \\ i_{\beta Y} \\ i_{0Y} \end{bmatrix}+\begin{bmatrix} L_T & 0 & 0 \\ 0 & L_T & 0 \\ 0 & 0 & L_T \end{bmatrix}\begin{bmatrix} pi_{\alpha Y} \\ pi_{\beta Y} \\ pi_{0Y} \end{bmatrix} \tag{5-45}$$

3. 其他网络元件数学模型

输电网络中的串(并)联电容器、并联电抗器、恒定阻抗负荷等可看作是线性的集中参数元件,它们的数学模型分别介绍如下。

(1)串联电容器

串联电容器的等值电路如图 5-18 所示,其在 abc 和 $\alpha\beta0$ 坐标系统中的数学模型表示为

$$\begin{bmatrix} i_a \\ i_b \\ i_c \end{bmatrix}=\begin{bmatrix} C & 0 & 0 \\ 0 & C & 0 \\ 0 & 0 & C \end{bmatrix}\begin{bmatrix} p(u_{aj}-u_{ak}) \\ p(u_{bj}-u_{bk}) \\ p(u_{cj}-u_{ck}) \end{bmatrix} \tag{5-46}$$

$$\begin{bmatrix} i_\alpha \\ i_\beta \\ i_0 \end{bmatrix}=\begin{bmatrix} C & 0 & 0 \\ 0 & C & 0 \\ 0 & 0 & C \end{bmatrix}\begin{bmatrix} p(u_{\alpha j}-u_{\alpha k}) \\ p(u_{\beta j}-u_{\beta k}) \\ p(u_{0j}-u_{0k}) \end{bmatrix} \tag{5-47}$$

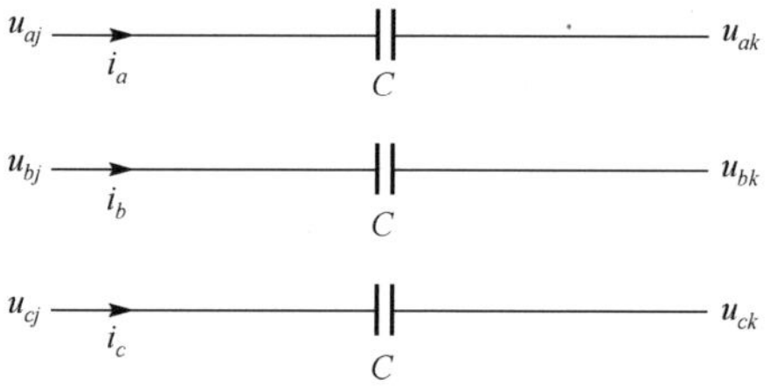

图 5-18　串联电容器支路

(2)并联电抗器

并联电抗器的等值电路如图 5-19 所示,其在 abc 和 $\alpha\beta0$ 坐标系统中的数学模型表示为

$$\begin{bmatrix} u_a \\ u_b \\ u_c \end{bmatrix}=\begin{bmatrix} L+L_g & L_g & L_g \\ L_g & L+L_g & L_g \\ L_g & L_g & L+L_g \end{bmatrix}\begin{bmatrix} pi_a \\ pi_b \\ pi_c \end{bmatrix} \tag{5-48}$$

$$\begin{bmatrix} u_\alpha \\ u_\beta \\ u_0 \end{bmatrix}=\begin{bmatrix} L_\alpha & 0 & 0 \\ 0 & L_\beta & 0 \\ 0 & 0 & L_0 \end{bmatrix}\begin{bmatrix} pi_\alpha \\ pi_\beta \\ pi_0 \end{bmatrix} \tag{5-49}$$

式中,$L_\alpha=L_\beta=L$,$L_0=L+3L_g$。

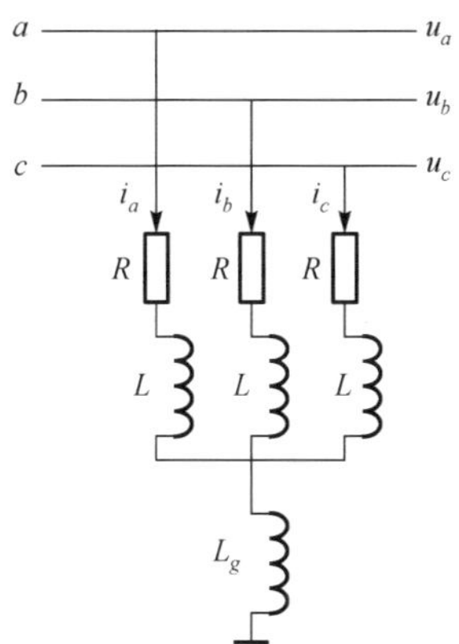

图 5-19 并联电抗器模型

(3)恒定阻抗负荷模型

恒定阻抗负荷的等值电路如图 5-20 所示,其在 abc 和 $\alpha\beta0$ 坐标系统中的数学模型表示为

$$\begin{bmatrix} u_a \\ u_b \\ u_c \end{bmatrix} = \begin{bmatrix} L & 0 & 0 \\ 0 & L & 0 \\ 0 & 0 & L \end{bmatrix} \begin{bmatrix} pi_a \\ pi_b \\ pi_c \end{bmatrix} + \begin{bmatrix} R & 0 & 0 \\ 0 & R & 0 \\ 0 & 0 & R \end{bmatrix} \begin{bmatrix} i_a \\ i_b \\ i_c \end{bmatrix} \tag{5-50}$$

$$\begin{bmatrix} u_\alpha \\ u_\beta \\ u_0 \end{bmatrix} = \begin{bmatrix} L & 0 & 0 \\ 0 & L & 0 \\ 0 & 0 & L \end{bmatrix} \begin{bmatrix} pi_\alpha \\ pi_\beta \\ pi_0 \end{bmatrix} + \begin{bmatrix} R & 0 & 0 \\ 0 & R & 0 \\ 0 & 0 & R \end{bmatrix} \begin{bmatrix} i_\alpha \\ i_\beta \\ i_0 \end{bmatrix} \tag{5-51}$$

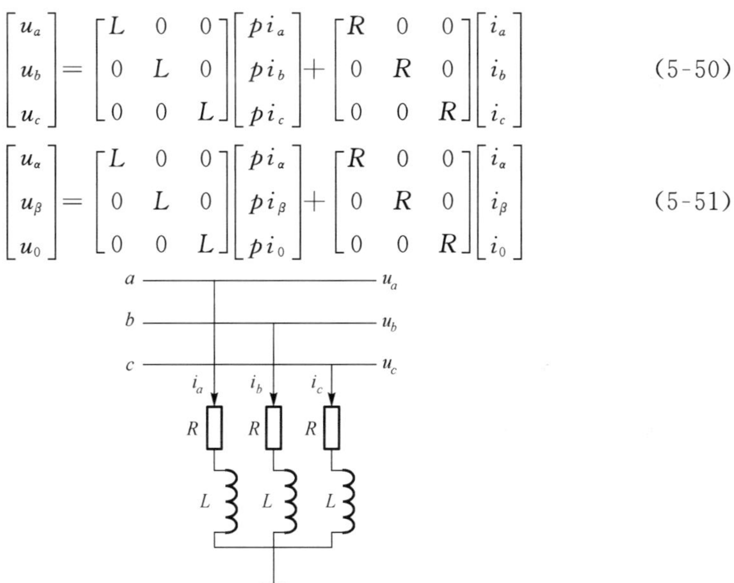

图 5-20 恒定阻抗负荷模型图

5.2.7 故障/操作模型

1. 短路故障模拟

输电线路采用多 π 等值电路模拟,短路型故障可表示为等值电路的电容并联一组故障电阻,其等值电路如图 5-21 所示。

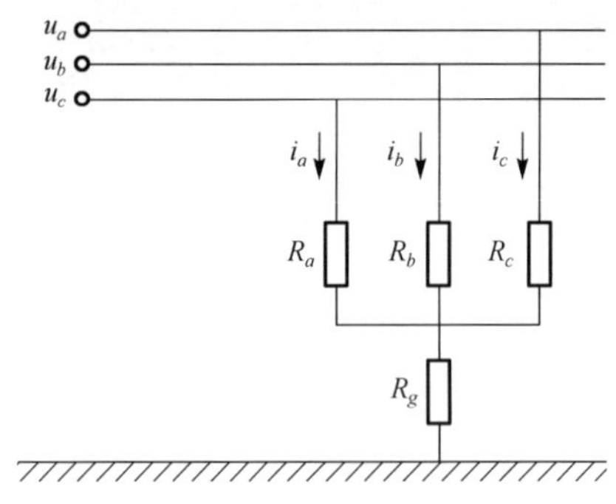

图 5-21　短路故障等值电路

图 5-21 所示的短路故障模型,在 abc 坐标系统下的方程为

$$\boldsymbol{u}_{abc} = \boldsymbol{R}'_{abc}\boldsymbol{i}_{abc} \tag{5-52}$$

其中

$$\boldsymbol{u}_{abc} = [u_a,\ u_b,\ u_c]^{\mathrm{T}},\quad \boldsymbol{i}_{abc} = [i_a,\ i_b,\ i_c]^{\mathrm{T}}$$

$$\boldsymbol{R}'_{abc} = \begin{bmatrix} R_a + R_g & R_g & R_g \\ R_g & R_b + R_g & R_g \\ R_g & R_g & R_c + R_g \end{bmatrix}$$

对于不同类型的短路故障,R_a、R_b、R_c、R_g 可选取不同的数值,将式(5-52)变换至 $\alpha\beta0$ 坐标系统得

$$\boldsymbol{u}_{\alpha\beta0} = \boldsymbol{R}'_{\alpha\beta0}\boldsymbol{i}_{\alpha\beta0} \tag{5-53}$$

式中,$\boldsymbol{R}'_{\alpha\beta0} = \boldsymbol{C}\boldsymbol{R}'_{abc}\boldsymbol{C}^{-1}$,这里的 $\boldsymbol{C}$ 为 Clarke 变换阵。

2. 断线或开关操作模拟

断线故障可通过置线路阻抗为无穷大实现。线路断路器可用一个串联电阻模拟,合闸时电阻取值很小,分闸时电阻取值很大;灭弧过程中,电阻取值一般为几十欧姆至一百欧姆,各种类型的断线或开关操作等值电路模型如图 5-22 所示。

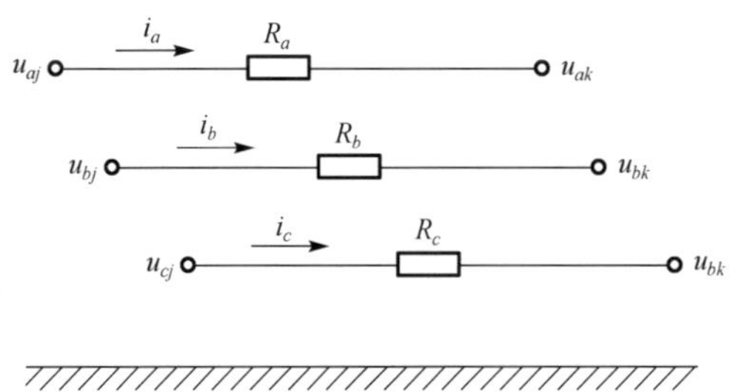

图 5-22　断线或操作等值电路

图 5-22 等值电路在 abc 坐标系统下电压电流的关系为

$$\boldsymbol{u}_{abcj} - \boldsymbol{u}_{abck} = \boldsymbol{R}_{abc}\boldsymbol{i}_{abc} \tag{5-54}$$

式中，$\boldsymbol{u}_{abcj} = [u_{aj}, u_{bj}, u_{cj}]^{\mathrm{T}}$，$\boldsymbol{u}_{abck} = [u_{ak}, u_{bk}, u_{ck}]^{\mathrm{T}}$，$\boldsymbol{i}_{abc} = [i_a, i_b, i_c]^{\mathrm{T}}$，$\boldsymbol{R}_{abc} = \mathrm{diag}[R_a, R_b, R_c]$。

式(5-54)变换至 $\alpha\beta 0$ 坐标系统得

$$\boldsymbol{u}_{\alpha\beta 0j} - \boldsymbol{u}_{\alpha\beta 0k} = \boldsymbol{R}_{\alpha\beta 0}\boldsymbol{i}_{\alpha\beta 0} \tag{5-55}$$

式中，$\boldsymbol{u}_{\alpha\beta 0j} = [u_{\alpha j}, u_{\beta j}, u_{0j}]^{\mathrm{T}}$，$\boldsymbol{u}_{\alpha\beta 0k} = [u_{\alpha k}, u_{\beta k}, u_{0k}]^{\mathrm{T}}$，$\boldsymbol{i}_{\alpha\beta 0} = [i_\alpha, i_\beta, i_0]^{\mathrm{T}}$，$\boldsymbol{R}_{\alpha\beta 0} = \boldsymbol{C}\boldsymbol{R}_{abc}\boldsymbol{C}^{-1}$，这里的 $\boldsymbol{C}$ 为 Clarke 变换阵。

5.2.8　机网接口模型

由于发电机模型方程一般采用 $dq0$ 坐标表示，而电网模型方程采用 $\alpha\beta 0$ 或者 $xy0$ 坐标表示，这两类模型除了在不同的坐标系统描述外，在它们之间还存在变压器的移相作用，因此发电机方程不能直接与电网方程联立求解，必须经过机网接口模型，建立 $dq0$ 坐标与 $\alpha\beta 0$ 或者 $xy0$ 坐标的变换。

如图 5-23 所示，以电流为例，$xy0$ 与 $\alpha\beta 0$ 和 $dq0$ 坐标间的变换公式为

$$\begin{cases} \boldsymbol{i}_{xy0} = \boldsymbol{S}\boldsymbol{i}_{\alpha\beta 0} \\ \boldsymbol{i}_{\alpha\beta 0} = \boldsymbol{S}^{-1}\boldsymbol{i}_{xy0} \end{cases} \tag{5-56}$$

$$\begin{cases} \boldsymbol{i}_{xy0} = \boldsymbol{T}\boldsymbol{i}_{dq0} \\ \boldsymbol{i}_{dq0} = \boldsymbol{T}^{-1}\boldsymbol{i}_{xy0} \end{cases} \tag{5-57}$$

$$\begin{cases} \boldsymbol{i}_{\alpha\beta 0} = \boldsymbol{U}\boldsymbol{i}_{dq0} \\ \boldsymbol{i}_{dq0} = \boldsymbol{U}^{-1}\boldsymbol{i}_{\alpha\beta 0} \end{cases} \tag{5-58}$$

式中，$\boldsymbol{i}_{xy0} = [i_x, i_y, i_0]^{\mathrm{T}}$。

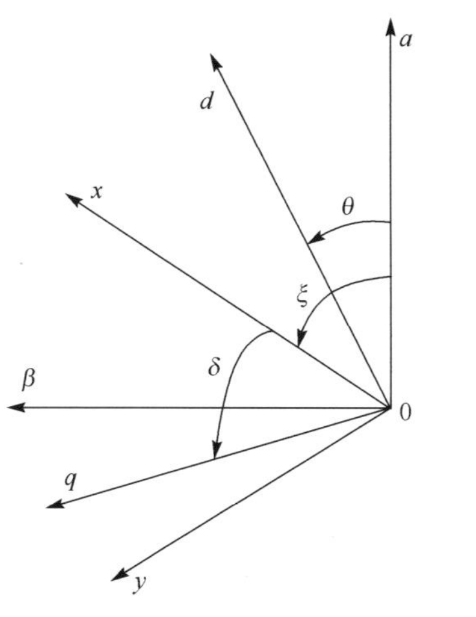

图 5-23　$dq0$，$\alpha\beta 0$ 和 $xy0$ 坐标系统之间的关系

$$\boldsymbol{S}=\begin{bmatrix}\cos\xi & \sin\xi & 0\\ -\sin\xi & \cos\xi & 0\\ 0 & 0 & 1\end{bmatrix} \tag{5-59}$$

$$\boldsymbol{S}^{-1}=\begin{bmatrix}\cos\xi & -\sin\xi & 0\\ \sin\xi & \cos\xi & 0\\ 0 & 0 & 1\end{bmatrix} \tag{5-60}$$

$$\boldsymbol{T}=\begin{bmatrix}\sin\delta & \cos\delta & 0\\ -\cos\delta & \sin\delta & 0\\ 0 & 0 & 1\end{bmatrix} \tag{5-61}$$

$$\boldsymbol{T}^{-1}=\begin{bmatrix}\sin\delta & -\cos\delta & 0\\ \cos\delta & \sin\delta & 0\\ 0 & 0 & 1\end{bmatrix} \tag{5-62}$$

$$\boldsymbol{U}=\begin{bmatrix}\cos\theta & -\sin\theta & 0\\ \sin\theta & \cos\theta & 0\\ 0 & 0 & 1\end{bmatrix} \tag{5-63}$$

$$\boldsymbol{U}^{-1}=\begin{bmatrix}\cos\theta & \sin\theta & 0\\ -\sin\theta & \cos\theta & 0\\ 0 & 0 & 1\end{bmatrix} \tag{5-64}$$

式中，ξ 为 x 轴对 α 轴的角度；δ 为 q 轴对 x 轴的角度。图 5-23 中各个角度间的关系为

$$\xi=\omega_0 t+\xi_0 \tag{5-65}$$

$$\theta=\delta+\xi-\frac{\pi}{2}=\delta+\omega_0 t+\xi_0-\frac{\pi}{2} \tag{5-66}$$

式中，ω_0 为额定转速；ξ_0 为 $t=0$ 时的 ξ。

利用上述坐标变换，可以将发电机端口方程转换到 $\alpha\beta0$ 坐标系，从而与网络方程联立，求解包含机端电压变量在内的各节点电压。或者将发电机端口方程式和网络方程式转换到同步旋转坐标系 $xy0$ 中，然后联立求解节点电压。这一变换过程就是机网接口模型变换。

上述坐标变换中，要用到角度 δ，$\delta(t)$是时间的函数。当仿真计算到某一时刻 t，在电气系统变量尚未求得之前，$\delta(t)$属于未知量，发电机数学模型中的 $\omega(t)$也存在类似问题。在理论上，将电气方程与发电机转子运动方程联立求解，才能确定全系统的状态，但在实际中很难这样处理。在时域仿真中，为解决这一问题，可采用近似方法，主要有下述几个要点。

(1)首先对 $\delta(t)$进行预测，预测公式有多种，若用抛物线公式预测，则其预测值为

$$\begin{cases}\hat{\delta}(t)=3\delta(t-\Delta t)-3\delta(t-2\Delta t)+\delta(t-3\Delta t)\\ \hat{\omega}(t)=3\omega(t-\Delta t)-3\omega(t-2\Delta t)+\omega(t-3\Delta t)\end{cases}\tag{5-67}$$

式中，$\hat{\delta}(t)$、$\hat{\omega}(t)$ 为 $\delta(t)$、$\omega(t)$的预测值。

由于发电机转子的机械惯性一般比较大，而仿真步长取得较小，故上述公式的精度是较高的。如果对仿真精度没有过高的要求，可简单地取时段始端的变量为时段末的预测值，即

$$\begin{cases}\hat{\delta}(t)=\delta(t-\Delta t)\\ \hat{\omega}(t)=\omega(t-\Delta t)\end{cases}\tag{5-68}$$

(2)用预测所得的 $\hat{\delta}(t)$、$\hat{\omega}(t)$ 代入由各元件模型差分化得到的电气系统的差分方程组中，求解电气系统各节点的电压，并将其代入有关方程，求出发电机所有内部变量。

(3)计算 $T_e(t)$、$T_e(t-\Delta t)$，并代入机械系统方程，求解机械系统的方程组，得 $\delta(t)$、$\omega(t)$。

(4)将 $\delta(t)$、$\omega(t)$与预测值 $\hat{\delta}(t)$、$\hat{\omega}(t)$ 比较，若其误差小于某一规定微小值 ε_δ、ε_ω，即

$$\begin{cases}\left|\hat{\delta}(t)-\delta(t)\right|<\varepsilon_\delta\\ \left|\hat{\omega}(t)-\omega(t)\right|<\varepsilon_\omega\end{cases}\tag{5-69}$$

则认为 $\delta(t)$、$\omega(t)$为准确值；否则应以 $\delta(t)$、$\omega(t)$代替 $\hat{\delta}(t)$、$\hat{\omega}(t)$，重复步骤(2)、(3)，直至满足式(5-69)规定的计算精度要求为止。式(5-69)中的 ε_δ、ε_ω 由仿真步长和对精度的要求确定；步长越小或对精度要求越高，ε_δ、ε_ω 就越小。

近似过程可用图 5-24 示意。

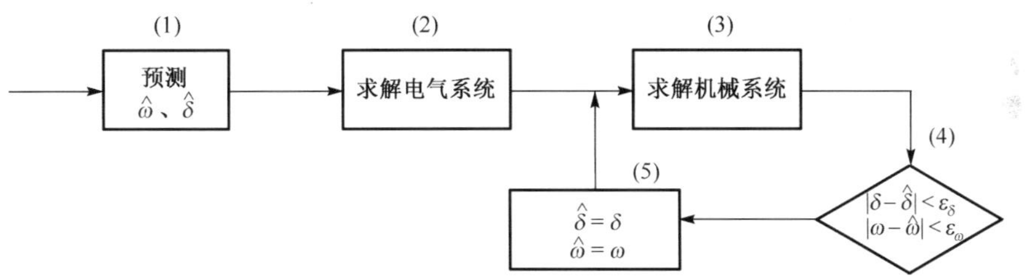

图 5-24　电气-机械系统迭代求解过程

实际计算表明，当步长 $\Delta t\leqslant 0.001$s 时，不执行图 5-24 中的(4)、(5)两个环节，对计算结果几乎没有影响。

5.2.9　高压直流输电系统的数学模型

如图 5-25 所示为两端高压直流输电系统的原理接线图，包括两端换流站和直

流输电线路。换流站由换流变压器 T_R、T_I，换流桥 B_R、B_I，平波电抗器 L_R、L_I和直流滤波器 F_{dR}、F_{dI}等元件组成。图中只画出了高压直流输电系统的一极。这里主要讨论以下元件数学模型的建立：换流器模型、直流输电线/网络的模型以及调节系统的数学模型[11]。

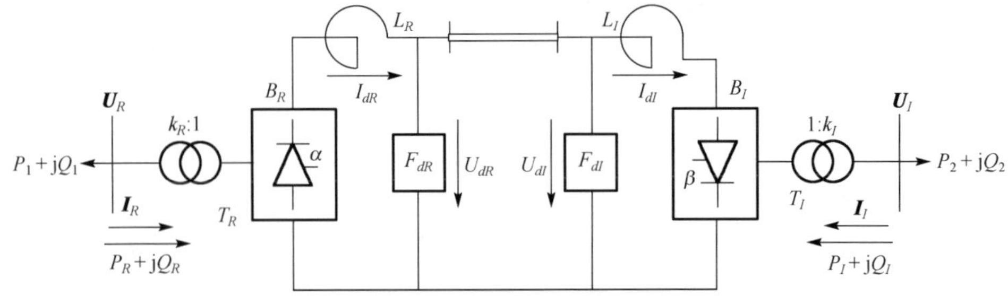

图 5-25 高压直流输电系统

1. 换流器的数学模型

1)整流器的稳态方程

$$\begin{cases}U_{dR}=U_{dR0}\cos\alpha-R_{cR}I_{dR}=U_{dR0}[\cos\alpha+\cos(\alpha+\gamma_R)]/2\\U_{dR0}=U_R/n_R,n_R=\dfrac{\pi}{3\sqrt{2}}k_R,R_{cR}=\dfrac{\pi}{3}X_R\end{cases}\tag{5-70}$$

式中，U_R为整流侧交流母线线电压的有效值；k_R为整流变压器的变比；R_{cR}为等值换相电阻；X_R为换相电抗。

不计换流器损耗时，整流器交流侧的功率、基波电流和功率因数之间的关系为

$$\begin{cases}P_R=U_{dR}I_{dR}=\sqrt{3}U_RI_{R(1)}\cos\varphi_{R(1)},Q_R=\sqrt{3}U_RI_{R(1)}\sin\varphi_{R(1)}\\I_{R(1)}=\dfrac{\sqrt{6}}{\pi}\dfrac{I_{dR}}{k_R},\cos\varphi_{R(1)}\approx\dfrac{1}{2}[\cos\alpha+\cos(\alpha+\gamma_R)]\approx\dfrac{U_{dR}}{U_{dR0}}\end{cases}\tag{5-71}$$

2)逆变器的稳态方程

与整流器相对应，对于逆变器有

$$\begin{cases}U_{dI}=U_{dI0}\cos\delta-R_{cI}I_{dI}=U_{dI0}\cos\beta+R_{cI}I_{dI}=U_{dI0}[\cos\delta+\cos(\alpha+\gamma_I)]/2\\U_{dI0}=U_I/n_I,n_I=\dfrac{\pi}{3\sqrt{2}}k_I,\ R_{cI}=\dfrac{3}{\pi}X_I\end{cases}\tag{5-72}$$

$$\begin{cases}P_I=-U_{dI}I_{dI}=-\sqrt{3}U_II_{I(1)}\cos\varphi_{I(1)},Q_I=\sqrt{3}U_II_{I(1)}\sin\varphi_{I(1)}\\I_{I(1)}=\dfrac{\sqrt{6}}{\pi}\dfrac{I_{dI}}{k_I},\cos\varphi_{I(1)}\approx\dfrac{1}{2}[\cos\delta+\cos(\delta+\gamma_I)]\approx\dfrac{U_{dI}}{U_{dI0}}\end{cases}\tag{5-73}$$

式中，$\beta=\delta+\gamma_I$。

在计算整个直流输电系统中的电压、电流和功率时,应考虑到两极和每极下可能有多个换流桥的情况。

2. 直流输电线路的数学模型

当不考虑输电线路波过程时,可采用分段集中参数的 T 型或者 π 型等值电路组成链接电路,以模拟直流输电线路,从而得到微分方程式,必要时还应该考虑直流侧滤波器和两端的平波电抗器的动态过程。

3. 调节系统的数学模型

调节系统是实现和控制直流输电系统传输功率的关键环节,其工作特性直接影响到直流输电系统的运行特性。整流侧常用的基本调节方式有定电流调节和定功率调节,逆变侧基本的调节方式有定电压调节和定熄弧角调节,如图 5-26 所示。为了获得良好的运行特性,整流器的调节特性必须和逆变侧的调节特性相配合。

1)定电流调节方式

定电流调节方式下,将直流互感器测量到的输出直流电流 I_d 与电流给定值 $I_{\rm dref}$ 进行比较,所得的误差信号经过 PI 调节器后,作用于移相控制电路以改变换流器的触发延迟角,实现定电流调节的作用,其控制框图如图 5-26(a)所示。

2)定功率调节方式

定功率调节方式下,先将测量到的直流电流与电压相乘得到直流传输功率 P_d(或者取交流侧有功功率),再将直流传输功率与传输功率给定值进行比较,所得误差信号经转换放大后,作用于定电流调节器,实现定功率调节,其控制框图如图 5-26(b)所示。直流输电系统用作长距离输电或者区域系统联络线时,常常要求按计划传输功率,此时,通常还会附加功率调节装置,以便精确迅速地调节所传输的功率。

3)定电压调节方式

定电压调节方式与定电流调节方式类似,将测量电压 U_d 与给定值 $U_{\rm dref}$ 比较,所得误差信号经放大后,对逆变器进行移相控制,改变逆变器的触发越前角 β,其控制框图如图 5-26(c)所示。

4)定熄弧角调节方式

定熄弧角调节方式下,将测量得到的熄弧角 δ 与给定熄弧角 $\delta_{\rm ref}$ 比较,所得误差信号经放大后,对逆变器进行移相控制,改变逆变器的触发越前角 β,其控制框图如图 5-26(d)所示。由于无法直接测量熄弧角,通常只能通过阀电压和阀电流过零点的时间间隔间接获得。

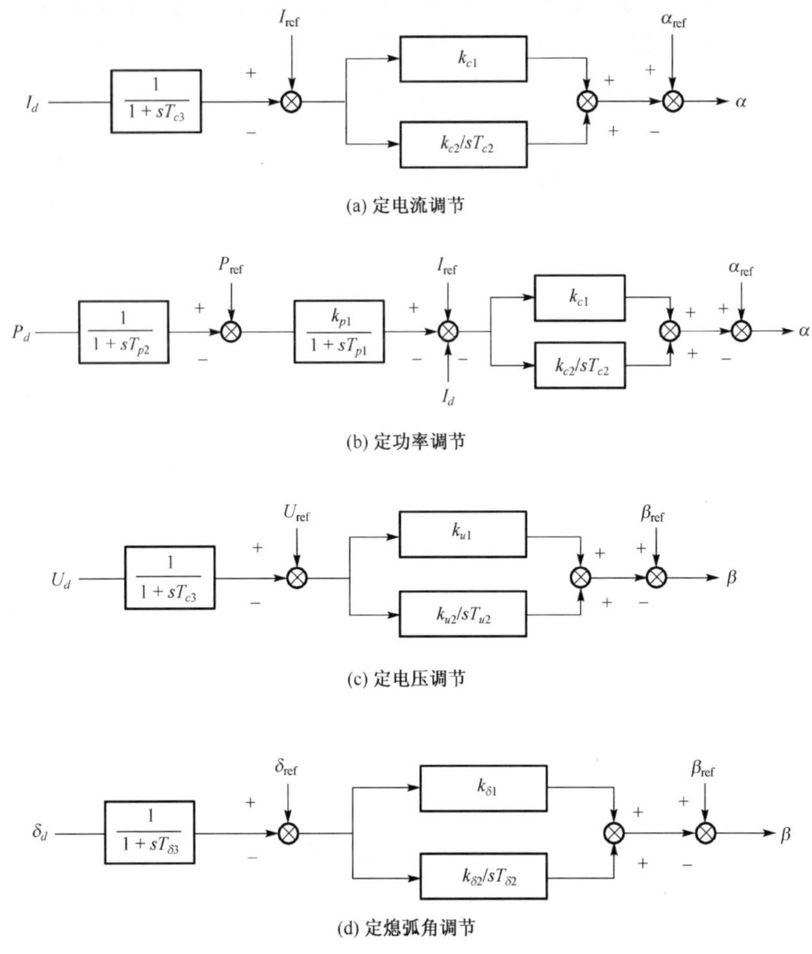

(a) 定电流调节

(b) 定功率调节

(c) 定电压调节

(d) 定熄弧角调节

图 5-26　直流输电系统调节系统的传递函数框图

需要指出的是，除了上述基本调节方式外，直流输电系统还常常附加限制措施。如为了保证系统的正常运行，在整流侧附加最小触发延迟角控制，在逆变器侧附加最小熄弧角控制。有时为了利用直流系统的快速功率调节特性来改善整个交直流输电系统的运行特性，在换流器的调节器中，引入某些附加控制信号。对于这些附加控制功能，在某些情况下可能需要根据具体的对象建立更为详细的数学模型。

5.3　次同步振荡的主要分析方法

次同步振荡分析的任务主要是确定 SSO 振荡模式是否稳定和分析扭振对轴系安全的影响，即稳定性分析和暂态扭矩响应分析。对交、直流系统引起的 SSO

问题通常有如下几种分析方法：频率扫描法和机组作用系数法(unit interaction factor，UIF)、时域仿真法、特征值分析法和复转矩系数法。对 SSO 的分析一般可分为两步进行：第一步用筛选法(频率扫描法和 UIF)筛选出需要进行 SSO 研究的机组，通常在规划阶段进行；第二步，取得详细参数的情况下，用其他方法进一步研究，提出和校核可能的预防及控制措施。

5.3.1　频率扫描法

频率扫描法是用于分析串联电容补偿引起的 SSR 的一种筛选方法，是一种近似的线性方法，用该方法可以筛选出具有潜在 SSR 问题的系统条件，同时可以确认不对 SSR 问题起作用的系统部分。需要注意的是，该方法仅能分析可能性，系统是否会发生 SSR 还要结合系统的电气阻尼和机械阻尼的情况。

频率扫描分析法的具体做法为：将待研究的相关系统用正序网来模拟；待研究的发电机之外的网络中的其他发电机用次暂态电抗等值电路来模拟；待研究的发电机用图 5-27 中的左半部分来模拟，其中的电阻和电感随频率而变化。频率扫描法针对某一特定的频率，计算从待研究的发电机转子后向系统侧看进去的等效阻抗，即从图 5-27 的端口 N 向系统侧看进去的等值阻抗，通常称该等值阻抗为 SSR 等值阻抗[20,21]。

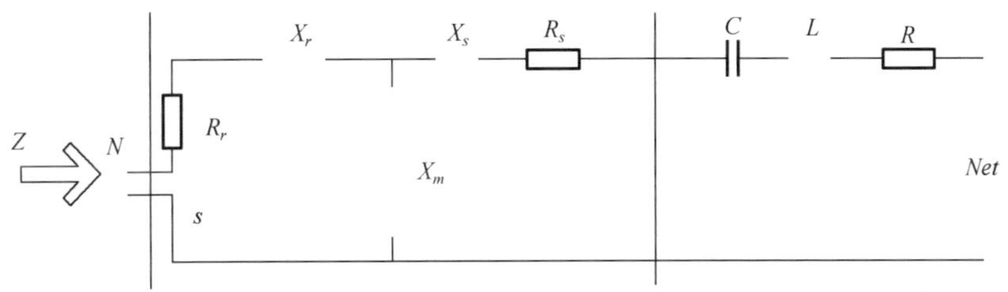

图 5-27　异步发电机效应的等值电路

频率扫描法计算的结果可以得到两条曲线，一条是 SSR 等值阻抗的实部(SSR 等值电阻)随频率而变化的曲线，另一条是 SSR 等值阻抗的虚部(SSR 等值电抗)随频率而变化的曲线。根据这两条曲线，可对 SSR 的三个方面问题(即感应发电机效应、机电扭振互作用和暂态力矩放大作用)作出初步的估计。

1. 感应发电机效应

如果等值电抗过零或者接近于零时所对应的频率的等值电阻 R 为负，则存在感应发电机效应；否则，就不存在。而等值电阻负值的大小则决定着电气振荡发散的速度，该电气谐振并不一定会引起轴系的负阻尼振荡，但由此谐振产生的过电压、过电流可能会危害电气设备。感应发电机效应只涉及电气部分,它可以发生在任何频率下。并且,此效应并不是只发生在待研究机组内,系统内的所有发电机都会产生该效应,各发电机受影响的程度和系统等值电阻的大小、与系统电气距离的远近以及其自身阻尼系数的大小有关。

2. 机电扭振互作用

如果已经知道机组机械系统的参数(如固有扭振频率及其固有机械阻尼),则采用频率扫描法还能对机电扭振互作用及暂态力矩放大作用进行分析。当根据阻抗频率曲线获得的电气谐振频率与机组的某一模态频率互补时,就会发生该模态频率下的机电扭振互作用。如果该模态下轴系呈弱阻尼状态,就有可能发生 SSR。

3. 暂态扭矩放大作用

暂态扭矩放大作用一般发生在系统受到大干扰之后。根据阻抗频率曲线,当电抗极小值对应的电气频率 f_e等于或者接近于机组某一个模态频率的互补量时,就可能存在暂态扭矩放大作用。该作用的严重程度与电抗跌落率(DIP,即电抗频率曲线中相邻的极大值和极小值之差与极大值的比值)和 f_e距离机组模态互补频率的远近有关。经验表明,f_e与机组的模态互补频率相差在±3Hz 以内且 DIP 不小于 5%时,系统可能会发生暂态扭矩放大作用。在这种情况下,就应该用 EMTP 等仿真程序作进一步的研究。

SSR 的分析通常从频率扫描开始,因为它是一种最省力有效的方法。利用频率扫描程序分析多种系统结构和多种串联补偿度的 SSR 问题所需要的成本比采用其他模型要低得多。对用频率扫描法已确认的 SSR 问题,其严重程度还需要通过其他模型来加以校核。

5.3.2 机组作用系数法

对于一个已规划好的直流输电系统,估计其是否存在 SSO 问题,相对来说比较简单。IEC919-3 标准提供了一种定量的筛选工具[22],用来表征发电机组与直流输电系统相互作用的强弱,相应的方法称为机组作用系数法。

直流输电系统整流站与第 i 台发电机组之间相互作用的程度可表示为

$$\mathrm{UIF}_i = \frac{S_{\mathrm{HVDC}}}{S_i}\left(1 - \frac{SC_i}{S_{\mathrm{total}}}\right)^2 \tag{5-74}$$

式中,UIF_i 为第 i 个发电机组的作用系数;S_{HVDC} 为直流输电系统的额定容量(MW);S_i为第 i 台发电机组的额定容量(MVA);SC_i为直流输电系统整流站交流母线上的三相短路容量(MVA),在计算该短路容量时,不包括第 i 台发电机组的贡献,同时也不包括滤波器的作用;S_{total} 为直流输电系统整流站交流母线上包括第 i 台发电机组贡献的三相短路容量,同样,计算该短路容量时,不包括交流滤波器的作用。

UIF 法的判别准则为:若 $\text{UIF}_i<0.1$,则可以认为第 i 台发电机组与直流输电系统之间没有显著的相互作用,不需要对次同步问题作进一步的研究。由式(5-74)可以看出,若 $SC_i \approx S_{\text{total}}$,则,随着

$$\left(1-\frac{SC_i}{S_{\text{total}}}\right)^2 \to 0 \tag{5-75}$$

有

$$\text{UIF}_i \to 0 \tag{5-76}$$

根据短路电流水平研究的经验知道,当某机组离整流站的电气距离很远时,$SC_i \approx S_{\text{total}}$;当交流系统联系紧密且系统容量很大时,也有 $SC_i \approx S_{\text{total}}$。

UIF 法所需要的原始数据很少,不需要发电机组的轴系参数,也不需要知道 HVDC 控制系统的具体结构,因此简单而有效,适合于 SSO 初期研究。

5.3.3　时域仿真分析法

所谓时域仿真法就是用合适的数值积分方法(如隐式梯形法、后退欧拉法、龙格库塔法等)一步一步地求解描述整个系统的微分方程组。该方法采用的数学模型可以是线性的,也可以是非线性的;网络元件可以采用集中参数模型,也可采用分布参数模型;发电机组轴系的弹簧-质量块可以划分得更细,甚至可以采用分布参数模型。这种方法可以详细地模拟发电机、系统控制器以及系统故障、开关动作等各种网络操作。时域仿真法既可用于大扰动下 SSO 的研究,也可用于小扰动下 SSO 的研究,它是研究暂态扭矩放大作用的基本工具,其仿真流程图如图 5-28 所示,大体流程如下[11,17]。

(1)输入原始数据。包括正序网络参数;发电机有功功率、无功功率或电压,负荷有功功率、无功功率或电压;零序网络参数;发电机及其调节系统参数,轴系参数,故障、操作信息等。

(2)潮流及初值计算。主要包括:计算系统潮流,得到节点电压和各发电机、负荷功率;根据潮流计算结果求各节点电压和各支路电流的 α、β 分量;计算发电机、机械系统及其调节系统的内部变量初值;形成发电机、机械系统、调节系统及网络各元件的差分方程,并将相关系数和电导存入数组。

(3)形成伴随导纳矩阵。

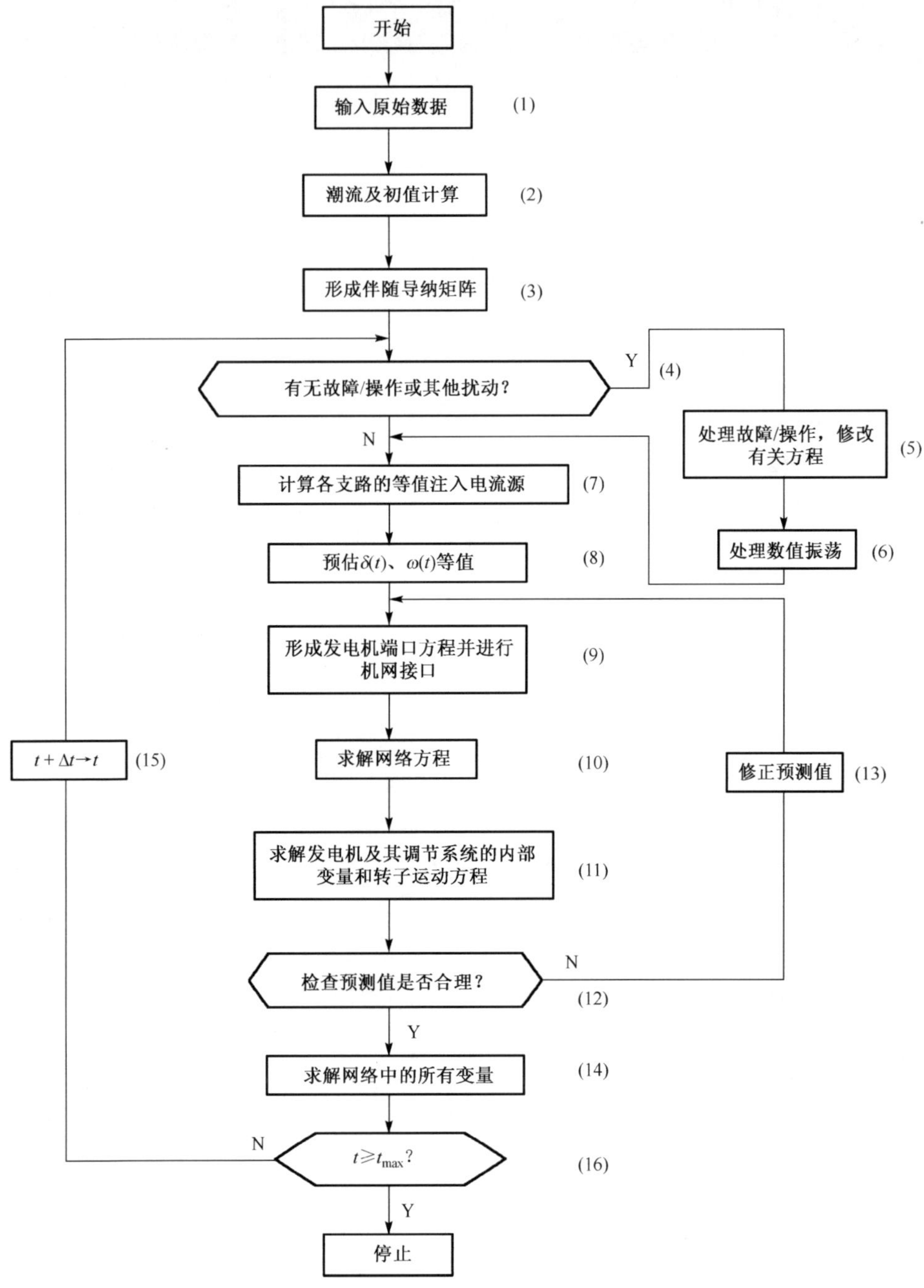

图 5-28 SSO 时域仿真流程

(4)判别当前时刻有无故障、操作以及其他各种形式的扰动。

(5)处理故障/操作或其他扰动。对于短路故障,应在短路点接入对地或相间电导,即修改伴随导纳矩阵中对应于该节点的自导纳子块;对于断路器操作,应修改与被操作支路相对应的节点自导纳、互导纳子块。

(6)处理数值振荡问题。

(7)计算各支路的等值注入电流源。这时应注意区分正常情况下的计算和处理数值振荡时的计算。

(8)预估$\delta(t)$、$\omega(t)$。如果发电机带有励磁调节系统和调速系统,则还需估计$E_{FD}(t)$和$T_m(t)$等变量。

(9)形成发电机端口方程,进行机网接口。

(10)求解网络方程。

(11)求解发电机及其调节系统的内部变量和转子运动方程。发电机内部变量指定子、转子各绕组的电压、电流和磁链,调节系统指励磁调节系统、调速系统、电力系统稳定器和汽轮发电机组快关装置等,其内部变量为其传递函数框图中各环节的变量。

(12)校核预测值。将解算所得变量与其预测值进行比较,校核误差是否在允许的范围之内。如果对计算精度没有特别的要求,可以不校核误差而直接进入下一步仿真计算。

(13)修正预测值。可以用新解算出来的$\delta(t)$、$\omega(t)$、$E_{FD}(t)$和$T_m(t)$代替原来的预测值。

(14)求解网络中所有的变量。主要指各支路的电流,包括α、β网络支路和零序网络支路、对地支路和互联支路。这些变量在后续仿真中将用于计算各元件的等值电流源。

(15)$t+\Delta t\rightarrow t$,将时间推进一个步长Δt。注意:如采用后退欧拉法消除数值振荡时,只推进$\Delta t/2$。

(16)检查$t\geqslant t_{max}$?判断仿真时间是否达到规定值。

时域仿真法可以可靠地分析任意复杂的非线性设备,可以进行各种操作和故障引起的SSO暂态仿真,计算结论的可靠性在提出的几种方法中是最高的。主要缺点是物理概念不够清晰,只能确定各变量随时间的变化轨迹,却忽略了SSO产生的原因以及系统失稳的机理,不能提供有关SSO稳定运行域的任何信息,难以鉴别SSO的影响因素及提出预防对策。目前运作时域仿真法比较完善的软件和操作平台主要有EMTP、PSCAD/EMTDC等电磁暂态模拟仿真类软件,以及Simulink、NETOMAC等电磁机电暂态模拟仿真软件。

5.3.4 特征值分析法

特征值分析是对系统在特定运行点进行小范围线性化，首先建立系统各个元件(发电机、励磁系统、输电网络等)详细的数学模型，对于 SSO 研究还需要列写汽轮机组轴系的微分方程，然后在系统稳定运行点将其线性化，得到近似线性状态空间模型[23]为

$$\dot{\boldsymbol{X}} = \boldsymbol{AX} \tag{5-77}$$

式中，$\boldsymbol{X}$ 为增量形式的系统状态变量；$\boldsymbol{A}$ 为系统的状态矩阵。系统相应的特征值方程为

$$|\lambda \boldsymbol{I} - \boldsymbol{A}| = 0 \tag{5-78}$$

式中，λ 为矩阵 $\boldsymbol{A}$ 的特征值，其个数与 $\boldsymbol{A}$ 的维数相同，它可以表示为

$$\lambda_i = \sigma_i \pm \mathrm{j}\omega_i \tag{5-79}$$

式中，ω_i、σ_i 分别为模态频率和模态特征值实部。若 σ_i 为负数，则相应的 SSO 模态收敛，且绝对值越大模态阻尼越高；若 σ_i 为 0，则表示相应的 SSO 模态临界稳定；若 σ_i 为正数，则相应的 SSO 模态不稳定，且绝对值越大模态阻尼越差。因此，根据特征值分析结果可以对 SSO 各个模态的阻尼特性及其裕度做出判定。

特征值分析法是一种严格的、准确的、基于线性系统理论的方法，通过求解状态方程系数矩阵的特征值和特征向量，从而判断系统的稳定性以及计算轴系扭振的阻尼特性相关信息，然后找出与特定扭振模式强相关的质量块，以便进行监测。对存在 SSO 危险的模式，还可以进行灵敏度分析，以便采取有效的预防对策。特征值分析法应用于简单系统非常有效，能够得出有关系统特征的大量信息，与线性控制理论相结合还可用于设计控制器以抑制 SSO。但这种方法会产生所谓的"维数灾"问题，如何高效、准确地求得系统的特征值，是一个困难的事情。此外，该方法只能应用于系统小扰动分析，对于有关系统大扰动所造成的发电机组轴系的暂态力矩放大作用则无能为力。

5.3.5 复转矩系数法及测试信号法

复转矩系数法的概念由 Canay 首先提出并用于分析 SSO 稳定性问题，其具体做法为对系统中的某一发电机转子相对角度 δ 施加一个频率 f($f<50\mathrm{Hz}$)的强制小值振荡 $\Delta\boldsymbol{\delta}$，通过计算可以分别得到该发电机电气系统和机械系统的响应 $\Delta\boldsymbol{T}_e$、$\Delta\boldsymbol{T}_m$，并定义电气复转矩系数和机械复转矩系数为[24,25]

$$\boldsymbol{K}_e(\mathrm{j}\omega) = \Delta\boldsymbol{T}_e/\Delta\boldsymbol{\delta} = K_e + \mathrm{j}\omega D_e \tag{5-80}$$

$$\boldsymbol{K}_m(\mathrm{j}\omega) = \Delta\boldsymbol{T}_m/\Delta\boldsymbol{\delta} = K_m + \mathrm{j}\omega D_m \tag{5-81}$$

式中，K_e和 D_e分别称为电气弹性系数和电气阻尼系数；K_m和 D_m分别称为机械弹性系数和机械阻尼，它们都是频率 ω 的函数，D_e和 D_m分别表明了电气系统和机械系统在不同频率下的阻尼特性。当 $K_e+K_m=0$，表示电气系统与机械系统的弹性转矩互相平衡。此时，若 $D_e+D_m<0$，说明机械阻尼不足以抵偿电气部分产生的负阻尼，系统将产生 SSO；若 $D_e+D_m>0$，系统稳定。

当采用测试信号法时(时域仿真的复转矩系数法)[26]，发电机的轴系采用单刚体模型，其电气部分采用完整的数学模型，电力网络采用电磁暂态模型，具体操作过程如下：

(1)对于确定的工作点，当系统稳定运行后，在发电机转子上施加一连串频率等值增加的小值脉动转矩 $\Delta T_m=\sum\limits_{\lambda}T_\lambda\cos(\lambda\omega_0 t+\varphi_\lambda)$，$\lambda<1$，$T_\lambda$ 取值要足够小，以满足系统可线性化的假设条件。

(2)系统再次达到稳态后，截取脉动转矩一个公共周期内发电机的电磁转矩 T_e、δ 和 ω。

(3)对上述两者进行傅里叶分解，得到各个脉动转矩频率下的 $\Delta\boldsymbol{T}_e$、$\Delta\boldsymbol{\delta}$ 和 $\Delta\boldsymbol{\omega}$。

(4)计算系统的阻尼转矩系数。阻尼转矩系数之和为负时，系统有可能发生 SSO。

$$K_S(\lambda)=\mathrm{Re}(\Delta\boldsymbol{T}_e/\Delta\boldsymbol{\delta}) \tag{5-82}$$

$$K_D(\lambda)=\mathrm{Re}(\Delta\boldsymbol{T}_e/\Delta\boldsymbol{\omega}) \tag{5-83}$$

5.4　Prony 算法在次同步振荡分析中的应用

传统小扰动分析法不利于分析复杂系统的 SSO，且不能分析实测数据，Prony 算法可以求出采样信号的特征参数，既可以分析仿真数据，又可以分析实测数据，非常适合于复杂互联电网的 SSO 分析。

5.4.1　Prony 算法描述

Prony 算法是一种能够根据采样值直接估算出信号幅值、频率、衰减因子、初相角的分析方法。假设按等间隔 Δt 进行采样的 N 个数据点可由 p 个指数函数的线性组合来模拟($N\geqslant 2p$)[27,28]，则

$$\hat{x}(n)=\sum_{m=1}^{p}b_m z_m^n \tag{5-84}$$

式中，$x(n)$为第 n 个采样点，$n=0,1,\cdots,N-1$；p 为阶数；b_m和 z_m为留数和极点，其表达式为

$$\begin{cases} b_m = A_m \exp(\mathrm{j}\theta_m) \\ z_m = \exp[(\sigma_m + \mathrm{j}2\pi f_m)\Delta t] \end{cases} \tag{5-85}$$

式中，A_m为幅值；θ_m为初相位；σ_m为衰减因子；f_m为频率；Δt 表示采样间隔，$m=1,2,\cdots,p$。为使拟合值向实际值逼近，采用平方误差最小的原则，即：

$$\min(\varepsilon = \sum_{n=0}^{n-1} |x(n) - \hat{x}(n)|^2) \tag{5-86}$$

令 z_1、z_2、…、z_n为代数方程(5-87)的根

$$\varphi(z) = z^n + a_1 z^{n-1} + a_2 z^{n-2} + \cdots + a_{n-1} z + a_n \tag{5-87}$$

由式(5-84)构造

$$\hat{x}(n-m) = \sum_{l=1}^{p} b_l z_l^{n-m}, \quad 0 \leqslant n-m \leqslant N-1 \tag{5-88}$$

a_m乘以式(5-88)，并对 $p+1$ 个乘积求和，得

$$\sum_{m=0}^{p} a_m \hat{x}(n-m) = \sum_{l=1}^{p} b_l \sum_{m=0}^{p} a_m z_l^{n-m} \tag{5-89}$$

令 $z_l^{n-m} = z_l^{n-p} z_l^{p-m}$，则

$$\sum_{m=0}^{p} a_m \hat{x}(n-m) = \sum_{l=1}^{p} b_l z_l^{n-p} \sum_{m=0}^{p} a_m z_l^{p-m} = 0 \tag{5-90}$$

式(5-90)第 2 项求和恰好是式(5-87)位于根 z_l处的多项式 $\varphi(z_l)$，而 $\varphi(z_l)=0$，即

$$\hat{x}(n) = -\sum_{l=1}^{p} a_l \hat{x}(n-m) \tag{5-91}$$

当 $N>2p$ 时，可求出式(5-91)的最小二乘解，然后可求得式(5-87)的解。最后，代入式(5-84)可求出 b_m的值。最后得到幅值、频率、初相位和衰减因子值为

$$\begin{cases} A_m = |b_m| \\ \theta_m = \arctan[\mathrm{Im}(b_m)/\mathrm{Re}(b_m)] \\ \sigma_m = \ln|z_m|/\Delta t \\ f_m = \dfrac{\arctan[\mathrm{Im}(z_m)/\mathrm{Re}(z_m)]}{2\pi\Delta t} \end{cases} \tag{5-92}$$

5.4.2 Prony 算法分析次同步振荡的实用化

在分析 SSO 信号时，根据采样定理，采样频率应高于最高频率的 2 倍，为了留有一定的阈度，本书取采样频率为 1000Hz；采样时间长度应至少包括两个周期的最低振荡频率，本书分析中，取采样时间长度为 2s，并且要选取故障平息后较平稳的一段信号进行分析。实际应用中，可将整个观测窗口分成几段辨识，然后将各段结果比较分析，以提高辨识精度。

模型阶数的确定至关重要，如果阶数过小，会使一些模式无法辨别；过大则会

增加计算量和杂散分量的数目。当 Prony 算法用于离线分析时，由于对计算的实时性要求不是特别高，为了尽量保证结果的精度，p 可以适当取大一些，这里暂取 p 为 50。直接赋值定阶时，会出现较多干扰 SSO 模态提取的杂散分量。对于确定的轴系结构，可由有限元法[29]等固有特性计算方法计算得到轴系的固有频率 F_L，$L=1,2,\cdots$，随后再用式(5-93)进行初次筛选。

$$|f_k - F_L| \leqslant C \tag{5-93}$$

式中，C 为设定的常数，可以根据实际情况取 0.5～1Hz。

对文献[30]定义的能量级加以修改，定义 SSO 振荡模式的能量级如下：

$$E_m = A_m^2 \sum_{n=1}^{N} \left| \exp[(\sigma_m + \mathrm{j}2\pi f_m) n\Delta t] \right|^2 \tag{5-94}$$

式(5-94)中定义的能量级的概念不但考虑了振幅的影响，而且还考虑了衰减因子的影响。在每个 F_L 附近满足式(5-93)条件的 f_k 中，能量级大的那个 f_k 对应的模态即为所求模态之一。

在原始数据为未知或非理想的信号时，一般采用信噪比和百分比误差这两个指标衡量 Prony 算法得出的数据与原始数据的拟合程度。假设真实数据为 $x(n)$，Prony 算法模型输出为 $\hat{x}(n)$。信噪比(SNR)是最常用的指标，其定义为

$$\mathrm{SNR} = 20\log \frac{\mathrm{rms}[x(n)]}{\mathrm{rms}[x(n) - \hat{x}(n)]} \tag{5-95}$$

式中，rms 表示取均方根值，信噪比单位为 dB。有些文献中，SNR 的表达式会略有不同。SNR 的值越大，表示拟合的精度越高。一般认为 SNR 的值达到 20dB 以上时，由 Prony 算法分析所得的结果是可以接受的，达到 40dB 则更加理想。

百分比的误差定义为

$$\frac{\sum_{k=0}^{n-1} |x(n) - \hat{x}(n)|}{\sum_{k=0}^{n-1} |x(n) - x(0)|} \times 100\% \tag{5-96}$$

式(5-96)反应测量值与拟合值的整体误差大小，该值越大，误差越大。一般认为，百分比误差小于 10%时，Prony 算法分析所得的结果是可以接受的。

Prony 在分析实测数据时，对噪声较为敏感，为了提高辨识精度，需要对实际采集的信号进行去噪处理，比较常用的去噪方法主要有传统的滤波去噪、小波去噪、经验模态分解去噪等。这里采用 4 阶巴特沃斯低通零相位数字滤波器进行滤波去噪，其基本流程如图 5-29 所示。

5.4.3　算例

假设待研究的系统为单机系统，发电机采用双回线向无穷大系统供电，其中

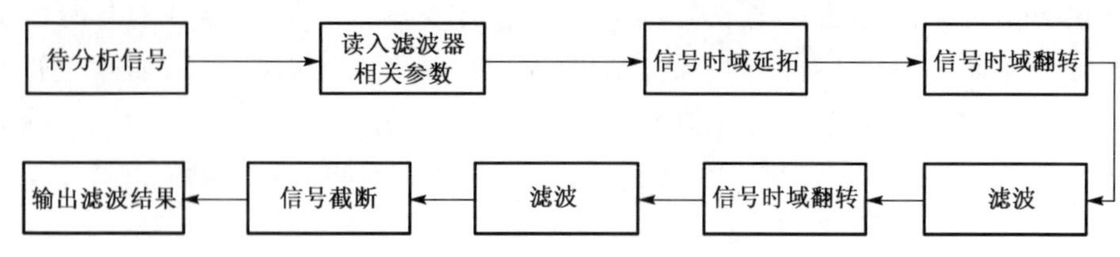

图 5-29 零相位数字滤波流程图

一个回线上装有固定串补装置，其系统接线图如图 5-30 所示。发电机及轴系参数来自某 600MW 汽轮发电机组，轴系含有高中压缸、低压缸 A、低压缸 B 和发电机四个质量块，轴系具有三个 SSR 模式，其频率分别为 12.512Hz、20.755Hz 和25.646Hz。

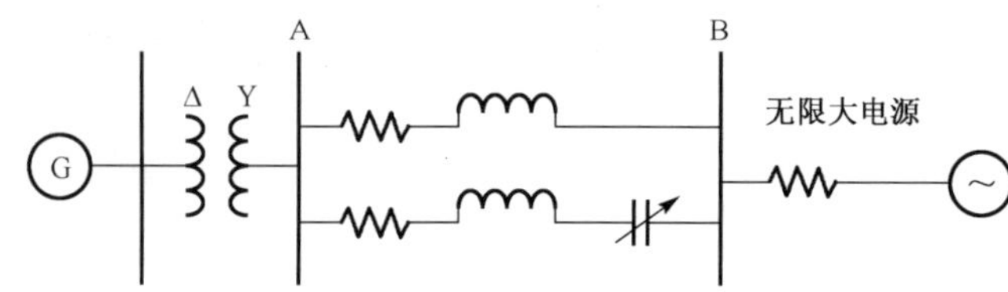

图 5-30 待研究串补输电系统接线图

首先，借助 PSCAD/EMTDC 仿真平台，采用时域仿真法分析该电力系统在不同串补度下的轴系扭矩响应特性；随后，考虑到轴系扭振信号一般具有非平稳性和非周期性的特征，传统的傅里叶变换已经无法完全满足扭振信号的分析要求，引入复 Morlet 小波变换和时频等高图[32,33]对轴系扭振信号进行分析，就能够分析非平稳信号，同时具有频域和时域上的分辨率，可以较准确的分析出故障的发展变化的趋势；最后，采用 Prony 算法对仿真得到的轴系扭振信号进行阻尼特性分析。

仿真设置为：固定发电机的输出功率为 0.9p.u.，机端电压为 1p.u.，串补度(用字母 C 表示)由 30%递增到 70%，每次增加 5%；设置的扰动为：2s 时，线路中间发生单相对地瞬时性短路，2.1s 结束，仿真持续时间 10s。

图 5-31 给出了 30%、50%、70%下低发间扭矩响应及其复 Morlet 小波变换的时频等高图，限于篇幅，其他串补度情形和其他轴段间的扭矩不再一一罗列。由图 5-31 可以发现，在串补度为 30%时，扭矩还未出现发散现象，等高线的颜色沿时间轴正方向由深轻微变浅；而串补度为 50%、70%时，出现了扭矩放大作用，等高线的颜色沿时间轴正方向由浅变深。由此可见，时频等高图不但具有频域分辨率，而且还具有一定的时域分辨率，可以较好地分析 SSO 故障的发展变化趋势；串补度为 30%和 70%的时候，第一阶模态为主导振荡模态(对应的时频等高线颜色较深)，而当串补度为 50%时，第二阶模态为主导振荡模态。

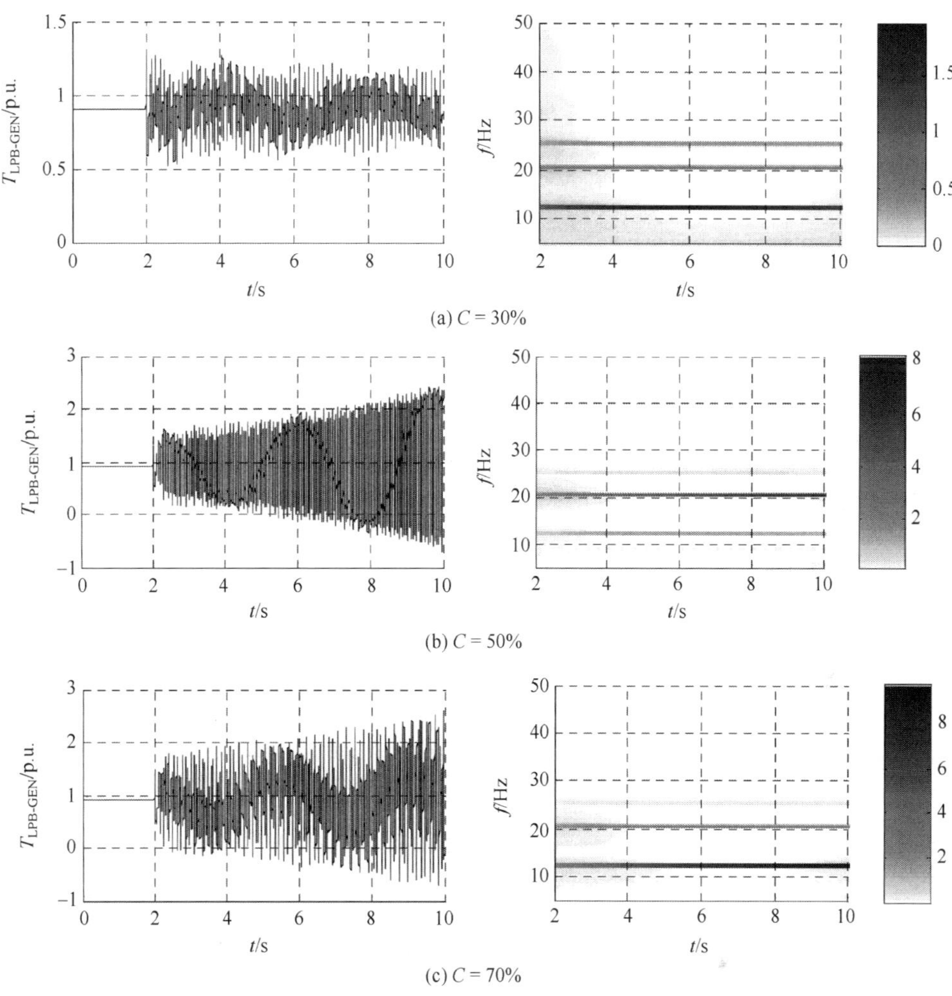

图 5-31　不同串补度下的低发扭矩图及其复 Morlet 小波变换时频等高图

对不同串补度下仿真得到的低发扭矩进行 Prony 分析，由 Prony 算法辨识出的三阶模态频率分别为 12.6Hz、20.8Hz 和 25.6Hz，辨识结果准确度很高。图 5-32为 Prony 分析出的衰减因子结果，零轴以上为负阻尼区域，零轴以下为正阻尼区域。由图 5-32 可以得到，当串补度为 30%时，各模态频率下的阻尼都为正阻尼，扭矩呈衰减振荡；当串补度由 35%变化到 60%时，二阶模态呈现较明显的负阻尼状态，扭矩以该模态为主导模态做发散振荡；当串补度为 65%和 70%时，一阶模态呈现较明显的负阻尼状态，扭矩以该模态为主导模态做发散振荡。可见随着串补度的增加，处在负阻尼区的次同步谐振频率(折算到转子侧)向低频率区移动，因此，在新建输电工程时一定要合理设计串补度，使其避开轴系扭振频率，防止 SSR 的发生。

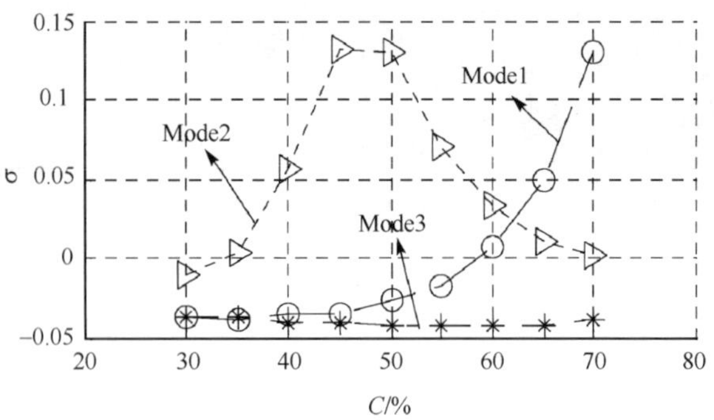

图 5-32　不同串补度下低发扭矩 Prony 辨识出的衰减因子

5.5 小　　结

本章详细介绍了电力系统 SSO 的基本理论，阐述了 SSO 的定义及分类，论述了 SSO 的产生机理。建立系统模型是整个 SSO 问题研究的基础，本章讨论了 SSO 分析所用电力系统主要元件的数学模型，主要包括同步发电机和励磁系统数学模型、轴系简单集中质量块模型、汽轮机及调速系统数学模型、交流电力网络数学模型、机网接口模型以及高压直流输电系统数学模型。在此基础上，对目前常用的电力系统 SSO 和轴系扭振的分析方法接行了简单的介绍，引入了 Prony 算法进行 SSO 的分析，其既可以分析仿真信号又可以分析实测信号，与时域仿真法结合，对 SSO 问题可以取得比较好的分析效果。

参 考 文 献

[1] IEEE Subsynchronous Resonance Working Group. Proposed terms and definitions for subsynchronous oscillations[J]. IEEE Transactions on Power Apparatus and Systems, 1980, 99(2): 506-511.

[2] IEEE Subsynchronous Resonance Working Group. Terms, definitions and symbols for subsynchronous oscillations[J]. IEEE Transactions on Power Apparatus and Systems, 1985, 104(6): 1326-1334.

[3] IEEE Committee Report. Reader's guide to subsynchronous resonance[J]. IEEE Transaetions on Power Systems, 1992, 7(l): 150-157.

[4] IEEE Committee Report. A bibliography for the study of subsynchronous resonance between rotating machines and power systems[J]. IEEE Transactions on Power Systems, 1976, 95(l): 216-218.

[5] IEEE Committee Report. First supplement a bibliography for the study of subsynchronous resonance between rotating machines and power systems[J]. IEEE Transactions on Power Systems，1979，98(6)：1872-1875.

[6] IEEE Committee Report. Second supplement a bibliography for the study of subsynchronous resonance between rotating machines and power systems[J]. IEEE Transactions on Power Systems，1985，104(2)：321-327.

[7] IEEE Committee Report. Third supplement a bibliography for the study of subsynchronous resonance between rotating machines and power systems[J]. IEEE Transactions on Power Systems，1991，6(2)：830-833.

[8] Iravani M R，Agrawal B L，Baker D H，et al. Fourth supplement a bibliography for the study of subsynchronous resonance between rotating machines and power systems[J]. IEEE Transactions on Power Systems，1997，12(3)：1276-1282.

[9] IEEE Subsynchronous Resonance Working Group. First benchmark model for computer simulation of subsynchronous resonance[J]. IEEE Transactions on Power Apparatus and Systems，1977，96(5)：1565-1572.

[10] IEEE Subsynchronous Resonance Working Group. Second benchmark model for computer simulation of subsynchronous resonance[J]. IEEE Transactions on Power Apparatus and Systems，1985，104(5)：1057-1066.

[11] 程时杰，曹一家，江全元. 电力系统次同步振荡的理论与方法[M]. 北京：科学出版社，2009.

[12] 伍凌云. 复杂交直流输电系统次同步振荡的分析与控制[D]. 成都：四川大学，2007.

[13] 李光琦. 电力系统暂态分析[M]. 北京：中国电力出版社，2007.

[14] 李发海，朱东起. 电机学[M]. 北京：科学出版社，2001.

[15] 倪以信，陈寿孙，张宝霖. 动态电力系统的理论和分析[M]. 北京：清华大学出版社，2002.

[16] 陈珩. 同步电机运行基本理论与计算机算法[M]. 北京：水利电力出版社，1992.

[17] 黄家裕. 电力系统数字仿真[M]. 北京：水利电力出版社，1995.

[18] IEEE Power Engineering Society，IEEE Std 421.5TM-2005. IEEE Recommended Practice for Excitation System Models for Power System Stability Studies[M]. New York：The Institute of Electrical and Electronics Engineers，Inc，2005.

[19] 刘英哲，傅行军. 汽轮发电机组扭振[M]. 北京：中国电力出版社，1997.

[20] 徐政，罗惠群，祝瑞金. 电力系统次同步振荡问题的分析方法概述[J]. 电网技术，1999，23(6)：36-39.

[21] Agrawal B L，Fanner R G. Use of frequency scanning techniques for subsynchronous resonance analysis[J]. IEEE Transactions on Power Apparatus and Systems，1976，98(2)：341-349.

[22] IEC Publication 91923. Performance of High Voltage DC Systems，Part 3：Dynamic Conditions，1993.

[23] Prabha Kundur. Power System Stability and Control[M]. McGrraw-Hill, Companies, Inc. 1994.

[24] Candy I M. A novel approach to the torsional interaction and electrical damping of the synchronous machine-Part I theroy[J]. IEEE Transactions on Power Apparatus and System, 1982, 101(10): 1011-1020.

[25] Candy I M. A novel approach to the torsional interaction and electrical damping of the synchronous machine-Part II application to an arbitrary network[J]. IEEE Transactions on Power Apparatus and System, 1982, 101(10): 1021-1031.

[26] 徐政. 复转矩系数法的适用性分析及其时域仿真实现[J]. 中国电机工程学报，2000，20(6)：1-4.

[27] 张贤达. 现代信号处理[M]. 北京：清华大学出版社，2002.

[28] 郭成，李群湛，王德林. 基于 Prony 和改进 PSO 算法的多机 PSS 参数优化[J]. 电力自动化设备，2009，29(3)：16-21.

[29] 庞乐，陈东超，克成瑜，等. 基于 ANSYS 的汽轮发电机组轴系扭振模态分析[J]. 华东电力，2011，39(3)：459-462.

[30] 邓集祥，涂进，陈武晖. 大干扰下主导低频振荡模式的鉴别[J]. 电网技术，2007，31(7)：36-41.

[31] 纪跃波，秦树人，汤宝平. 零相位数字滤波器[J]. 重庆大学学报，2000，23(6)：4-7.

[32] 汤宝平，章国稳，孟利波，等. 用分层抽样和复 Morlet 小波识别短样本模态参[J]. 重庆大学学报，2009，32(12)：1381-1385.

[33] 蒋东翔，刁锦辉，赵钢，等. 基于时频等高图的汽轮发电机组振动故障诊断方法研究[J]. 中国电机工程学报，2005，25(6)：146-151.

第 6 章　轴系扭振监测、分析与保护

6.1　扭角监测方法

6.1.1　测速齿轮扭角测量

由于汽轮发电机组在运行时做高速旋转运动，对扭振的测量必须采用无接触方式。汽轮发电机组轴系在机头、机尾位置装有测速齿轮，扭振监测一般在机头、机尾测速齿轮或盘车齿轮处加装测点，对这些位置的瞬时转速和扭角进行监测，可以推算扭振危险截面的扭矩和应力变化。汽轮发电机组轴系扭振的监测一般使用磁阻转速传感器，如图 6-1 所示[1,2]。

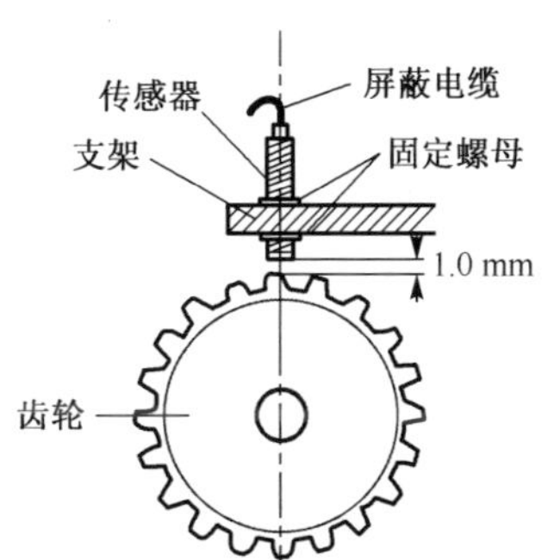

图 6-1　转速传感器示意图

利用测速齿轮计算测点的瞬时转速，一般使用时间脉冲法[3,4]。时间脉冲法测量轴系扭振，就是利用电磁式传感器获取安装在轴上的等分或不等分齿轮产生的系列脉冲串，从中分析得到轴系扭振信号的方法。采用晶振发生的时钟对各脉冲间隔进行计数，确定每一脉冲间隔的时间，并与无扭振时平稳角速度的脉冲间隔进行比较，从而获得测点处的扭振信息。

设轴系旋转 k 周的时间为 t_c，则平均角速度 ω_c 为

$$\omega_c = \frac{2k\pi}{t_c} \tag{6-1}$$

设齿轮的齿数为 z，若测出旋转 n 个齿数的时间 t_n，则在 t_n 时间内向前（或向后）的扭角为

$$\theta(t) = \int_0^{t_n} (\omega_c - \omega)\mathrm{d}t \tag{6-2}$$

离散化处理后得

$$\theta(n) = \frac{2k\pi}{t_c}\left(t_n - \frac{n}{kz}t_c\right) \tag{6-3}$$

时间脉冲法[3,4]就是将传感器的输出信号限幅整形，离散化成疏密相间的矩形波，利用单片机的高速输入端口部件，在内部时钟的作用下，连续对矩形波进行计数。假设计数脉冲的时间间隔为 Δt，则有

$$\begin{cases} t_c = A_C \cdot \Delta t \\ t_n = A_N \cdot \Delta t \end{cases} \tag{6-4}$$

式中，A_C、A_N 分别为从第 0 齿到第 kz 齿和 n 齿的计数次数。

将式(6-4)代入式(6-3)，可以得到

$$\theta(n) = \frac{2k\pi}{A_C}\left(A_N - \frac{n}{kz}A_C\right) \tag{6-5}$$

根据转子钢的疲劳特性可以知道，轴系扭振危险截面的交变应力计算误差对轴系的疲劳寿命损耗计算误差有很大影响，为提高交变应力计算的准确性，扭振监测对机头、机尾瞬时转速和扭角的测量有较高的精度要求。

本书作者对 300MW、600MW 和 1000MW 汽轮发电机组轴系做了大量扭振仿真，发现机组在各类扭振故障下，轴系上承受的最大的交变应力(MPa)与机头扭角波动幅值(rad)之比一般在 200∶1 以内。因此，0.01°的扭角监测分辨率可使扭振分析误差小于 1.74MPa，可以满足扭振监测要求。

6.1.2 弯振干扰的消除

对于把传感器置于固定位置进行非接触测量，轴的横向振动将对扭振信号产生直接影响，这一影响常常是不可忽略的。假定轮盘半径 $R=100\text{mm}$，弯振幅度 $B=100\mu\text{m}$，则它对信号的影响相当于幅度为：$\varphi=\frac{B}{R}=0.001\text{rad}=0.0573°$的扭转振动，由此带来的误差会对轴系扭振危险截面应力分析结果带来很大影响，因此为达到较高的测量精度，应当采取措施最大限制弯振的干扰。

抑制弯振干扰最简单的方法是用两个转速传感器以 180°对称安装的方法对测速齿轮处瞬时转速进行监测，如图 6-2 所示。

从图 6-2 可以看出，弯振的水平分量不会使轮齿和传感器之间产生相垂直的相对运动，对两个传感器的监测结果没有影响；而弯振的垂直分量则会使两个传

感器的监测结果发生大小相同、方向相反的改变。因此，将两个转速传感器所监测到的瞬时转速取平均值，即可消除弯振对扭振监测造成的影响。

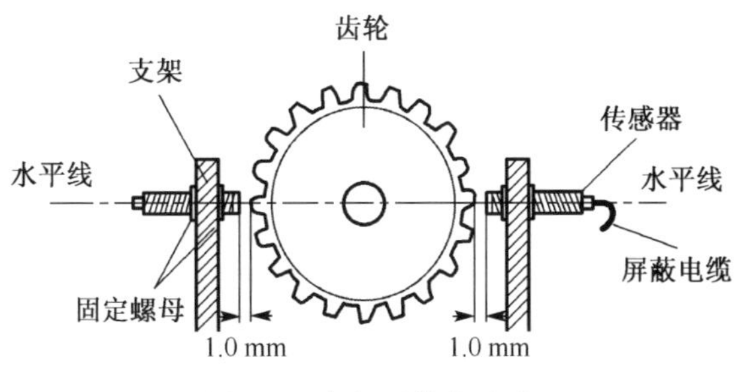

图 6-2　弯振干扰的消除

实际汽轮发电机组轴系的测速齿轮处往往已经安装了很多测点，难以实现两个传感器的对称安装，如果现场不具备对称安装条件，则可根据实际情况，将两个传感器成一定角度安装，如图 6-3 所示。

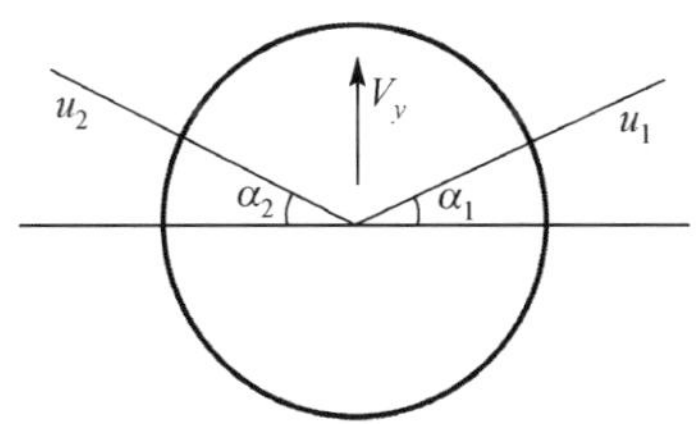

图 6-3　传感器的非对称安装

设测速齿轮半径为 R，弯振水平分量为 V_x，垂直分量为 V_y，传感器 u_1 与水平面的夹角为 α_1，传感器 u_2 与水平面的夹角为 α_2。当 α_1 和 α_2 较小时，弯振的水平分量 V_x 在 y 方向上的投影很小，对扭振监测的影响有限，所以应着重消除垂直分量 V_y 造成的监测误差。

设测速齿轮转速为 V_t，则受弯振垂直分量 V_y 的影响，两个传感器的测量值为

$$u_1 = V_t + \frac{V_y \cos\alpha_1}{R} \tag{6-6a}$$

$$u_2 = V_t - \frac{V_y \cos\alpha_2}{R} \tag{6-6b}$$

将式(6-6a)两边同时乘以 $\frac{\cos\alpha_2}{\cos\alpha_1}$，可得

$$\frac{\cos\alpha_2}{\cos\alpha_1}u_1 = \frac{\cos\alpha_2}{\cos\alpha_1}V_t + \frac{V_y \cos\alpha_2}{R} \tag{6-6c}$$

将式(6-6b)和式(6-6c)相加，可以消掉 V_y 项。令 $k=\dfrac{\cos\alpha_2}{\cos\alpha_1}$，可得

$$V_t=\frac{u_2+ku_1}{1+k} \tag{6-7}$$

当现场不具备对称安装条件时，必须测量两个传感器分别与水平面的夹角 α_1 与 α_2，以便于计算。

6.1.3 齿轮安装、加工误差的消除

难以避免地，实际机组测速齿轮的加工和安装都会出现误差。其中，测速齿轮的安装偏心，会对扭角监测造成工频和倍频的干扰，这种干扰在效果上，类似于轴系弯振，可以利用消除弯振干扰的方法，即两个转速传感器 180°对称安装的方法消除测速齿轮安装偏心对扭角监测造成的影响；而对于齿轮的加工误差，轮齿宽度不匀对扭角监测的影响需要利用如下方法校正[5,6]。

(1) 设测速齿轮齿数为 z，在机组稳定运行时测出各脉冲间隔 t_i，因各齿宽度 θ_i 和 t_i 成比例，而 $\sum_{i=1}^{z}t_i=T$，相当于 360°，因此，有

$$\theta_i=\frac{t_i}{T}\times 360^\circ \tag{6-8}$$

利用式(6-8)，可以对轮齿编号，记录下每个轮齿的宽度，用于后面的误差校正。

(2) 当轴系发生扭振时，每个轮齿经过转速传感器时的速度发生变化，可测得每个轮齿经过传感器时的脉冲间隔 t_i'，此时，可以测得每个轮齿经过传感器时的瞬时速度为

$$\omega_i=\frac{\theta_i}{t_i'} \tag{6-9}$$

6.2 轴系扭振实时应力分析方法

6.2.1 瞬态冲击类故障下轴系应力分析方法

汽轮发电机组受到发电机的瞬态电磁力矩冲击时，低发联轴器附近(第 4 章中提到，电磁力矩瞬态冲击类扭振的最危险截面在低发联轴器附近)会突然产生很大幅度的应力变化。由于发电机的电磁力矩可通过三相电流电压计算获得，汽轮机蒸汽力矩也可以通过机组功率或各汽缸的蒸汽参数计算得到，可以利用模型

仿真法，即通过轴系的扭振动态响应计算，得到轴系各危险截面在瞬态电磁力矩冲击类扭振故障下的应力历程。

计算此类扭振故障的危险截面应力历程的步骤如下。

(1) 建立多段集中质量扭振模型。

(2) 根据各汽缸蒸汽参数计算汽缸内轴段温度分布，对集中质量扭振模型的刚度进行温度修正。

(3) 通过机组功率或各汽缸蒸汽参数计算汽轮机蒸汽力矩，并根据汽轮机各级叶轮的出力分配情况，将蒸汽力矩按比例施加在扭振模型中汽轮机各级叶轮所在轮盘上。

(4) 通过发电机三相电流电压计算机组在扭振故障下所承受的电磁力矩历程，并将电磁力矩均匀分布在扭振模型中发电机绕组所在的轮盘上。

(5) 计算轴系的扭振动态响应，利用各危险截面的扭矩历程计算其名义应力历程。

(6) 考虑结构对应力集中的影响，用理论应力集中系数对应力历程做修正，最终得到各扭振危险截面的局部应力载荷历程。

如图 6-4～图 6-7 所示为某机组两相短路故障和 120°非同期并网故障下的电磁力矩变化情况和该机组轴系某扭振危险截面的局部应力载荷。

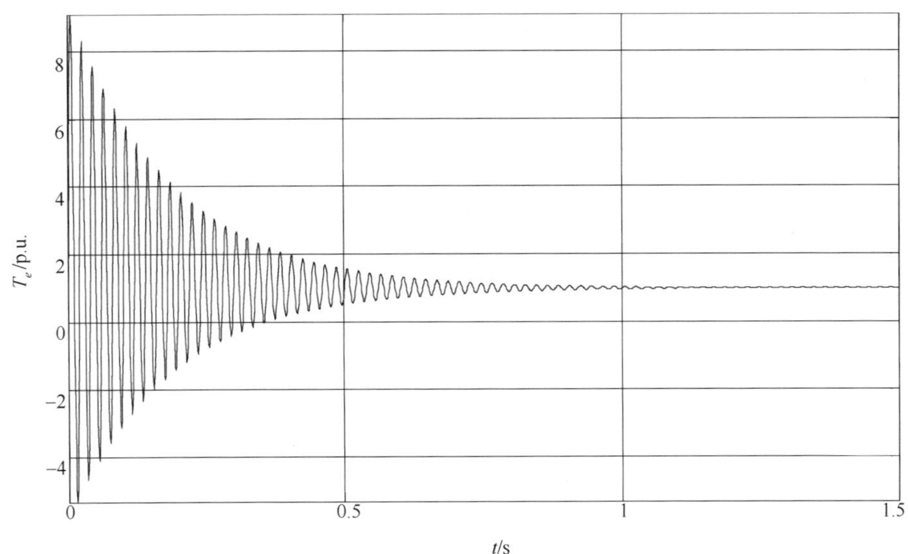

图 6-4　两相短路下发电机电磁力矩

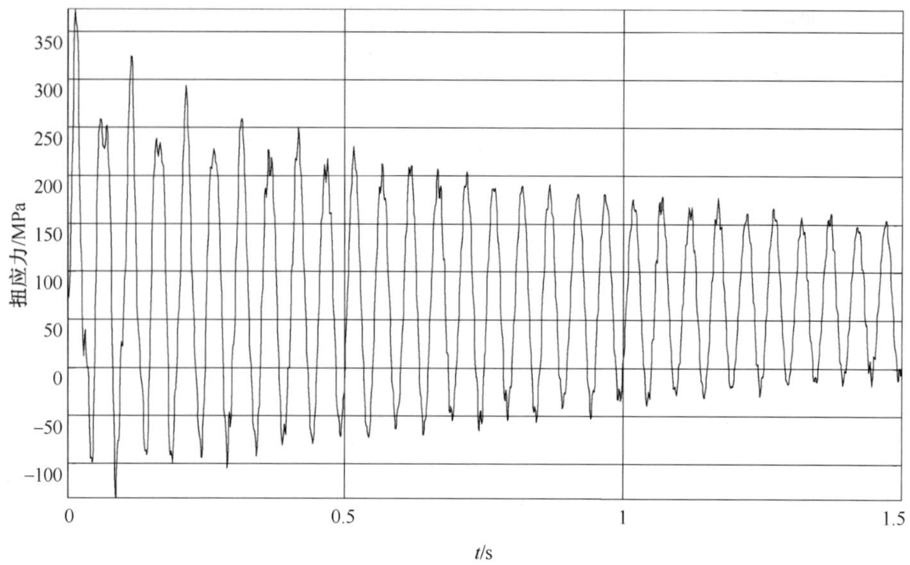

图 6-5　两相短路下 4＃轴颈局部扭应力响应

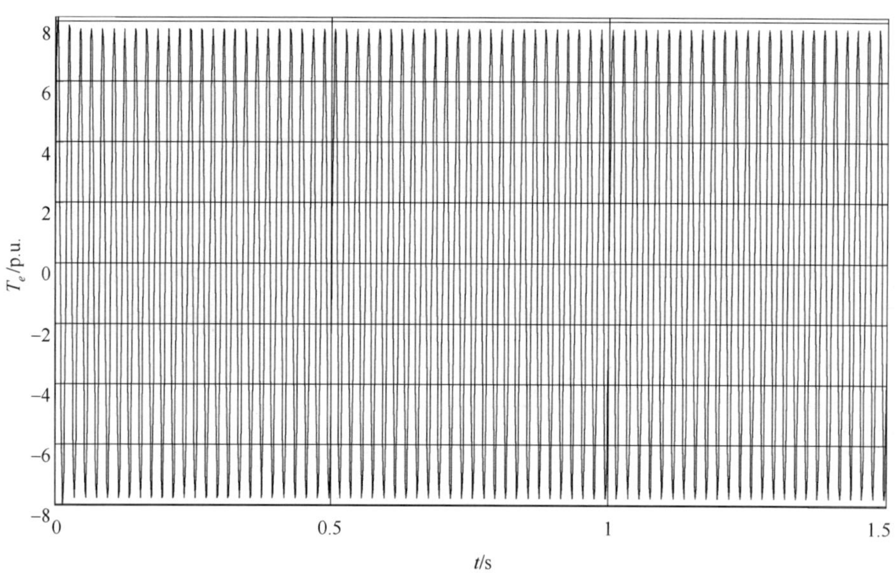

图 6-6　120°非同期并列下发电机电磁力矩

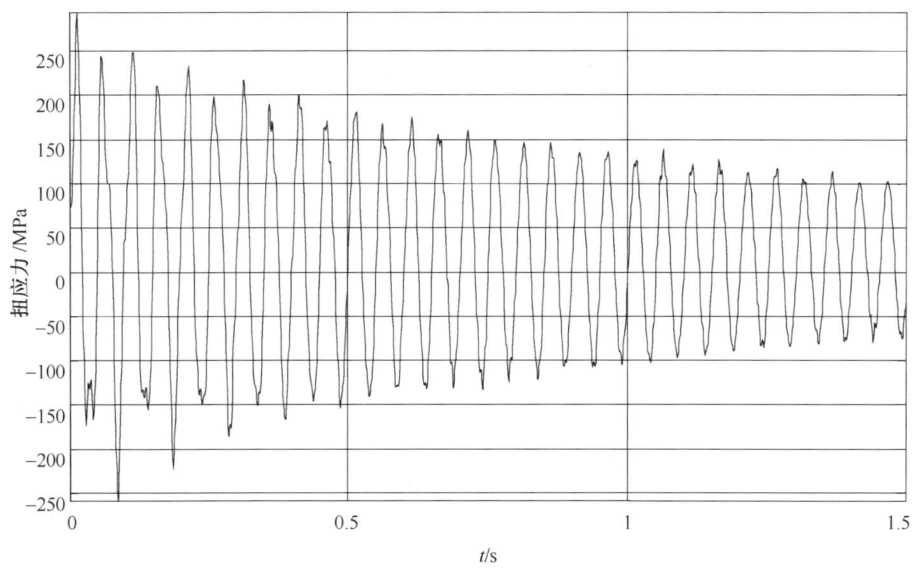

图 6-7　120°非同期并网下 4＃轴颈局部扭应力响应

6.2.2　次同步振荡故障下轴系应力分析方法

当汽轮发电机组出现 SSO 故障时，发电机所受的电磁力矩中，含有与机组轴系某阶扭振固有频率一致或接近的分量。此时，轴系处于共振状态，即使很小的外界扰动也可能在轴系上激起较大幅度的扭振。由于以现有的监测手段难以足够精确地得到发电机三相电流电压的小幅变化，当机组发生 SSO 故障时，发电机的小幅电流电压波动可能无法被准确监测到，而此时发电机电磁力矩的变化已足以激发机组轴系的共振。在这种情况下，模型仿真法的精度受到了限制，无法满足扭振监测的需要，因此需要利用模态叠加的方法对 SSO 等共振类故障进行监测。

通过第 2 章的内容可以知道，一个系统的自由振动和强迫振动，都是由它的各个模态下的振动叠加而成的，同时由于扭振系统模态的正交性，即不同模态间不存在能量交换，因此机组在 SSO 状态下，外界扰动中与轴系某阶扭振固有频率接近的分量将会激起轴系的该阶扭振共振，且不会激起其他频率的振动，而其他分量则会由于轴系机械阻尼的作用被抑制。因此，汽轮发电机组在 SSO 状态下轴系的扭振主要由其工频(50Hz)以内的模态叠加而成，通过监测轴系工频内各个模态的振动情况，可准确计算 SSO 状态下轴系的实时扭振动态响应。

利用 6.1 所述的方法，可对机组轴系的机头或机尾扭角进行监测。获得机端扭角的实时变化后，经过多阶带通滤波，可将机端扭角的振动信号分解为若干阶固有频率下的振动信号，然后即可根据轴系在不同固有频率下的振型，推断出个各轴段的振动情况。

假设某轴系的多段集中质量扭振模型由 N 个质量块组成，在第 i 阶振型下，质量块 m 和测速齿轮所在质量块 n 在某时刻的扭角有如下关系：

$$\frac{\theta_{i,m}(t)}{\theta_{i,n}(t)}=\frac{\Theta_{i,m}}{\Theta_{i,n}} \tag{6-10}$$

式中，$\Theta_{i,m}$ 和 $\Theta_{i,n}$ 为质量块 m 和质量块 n 在第 i 阶的振型。

已知轴系的位移响应可以分解为 N 个振型分量的叠加，即

$$\theta_m(t)=\sum_{i=1}^{N}\Theta_i\theta_{i,m}(t) \tag{6-11}$$

所以质量块 m 的扭角响应可以用质量块 n 的振型分量运算得到

$$\theta_m(t)=\sum_{i=1}^{N}\frac{\Theta_m}{\Theta_n}\theta_{i,n}(t) \tag{6-12}$$

设机组轴系第 m 个轴段上存在危险截面，那么根据胡克定律，可知该轴段的实时扭矩 T_m 为

$$T_m(t)=k_m[\theta_m(t)-\theta_{m+1}(t)]+T'_m \tag{6-13}$$

式中，k_m 为第 m 个轴段的抗扭刚度；T'_m 为稳态下第 m 个轴段所受力矩。

同时可知第 m 个轴段上危险截面的实时应力 $\tau_m(t)$ 为

$$\tau_m(t)=K_{tm}\frac{T_m(t)}{W_{pm}} \tag{6-14}$$

式中，W_{pm} 为第 m 个轴段的抗扭截面系数；K_{tm} 为第 m 个危险截面处的理论应力集中系数。

因此，只要对测速齿轮的扭角进行实时监测，并将扭角信号分解为若干阶固有频率下扭角信号，利用振型叠加的方法便可以得到轴系中任意质量块的实时扭角变化和各个截面的实时应力变化。

假设有一个 600MW 机组，它的扭振固有特性如表 6-1 和图 6-8 所示。

表 6-1　某 600MW 机组轴系扭振固有特性

阶数	第 1 阶	第 2 阶	第 3 阶
扭振固有频率/Hz	12.60	21.55	26.40

利用轴系的多段集中质量扭振模型，对该机组进行 SSO 状态下轴系扭振仿真。假设该机组发生 SSO，发电机电磁力矩波动中含有与轴系第 2、第 3 阶扭振固有频率接近的分量（21.55Hz、26.40Hz）。轴系所受发电机电磁力矩如图 6-9所示。

在此电磁力矩作用下，它的一个扭振危险截面所受应力如图 6-10 所示。

以轴系工频(50Hz)以内的三阶扭振固有频率为中心频率，对轴系机头扭角做

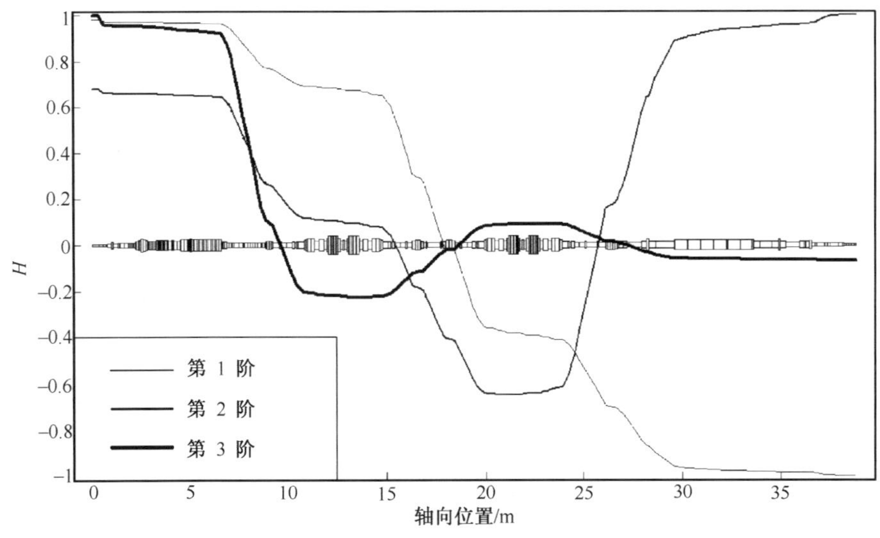

图 6-8　某 600MW 机组轴系扭振振型

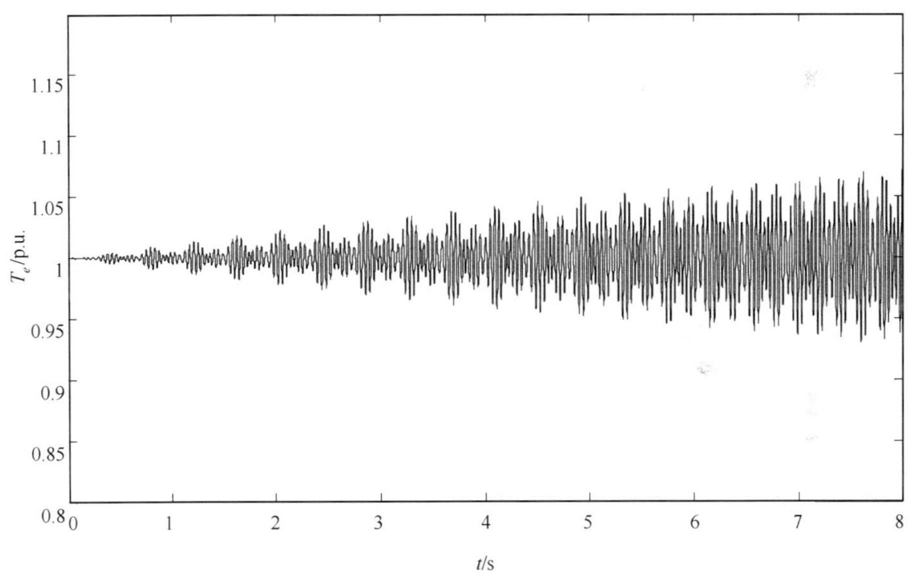

图 6-9　某 600MW 机组 SSO 下发电机电磁力矩

带通滤波，如图 6-11～图 6-13 所示。

根据图 6-8 所示的轴系各阶扭振振型，利用振型叠加的方法计算轴系各轴段的角位移，从而计算出轴系扭振危险截面的应力历程，如图 6-14 所示。将所计算出的危险截面应力历程与仿真结果做对比，可以看出二者幅值与趋势基本一致。

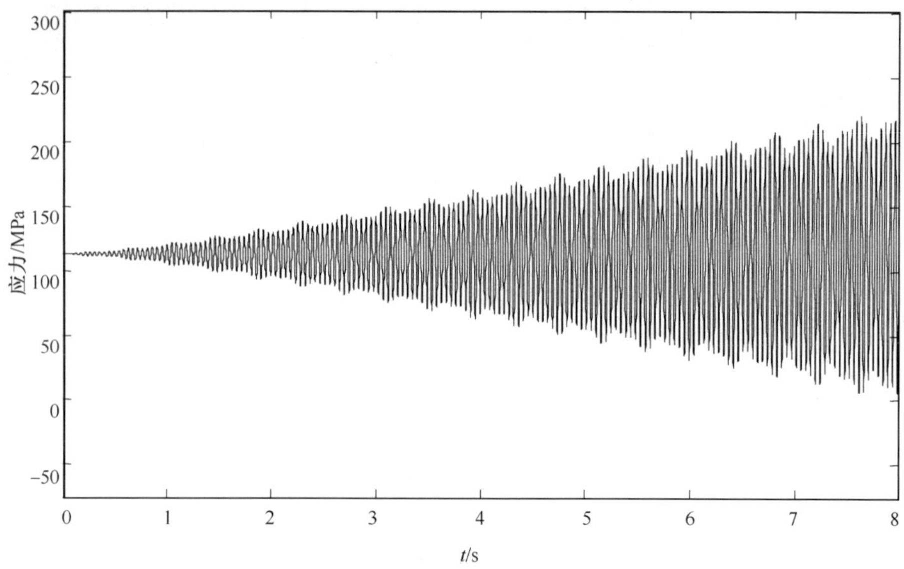

图 6-10　SSO 下轴系扭振危险截面应力历程

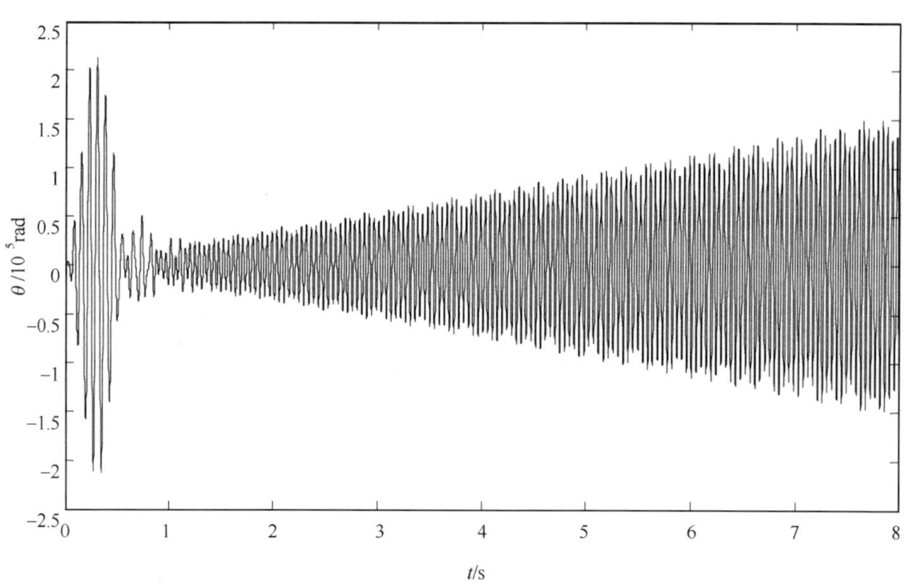

图 6-11　机头扭角第 1 阶带通滤波

为实现轴系扭振的实时监测，不能长时间采集机头扭角数据，然后再做滤波分析，而是应该以 1～4s 为数据长度，实时地对机头扭角做带通滤波，以满足扭振监测对报警及时性的要求。不可避免地，带通滤波器存在边界失真的问题，由于

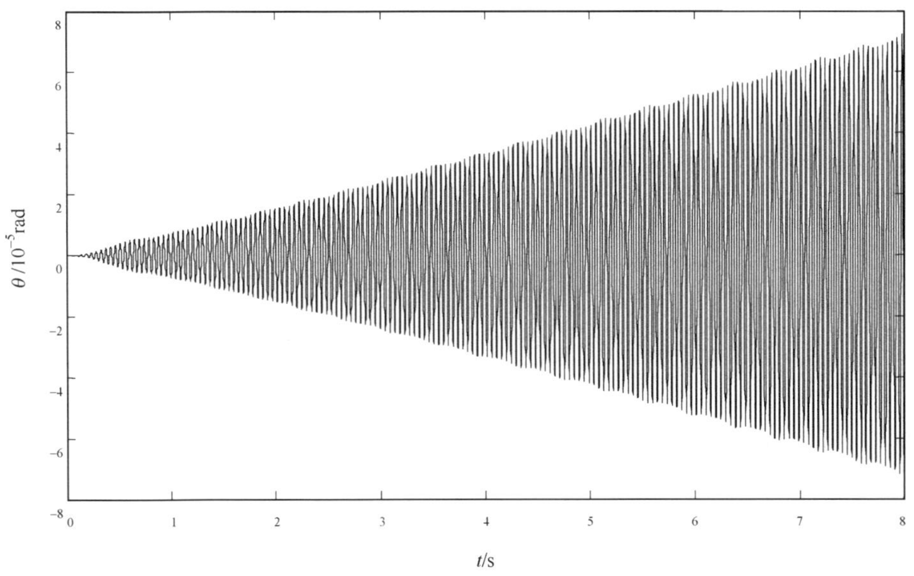

图 6-12　机头扭角第 2 阶带通滤波

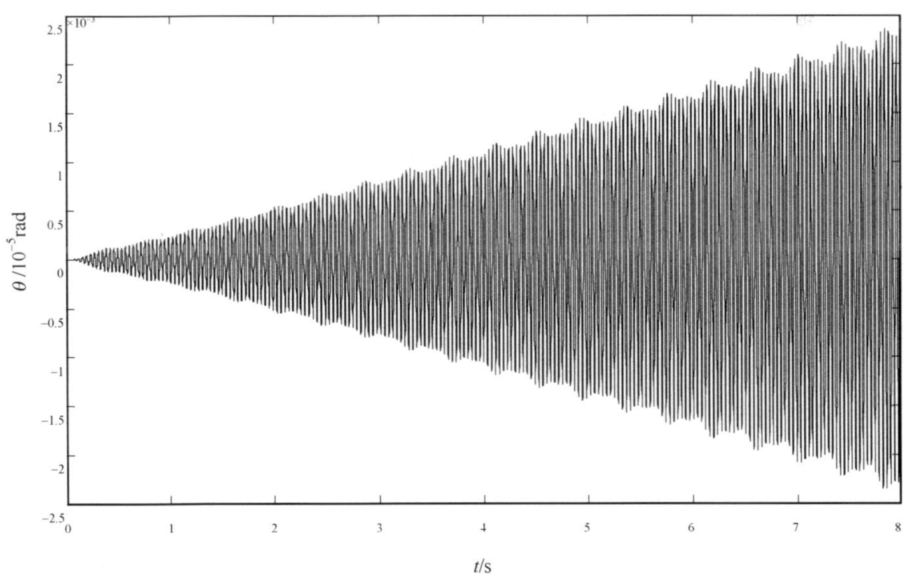

图 6-13　机头扭角第 3 阶带通滤波

SSO 等共振类扭振故障持续时间较长，如果单纯地对每一段数据进行带通滤波，再将滤波后的数据连接在一起，边界失真会对共振类扭振故障的监测带来很大影响。由于带通滤波的边界失真一般只在分析的前面一段时间内比较明显，因此带

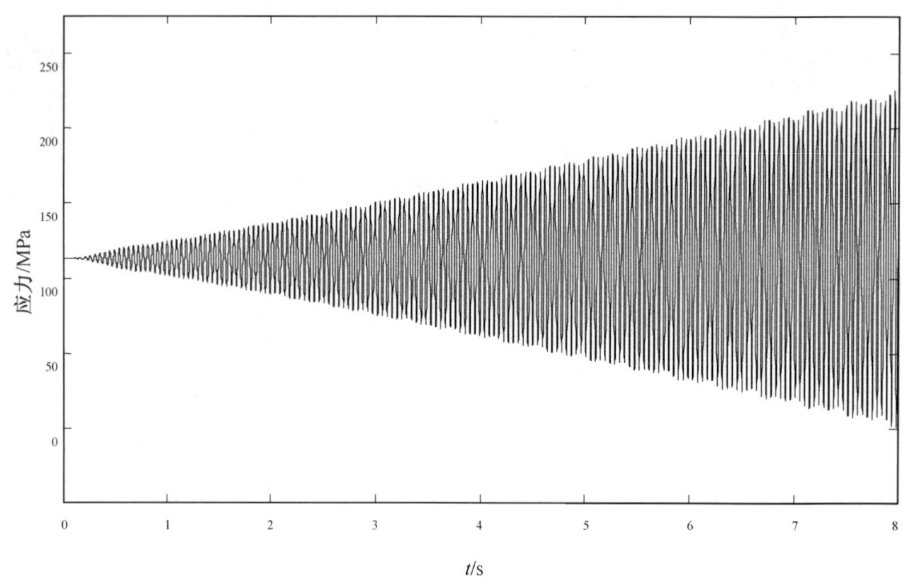

图 6-14 振型叠加法计算轴系危险截面应力历程

通滤波边界失真的问题可以用移动“窗口”，对同一段数据多次滤波的方法解决，如图 6-15 所示。

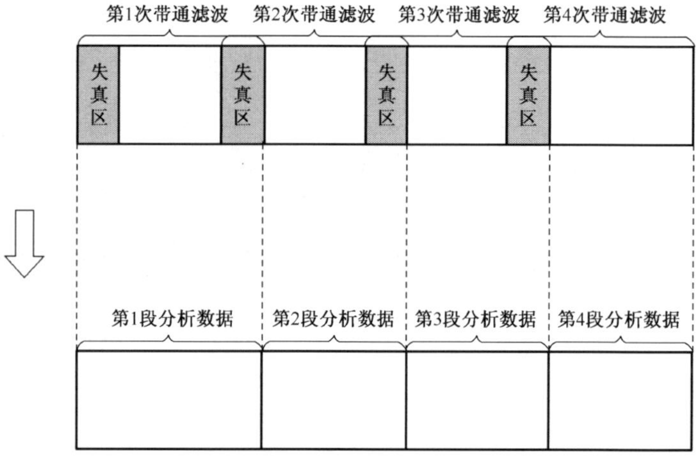

图 6-15 边界失真问题解决方法

需要注意的是，如图 6-16、图 6-17 所示，对于电磁力矩瞬态冲击类故障，由于边界失真问题的影响，在轴系开始受到冲击的时刻，轴系机头扭角幅值经带通滤波处理会出现较大幅度的衰减。电磁力矩瞬态冲击类扭振故障下轴系扭振危险截面所受应力，一般都会进入转子钢材料的塑性变形区和 S-N 曲线的低周寿命区。根据转子钢 $S\text{-}N$ 曲线可知，材料在低周寿命区 $S\text{-}N$ 曲线斜率很大，边界失真带来的幅值衰减会造成一个数量级以上的疲劳寿命损耗估算误差，所以利用模态叠加计算轴系扭振危险截面应力历程的方法，不适用于电磁力矩瞬态冲击类扭振故障的应力分析。

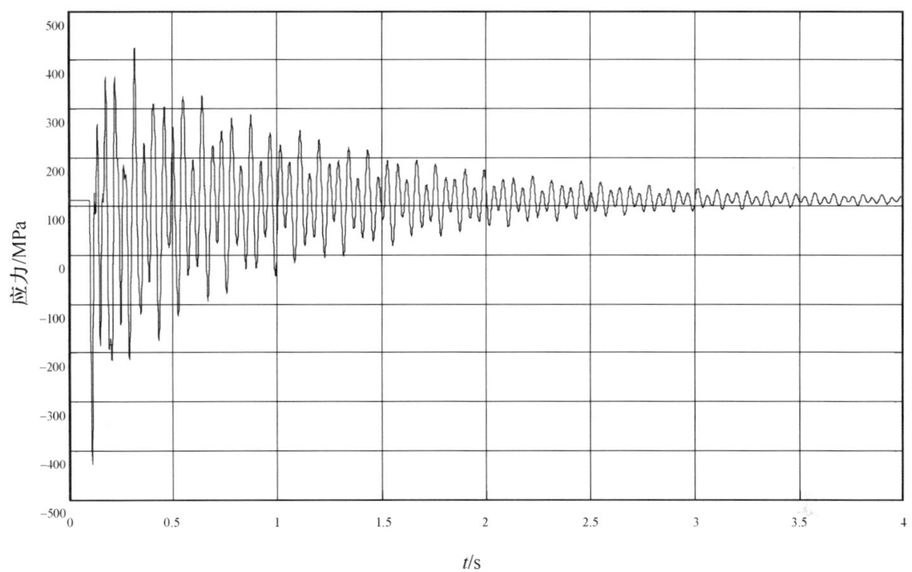

图 6-16　某机组危险截面在冲击类扭振故障下的应力历程

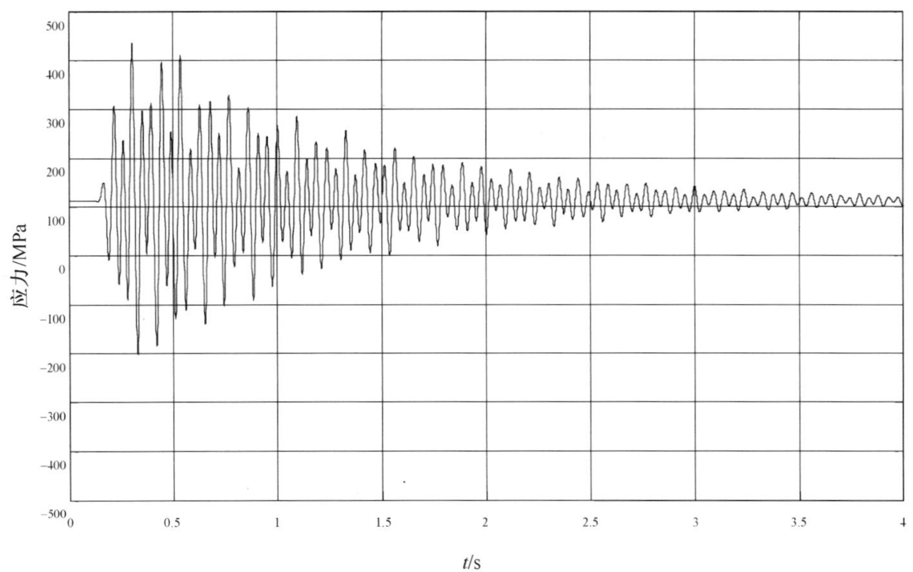

图 6-17　振型叠加法计算轴系危险截面应力历程

6.3 轴系扭振发展趋势分析

SSO 状态下，轴系的扭振可能在某个幅值下保持近似的等幅振动，也有可能呈现出快速的放大趋势。当轴系的扭振开始发散时，扭振幅值快速上升，危险截面疲劳寿命损耗迅速累积，若不及时采取措施，汽轮发电机组有毁机的危险，因此，必须对轴系扭振的发散/收敛趋势进行监测。

在 SSO 等共振类扭振故障下，汽轮发电机组轴系在其某阶扭振模态下，某一截面的振动表达式可写为

$$\Theta(t) = A(t)\sin(\omega t + \theta_0) \tag{6-15}$$

式中，$A(t)$ 为该截面的振幅，是时间的函数，该振幅趋势一般可用指数函数的形式来表示，即

$$A(t) = a \cdot \exp(bt) + c \tag{6-16}$$

式中，a、b、c 为表达式的参量。

对某汽轮发电机组进行多种故障下的扭振仿真，提取轴系机头扭角的滤波信息并利用最小二乘法对扭角峰值进行数据拟合，得到的不同结果如下。

1. 趋于发散的 SSO

如图 6-18 所示为某机组在一次趋于发散的第一阶 SSO 下轴系机头扭角的第一阶滤波数据。按照式(6-16)对滤波数据的振幅进行拟合，得到

$$\begin{cases} a = 0.000273 \\ b = 0.9998 \\ c = -0.0002905 \end{cases}$$

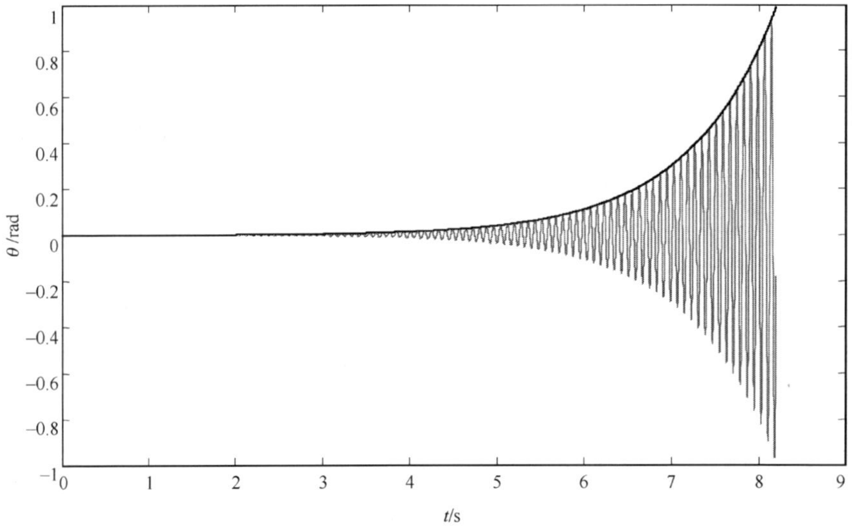

图 6-18 趋于发散的 SSO 下机头扭角第一阶滤波数据与振幅趋势拟合

2. 趋于平稳的 SSO

如图 6-19 所示为某机组在一次趋于平稳的第一阶 SSO 下轴系机头扭角的第一阶滤波数据。按照式(6-16)对滤波数据的振幅进行拟合,得到

$$\begin{cases} a = -1.219 \\ b = -1.971 \\ c = 1.044 \end{cases}$$

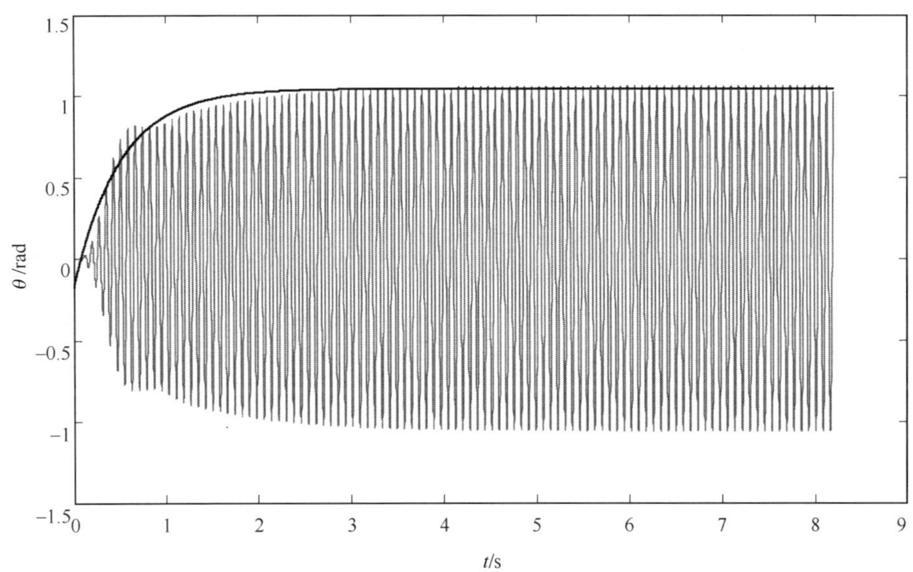

图 6-19　趋于平稳的 SSO 下机头扭角第一阶滤波数据与振幅趋势拟合

3. 电磁力矩瞬态冲击下的轴系扭振

如图 6-20 所示为某机组在一次两相短路故障下轴系机头扭角的第一阶滤波数据。按照式(6-16)对滤波数据的振幅进行拟合,得到

$$\begin{cases} a = 0.9724 \\ b = -0.9965 \\ c = 0.001995 \end{cases}$$

由图 6-18～图 6-20 可以看出,不论轴系扭振趋于发散、稳定还是逐渐收敛,式(6-16)都可以很好地反映轴系扭振的发展趋势。轴系扭振的发展趋势可以通过式(6-16)的参数的 a 和 b 可以判断,当 $a>0$,$b>0$ 时,扭振趋于发散;$a<0$,$b<0$ 时,扭振趋于平稳;$a>0$,$b<0$ 时,扭振趋于收敛。

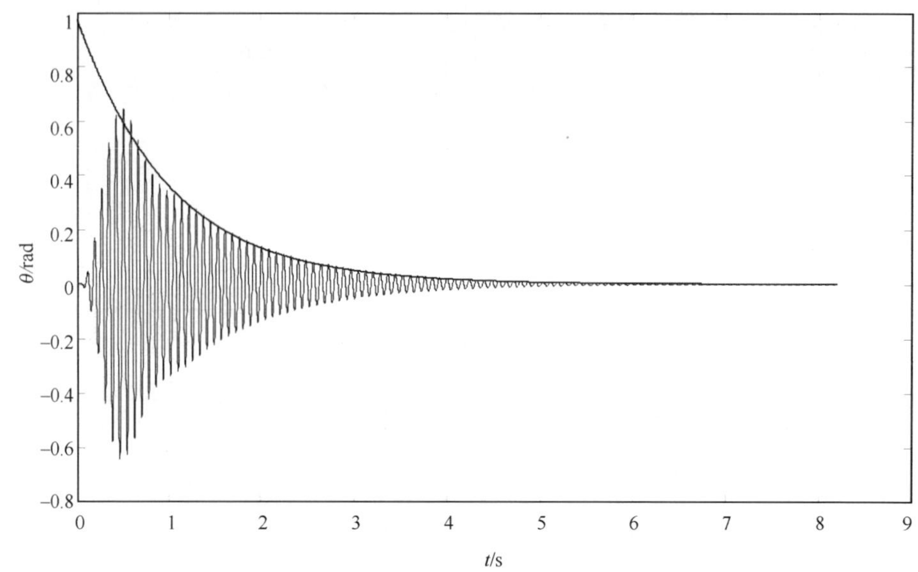

图 6-20 两相短路故障下机头扭角第一阶滤波数据与振幅趋势拟合

6.4 轴系扭振监测与保护策略

对于轴系扭振监测与保护策略和扭振监测与保护设备的研究，国内外已进行了较长的时间。在实际生产中，汽轮发电机组的轴系扭振监测与保护主要由扭应力分析仪和扭应力继电器两种设备来实现。其中，扭应力分析仪通过对轴系机头、机尾扭角、转速等信号进行监测和分析，判断扭振故障是否会对机组轴系造成较大程度的损害，从而在汽轮发电机组发生严重扭振故障时由扭应力继电器发出跳机信号，保障轴系安全。[7-16]

目前常用的扭振保护跳机保护方案主要有三个动作逻辑，即：扭振模态不稳定动作（逻辑一）、常规疲劳越限动作（逻辑二）和极限疲劳越限动作（逻辑三）[7]。

(1) 逻辑一的重点是扭振振幅发散，主要针对一些轴系扭矩不大或疲劳寿命损失累积量还不大，但呈现明显发散的 SSO 等扭振现象，能尽快判别，并向跳机保护系统发出动作指令。早发现扭振振幅发散并尽快采取措施，有利于在机组出现共振类扭振故障的初期抑制扭振发散，降低机组轴系疲劳寿命损失，保证机网安全。

(2) 逻辑二的重点是疲劳寿命损失超过一定幅度，主要针对一些轴系扭矩较大或疲劳寿命损失积累很快，但扭振发散现象还不是很明显或时间长度尚不满足逻辑一条件的情况，主要针对两相短路等电磁力矩瞬态冲击类扭振故障。考虑到轴系在较短的时间内产生了较大的疲劳寿命损耗，可能威胁机组的安全，故向跳机保护系统发出动作指令，以尽快采取措施，保证机网安全。

(3) 逻辑三的重点是机组轴系疲劳寿命损耗过大，应立即跳机以保证其安全性，它作为逻辑一和逻辑二的后备保护措施，具有“最后一道防线”的功能，主要针对极其恶劣的情况下，机组轴系疲劳寿命过大，严重威胁机组安全性的情况下，不经过选择性逻辑，断然跳机，并配合汽门控制减出力，达到保护机组安全的目的。

汽轮发电机组启停机过程周期长，成本高，而且会对轴系造成疲劳寿命损耗，一旦执行跳机保护动作，电厂发电量和经济效益都将受到很大影响。因此，作者认为汽轮发电机组轴系扭振保护逻辑应综合考虑安全性和经济性，在保证轴系在严重扭振故障下可以得到有效保护的基础上，应避免过于频繁跳机造成的经济损失。根据这个原则，本书作者在理论研究和多年实践经验的基础上，结合发电厂的实际情况，提出了一套新的扭振监测、分析与保护策略。

根据 6.2 节的分析可知，电磁力矩瞬态冲击类扭振与 SSO 等共振类扭振产生机理不同，表现特征不同，对轴系造成的疲劳寿命损耗特点也有所不同，因此这两大类扭振故障的监测与保护策略应有所区别。

6.4.1　电磁力矩瞬态冲击类扭振的监测与保护方法

对于电磁力矩瞬态冲击类扭振，轴系在故障发生的一瞬间即承受大幅交变力矩，该力矩将成为整次扭振故障疲劳寿命损耗的主要来源。因此，对于电磁力矩瞬态冲击类扭振故障，必须快速对其进行疲劳寿命损耗进行评估并做出是否跳机的判断。

对某 600MW 机组进行电磁力矩瞬态冲击类扭振故障仿真，计算轴系最危险截面在不同类型、不同冲击幅值的扭振故障下的疲劳寿命损耗，如表 6-2 所示。

由表 6-2 可知，尽管扭振故障原因和电磁力矩冲击形式不同，汽轮发电机组轴系扭振最危险截面所受疲劳寿命损耗与电磁力矩最大值之间存在着联系。对于该机组，电磁力矩最大值在 2 倍标幺值以内时，轴系扭振最危险截面所受最大应力尚没有达到转子钢的扭转疲劳极限，不会对轴系造成疲劳寿命损耗；电磁力矩最大值达到 3～5 倍标幺值时，轴系开始出现疲劳寿命损耗，然而损耗程度非常有限，基本可以忽略；轴系疲劳寿命损耗随着电磁力矩的增加快速升高，当电磁力矩最大值达到 7～8 倍标幺值时，必须给予足够的重视，如果轴系疲劳寿命损耗较大，就可以执行跳机保护动作；当机组受到 14 倍标幺值的电磁力矩时，轴系会出现严重的疲劳寿命损耗，甚至发生断裂。

表 6-2　某 600MW 机组在电磁力矩瞬态冲击下轴系的疲劳寿命损耗　(单位:%)

电磁力矩最大值/p. u.	两相短路		三相短路		120°非同期并网		180°非同期并网	
	危险截面 A	危险截面 B	危险截面 A	危险截面 B	危险截面 A	危险截面 B	危险截面 A	危险截面 B
2	0	0	0	0	0	0	0	0
3	0	0	0	0	0	0.000092	0	0.000022
4	0	0.0000723	0	0.0000363	0.0000237	0.00125	0.0000257	0.000401
5	0.0000123	0.000652	0.0000387	0.000658	0.000293	0.00682	0.000309	0.00312
6	0.000134	0.00371	0.000246	0.00378	0.00174	0.0388	0.00187	0.0189
7	0.000582	0.0162	0.00111	0.0165	0.00768	0.149	0.00823	0.171
8	0.00211	0.0581	0.00411	0.0584	0.0272	0.519	0.0292	0.602
9	0.00664	0.181	0.0122	0.178	0.0898	1.57	0.0977	1.83
10	0.0182	0.482	0.0322	0.484	0.244	4.77	0.265	4.99
11	0.0443	1.21	0.821	1.21	0.601	12.2	0.654	12.2
12	0.0952	2.71	0.187	2.73	1.37	27.6	1.49	27.8
13	0.201	5.72	0.401	5.82	2.93	58.6	3.19	61.1
14	0.411	11.7	0.807	11.7	5.92	100	6.42	100

通过以上分析可知,对机组进行电磁力矩瞬态冲击类扭振仿真,可以建立电磁力矩最大值与轴系扭振疲劳寿命损耗之间的对应关系。在扭振监测中,如果发现发电机电磁力矩出现大幅跳变,即可利用电磁力矩与疲劳寿命损耗的对应关系对轴系的扭振安全性做出初步判断:如果电磁力矩的冲击足以造成轴系的严重破坏,即出现单次故障下轴系扭振疲劳损耗过大或轴系累积疲劳寿命损耗达到100%的情况,则果断发出跳机信号,保护机组安全;如果轴系的疲劳寿命损伤在安全范围以内,则利用第 3、4 章所述方法,对轴系进行扭振动态仿真和疲劳寿命损耗分析,对轴系扭振安全性做出准确评价。

6.4.2　共振类扭振的监测与保护方法

除非出现 SSO 等严重发散的扭振故障,共振类扭振一般不会使轴系承受较大幅度的交变扭矩,主要是超过转子钢材料扭转疲劳极限的小幅交变扭应力对轴系造成疲劳寿命损耗。在共振类扭振故障下,轴系承受的单次应力循环造成的疲劳寿命损耗往往很小,但由于轴系每秒钟都要承受 10 次以上的应力循环,且故障时间长,在没有扭振保护的情况下,共振类故障对轴系造成的破坏有可能比电磁力矩瞬态冲击类扭振还要严重,尤其是当共振类扭振呈现出持续发散的趋势时,轴系的累积疲劳寿命损耗可能会在短时间内达到 100%,因此,对 SSO 等共振类扭振进行实时监测、分析与保护十分必要。

在未发生电磁力矩瞬态冲击类扭振故障时,如果监测到轴系的机头扭角出现波动，且波动频率与轴系某阶扭振固有频率接近，即可以认为机组发生共振类扭振故障，这类扭振故障可以用频谱分析和带通滤波的方法对其进行监测。由于频谱分析和带通滤波需要一定的数据长度，这种监测方法会有一些时间延迟，如果对机头扭角数据的采集频率为 1000Hz，为保证监测精度在 0.5Hz 之内，则每次频谱分析需要 2048 个数据，这将导致 2.048s 的时间延迟。共振类扭振故障下轴系的扭振振幅和发散速度有限，在 2s 的时间里轴系不会出现严重的破坏，因此较短的时间延迟是可以接受的，但为了保证机组扭振报警和保护的及时性，在扭振实时监测中不宜追求过高的频谱分析分辨率。

记录下一段时间内的机头扭角数据并对其进行带通滤波后，即可根据 6.2.2 节所述方法计算轴系扭振危险截面应力历程，利用第 4 章所述方法计算这段时间内轴系扭振危险截面所受到的疲劳寿命损耗。从监测到机组出现扭振故障开始，持续记录机头扭角数据并利用扭角数据进行危险截面疲劳寿命损耗分析，就可以得到单次扭振故障对轴系造成的疲劳寿命损耗和轴系的累积疲劳寿命损耗。与电磁力矩瞬态冲击类扭振故障类似，如果监测到轴系的扭振疲劳寿命损耗过大，或轴系累积疲劳寿命损耗达到 100%，应当发出跳机指令，对机组轴系进行保护。

SSO 等共振类扭振故障有可能出现发散的情况，因此目前常用的扭振保护逻辑中有模态失稳判据，即监测到轴系的机头扭角在其某阶扭振固有频率下的分量呈现发散趋势，认为轴系扭振处于发散状态，应该对机组进行跳机保护。然而 SSO 故障的发展具有不确定性，轴系扭振有可能在一段时间内呈现发散趋势，也有可能在接下来的一段时间趋于平稳甚至消失，根据几秒内的监测数据对轴系扭振的发展趋势做出判断，进而对机组进行跳机保护，有可能导致机组在不会受到严重破坏的情况下跳机，带来不必要的经济损失。因此，作者建议，在监测到机组发生共振类扭振时，可利用 6.3 节所述方法判断轴系扭振的发散/收敛趋势，当监测到轴系扭振出现发散情况时，只发出报警信号，而不立即跳机，由现场运行人员根据机头、机尾扭角历史记录对机组扭振总体趋势进行评估，做出是否跳机的决定。即使轴系扭振处于发散状态，机组运行人员没有做出跳机决定，利用单次扭振疲劳寿命损耗越限作为判据，对轴系进行保护，仍然能够保证机组安全。

6.4.3　轴系扭振报警与保护逻辑

根据对电磁力矩瞬态冲击类扭振和共振类扭振的保护方法的研究，可以制定出轴系扭振的报警与保护逻辑，主要以扭振对轴系造成的疲劳寿命损耗为依据，单次扭振故障和多次扭振故障的累积作用，都可能使轴系产生疲劳裂纹，因此机组的扭振跳机保护逻辑包括单次故障疲劳寿命损耗过大跳机保护和累积疲劳寿命损耗过大跳机保护。由于冲击类、共振类扭振在表现特征和损伤特征上有较大不同，两类扭振故障的报警与保护逻辑及其门槛值的设定也应有所区别。

针对电磁力矩瞬态冲击类扭振故障，报警与保护逻辑及其门槛值设定方法如下(设电磁力矩采集频率为1000Hz)。

1. 冲击类扭振报警(冲击报警逻辑)

由甩负荷等原因造成的轴系扭振，电磁力矩变化范围在1倍标幺值之内，不会对轴系造成疲劳寿命损耗，但为了判断扭振原因，仍有必要对振幅较小的电磁力矩瞬态冲击类扭振进行监测和分析，因此，冲击类扭振报警门槛值可设定为：连续监测到发电机电磁力矩比一个周期前(0.02s)增大(或减小)20%以上，可认为机组发生了电磁力矩瞬态冲击类扭振。为避免由信号干扰造成误报警，可进行4选3或5选4的判断，即连续的4个发电机电磁力矩监测数据中，有3个比0.02s前增大(或减小)20%以上，或连续5个监测数据中有4个出现此类突变，则认为发生电磁力矩瞬态冲击类扭振，发出冲击类扭振报警。

2. 冲击类扭振单次故障疲劳寿命损耗过大跳机保护(冲击跳机逻辑1)

电磁力矩瞬态冲击类扭振为偶发故障，且持续时间较短，考虑到发电厂经济效益，如果此类扭振对轴系造成的疲劳寿命损耗较小，机组在故障切除后可继续安全运行，可不对机组进行扭振跳机保护。因此，冲击类扭振单次故障疲劳寿命损耗过大跳机保护门槛值可以设置较高，作者建议将单次疲劳寿命损耗的门槛值设为扭振最危险截面总寿命的1%～3%。通过冲击类扭振故障仿真，可以建立电磁力矩最大值与轴系疲劳寿命损耗的对应关系，如果监测到机组发生冲击类扭振故障，从所监测到的第一个突变数据开始，若连续发现有2个电磁力矩数据所对应疲劳寿命损耗大于门槛值，则果断发出跳机信号，避免轴系受到更大程度的破坏。

3. 冲击类扭振累积疲劳寿命损耗过大跳机保护(冲击跳机逻辑2)

轴系累积疲劳寿命损耗达到100%后，发生宏观裂纹的风险将会很大。因此在监测到机组发生冲击类扭振故障后，从所监测到的第一个突变数据开始，若连续发现有2个电磁力矩数据所对应的疲劳寿命损耗可使轴系的累积疲劳寿命达到100%，则对机组进行跳机保护，并通知检修人员对机组轴系各扭振危险截面附近的轴段进行仔细检查，查看是否有裂纹产生。轴系的累积疲劳寿命损耗反映的是轴系发生裂纹的风险，为提高机组的安全性，可将此门槛值设为扭振最危险截面总寿命的80%～90%。

4. 冲击类扭振故障解除判据

冲击类扭振持续时间较短，在监测到扭振发生 30s 后，若轴系的机头、机尾扭角频谱分析结果符合共振类扭振故障解除判据（见本节后面的共振类扭振故障解除判据），可认为扭振故障已结束。

5. 累积疲劳损耗报警（累积疲劳报警逻辑）

在监测到冲击类扭振故障后，经过对单次故障疲劳寿命损耗和累积疲劳寿命损耗的快速判断，应利用记录到的发电机三相电流电压和汽轮机蒸汽温度压力等信息，分析轴系的扭振动态响应，对单次故障下的疲劳寿命损耗进行准确计算，并将单次故障下的疲劳寿命损耗与故障前轴系的累积疲劳寿命损耗相累加，得到故障后轴系的累积疲劳寿命损耗。此逻辑的门槛值可设为扭振最危险截面总寿命的 70%～80%，扭振分析结束后，若发现累积疲劳寿命损耗超过此门槛值，则发出累积疲劳损耗报警，提醒维修人员在停机检修时仔细检查轴系的扭振危险截面是否有裂纹产生。

对于共振类扭振故障，其报警与保护逻辑及其门槛值设定方法为（设机头/机尾扭角监测频率为 1000Hz）：

1. 共振类扭振报警（共振报警逻辑）

通过轴系的扭振固有特性，可以知道轴系在某阶扭振共振状态下，扭振最危险截面所受交变应力幅值与机头/机尾扭角的对应关系。根据轴系扭振固有特性的实际情况，此逻辑的门槛值可设为：扭振共振状态下，轴系扭振最危险截面 10^7 次循环寿命疲劳极限的 30%。若以 1000Hz 为扭角数据采样频率，以 2048(2^{10})为数据长度，对扭角数据进行频谱分析，若连续两次分析均发现轴系某阶扭振固有频率下的扭角分量所对应的扭振最危险截面应力幅值超过此处疲劳极限的 30%，则认为轴系发生了这一阶的共振类扭振故障，发出共振类扭振报警。

2. 扭振模态失稳报警（发散报警逻辑）

从监测到共振类扭振开始，按照 6.2 节和 6.3 节所述方法，对扭角数据进行实时带通滤波，并对每阶滤波信息进行数据拟合，用 $A(t)=a\cdot\exp(bt)+c$ 来表示轴系扭振的发展趋势，若其中的参数 $a>0$，且 $b>0.0116(\ln2/60)$，则轴系扭振振幅将在 60s 后增长一倍。因此可将 $a>0$，$b>0.01$ 作为模态失稳报警门槛值，当经过连续两次分析，均发现扭振呈现发散趋势时，发出报警，通知运行人员关注扭振发展，在必要的情况下进行手动跳机保护；当经过连续两次分析，均发现扭振发展趋势未达到报警门槛值，认为扭振不再处于明显发散趋势，报警解除。

3. 共振类扭振单次故障疲劳寿命损耗过大跳机保护(共振跳机逻辑 1)

由于 SSO 等共振类扭振故障容易频发,轴系在一次共振类扭振中所受的疲劳寿命损耗不宜过大,作者建议将此项逻辑的门槛值设为 1%。按照 6.2 节所述方法,实时分析轴系扭振危险截面的应力历程,并用雨流法和局部应力应变法计算扭振危险截面的疲劳寿命损耗,对单次故障下的轴系累积疲劳寿命损耗进行实时累加,若疲劳寿命损耗达到门槛值,则发出跳机信号,避免轴系损伤扩大。

4. 共振类扭振累积疲劳寿命损耗过大跳机保护(共振类跳机逻辑 2)

与冲击类扭振累积疲劳寿命损耗过大跳机保护逻辑类似,门槛值可设为 80%～90%。在监测共振类扭振单次故障疲劳寿命损耗的同时,也对轴系的累积疲劳寿命损耗进行实时累加,若发现轴系累积疲劳寿命越过门槛值,应实行跳机保护。

5. 共振类扭振故障解除判据

当连续四次频谱分析结果均未达到共振类扭振报警门槛值时,可认为共振类扭振故障已结束,可停止轴系的应力和疲劳寿命损耗分析。

6. 累积疲劳损耗报警(累积疲劳报警逻辑)

当共振类扭振故障未导致跳机保护,而轴系的累积疲劳寿命损耗已经进入危险区时,可发出累积疲劳损耗报警,提醒维修人员在停机检修时仔细检查轴系的扭振危险截面是否有裂纹产生。

确定了报警与保护逻辑,并设定好门槛值后,即可制定完整的轴系扭振监测、分析与保护逻辑,如图 6-21 所示,电磁力矩瞬态冲击类扭振的监测与保护逻辑如下。

(1) 对发电机三相电流、电压实时监测,实时计算发电机电磁力矩。

(2) 当监测到电磁力矩单位时间内变化幅度超过冲击报警逻辑门槛值时,发出冲击类扭振报警,并启动扭振分析程序。

(3) 记录故障前后一段时间内的扭振相关数据,包括机头、机尾扭角,发电机三相电流、电压,汽轮机各汽缸蒸汽温度、压力。

(4) 根据在扭振初期所监测到的电磁力矩最大瞬时值,对轴系危险截面疲劳寿命损耗做出快速的初步判断。

(5) 如果预判结果为单次故障下轴系扭振疲劳寿命损耗超过冲击跳机逻辑 1 门槛值,或者轴系累积疲劳寿命损耗达到冲击跳机逻辑 2 门槛值,发出跳机信号。

(6) 在发出冲击类扭振报警 30s 后,若轴系机头/机尾扭角满足冲击类扭振故障解除判据,认为此次故障结束,停止数据记录。

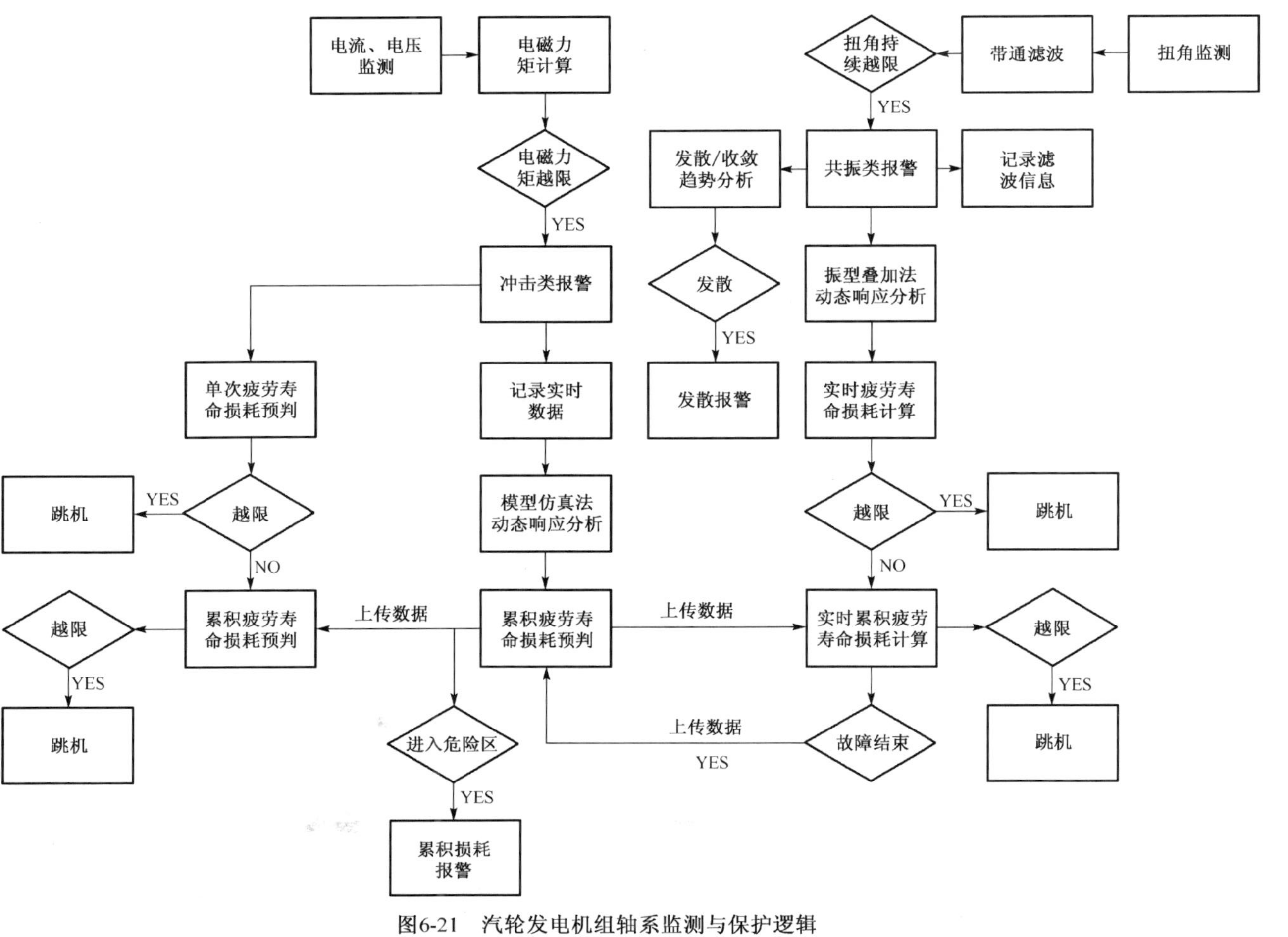

图6-21　汽轮发电机组轴系监测与保护逻辑

(7) 在扭振故障结束后,不论此次故障是否满足跳机条件,均对轴系安全性进行详细分析:利用记录到的扭振相关数据分析轴系的扭振动态响应,根据扭振危险截面应力历程计算单次扭振故障对轴系造成的疲劳寿命损耗,作为对初次损伤评估结果的修正,利用修正后的结果计算轴系的累积疲劳寿命损耗。

(8) 发生一次扭振故障后,如果轴系的扭振疲劳寿命损耗进入了危险区(轴系累积疲劳寿命损耗超过累积疲劳报警逻辑门槛值,但尚不足以启动跳机保护),发出累积损耗越限报警。

次同步振荡等共振类扭振的监测与保护逻辑如下。

(1) 对轴系机头、机尾瞬时角速度和扭角进行监测,并对其进行频谱分析和带通滤波。

(2) 当扭角频谱分析结果符合共振报警条件时,发出共振类扭振报警,并启动扭振分析程序。

(3) 记录扭振相关数据,包括机头、机尾扭角,发电机三相电流、电压,汽轮机各汽缸蒸汽温度、压力,记录时间从故障前一段时间直至故障消除(在一段时间内不再满足共振类扭振报警条件)。

(4) 实时判断共振类扭振的发散/收敛趋势,如果发现扭振持续呈现发散趋势,发出扭振失稳报警,由现场运行人员根据扭振历史记录和扭振发展趋势,决定是否进行跳机保护。

(5) 利用振型叠加的方法分析每段监测数据,计算轴系的扭振动态响应和扭振疲劳寿命损耗,实时累积单次故障下轴系的疲劳寿命损耗和轴系的总疲劳寿命损耗。

(6) 当轴系的累积疲劳寿命损耗进入危险区(超过累积疲劳报警逻辑门槛值)时,发出累积损耗报警。

(7) 当单次故障扭振疲劳寿命损耗累积至共振跳机逻辑一门槛值,发出跳机信号。

(8) 当轴系累积疲劳寿命损耗达到共振跳机逻辑二门槛值,发出跳机信号。

(9) 当监测到轴系机头/机尾扭角满足共振类扭振故障解除判据时,认为此次共振类故障已结束,停止数据记录和分析。

6.4.4 扭振监测、分析与保护装置

基于轴系扭振监测与分析方法以及报警与保护逻辑,配合以软硬件设备,可以建立一套轴系扭振在线监测、分析与保护系统。从功能上划分,该系统由两个子系统构成,分别是扭振监测与分析系统及扭振保护系统。其中,扭振监测与分析系统可连续、在线监测机组轴系扭振状态,通过计算机实时显示机组当前扭角、

转速、温度、压力等状态参数以及与电力系统相关的发电机三相电流、电压，当监测到的扭振幅值超过设定阈值时，计算机发出声光报警，并连续实时采集一批(足够的)扭振数据以及有关状态参数、进行扭振响应分析和安全评估；当监测与分析系统判断出轴系扭振超过安全阈值时，由扭振保护系统发出跳机信号，令机组执行跳机动作以保护轴系安全。

扭振监测与分析系统的功能实现方式如图 6-22 所示。由图可知，该系统功能总体上包括轴系测速齿轮处扭振角位移测量、发电机三相电流电压测量、机组状态参数采集处理与传输、扭振类型识别与故障诊断、扭振动态响应分析以及轴系扭振安全性评价。扭振监测与分析系统通过对轴系扭振的监测和分析，决定是否通过保护系统对机组执行跳机保护动作。

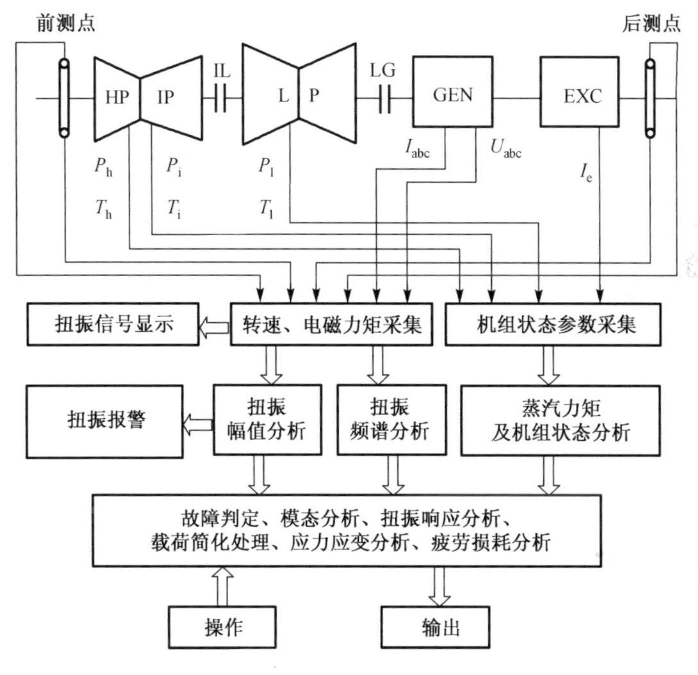

图 6-22 监测系统功能实现

在制定轴系扭振报警与保护逻辑的过程中，已采取措施避免因监测信号受到干扰导致系统误动作，为避免因系统故障导致不动作的情况，可采取双套冗余保护系统。如图 6-23 所示，两套监测与保护系统同时对一台汽轮发电机组进行扭振在线监测，对来自轴系机头、机尾的转速、扭角信号和来自发电机的三相电流、电压信号进行分析。当系统监测到轴系的转速和扭角信号或发电机电磁力矩信号的分析结果达到跳机条件，则发出跳机指令。当两套系统中的任何一套发出跳机指令时，即认为满足跳机要求，执行跳机保护动作。

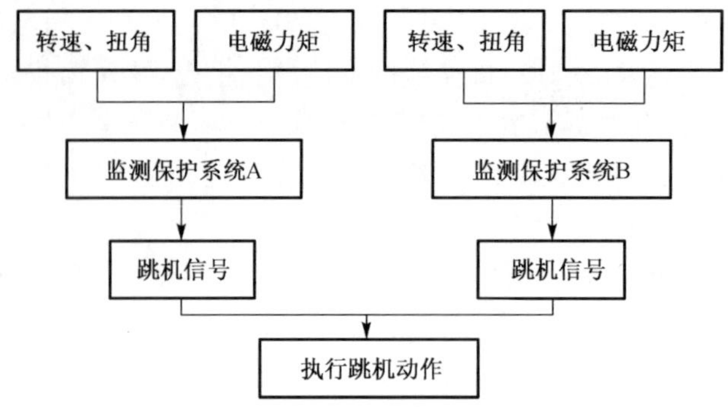

图 6-23　保护系统示意图

如图 6-24 所示，轴系扭振在线监测、分析与保护系统主要由下位机、上位机、远程中心数据库服务器和网络通信系统构成。

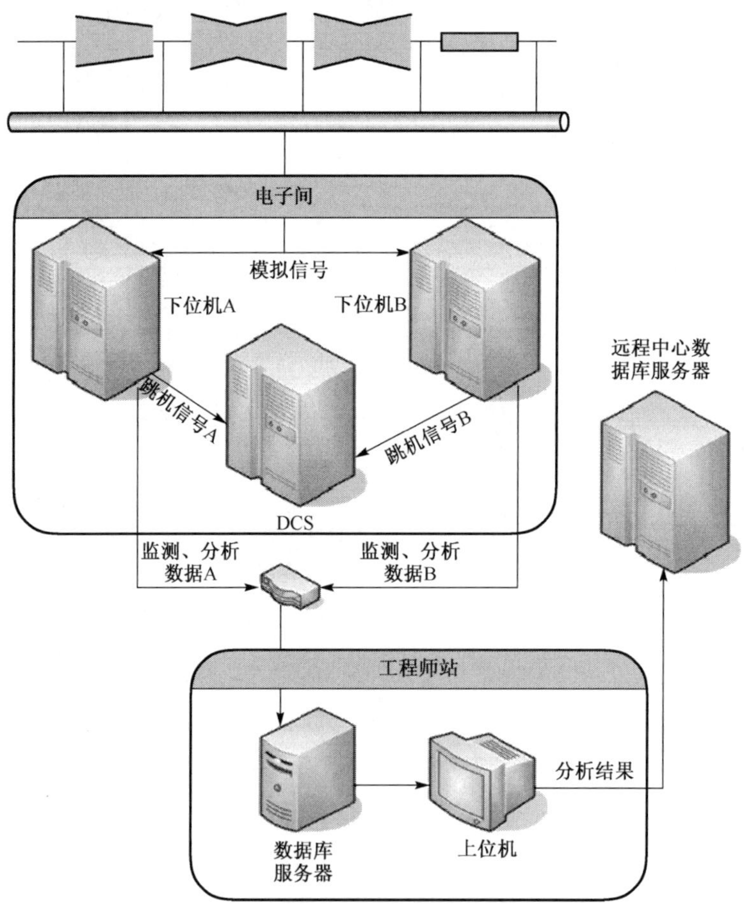

图 6-24　汽轮发电机组轴系扭振监测、分析与保护系统结构

下位机安装在电厂的电子间，通过 A/D 板卡接受来自传感器的监测信号，当监测到发生扭振故障时，对扭振故障类型进行判断，发出扭振报警，并实时记录扭振相关信息，通过网络通信系统上传至上位机用于扭振分析。监测到扭振故障后，若判断为电磁力矩瞬态冲击类扭振，下位机对单次扭振故障的扭振疲劳寿命损耗进行初步估算，如果单次故障疲劳寿命损耗或累计疲劳寿命损耗达到跳机条件，向电厂 DCS 系统发出跳机信号，由 DCS 系统执行跳机保护动作；若判断为共振类扭振，下位机对单次故障的扭振疲劳寿命损耗和轴系累积疲劳寿命损耗进行实时累积，同时对轴系扭振的发展趋势做出判断，当扭振幅值趋于发散时发出报警，当扭振故障结束后，将单次故障的扭振疲劳寿命损耗和轴系累积疲劳寿命损耗的计算结果上传至上位机。

上位机安装在电厂工程师站，当下位机监测到扭振故障时，上位机发出声光报警，通知运行人员，并实时接收下位机上传的扭振数据。为保证机组跳机保护的及时性，下位机的扭振损伤初步分析牺牲了一定的精度，上位机根据下位机上传的监测数据，再次对单次故障的疲劳寿命损耗和轴系的累积疲劳寿命损耗进行详细分析，对下位机的初步分析结果进行修正，将修正后的轴系累积疲劳寿命损耗反馈给下位机。在扭振分析结束后，上位机将全部监测数据和分析结果上传至远程中心数据库服务器，并根据扭振分析的结果对轴系的扭振安全性做出评价，自动生成扭振故障报告和轴系扭振安全性评价报告。此外，上位机还应具备系统维护、扭振监测数据实时显示、扭振历史数据显示、报表定制、故障录波回放和故障分析结果显示等功能。

远程中心数据库服务器通过网络通信系统与生产现场的上位机相连接，可同时在线监测多台机组的运行状态，并利用功能强大的数据库管理软件，对各种原始数据和分析结果进行存储、备份管理。专业人员可通过远程中心数据库服务器调取各机组的故障记录和分析结果，对各机组的扭振故障进行远程分析和诊断。

6.5　小　　结

由于难以在汽轮发电机组轴系扭振危险截面附近加装测点，因此对轴系扭振的监测一般通过对轴系机头、机尾测速齿轮或盘车齿轮处的瞬时转速或角位移进行监测来实现。本章对测速齿轮扭角测量方法进行了讨论，利用时间脉冲法计算测速齿轮的瞬时扭角，同时给出了弯振干扰、齿轮安装误差、加工误差等影响因素的消除方法。电磁力矩瞬态冲击类扭振与共振类扭振在产生原因和扭振特征等方面有较大的区别，用单一方法对两类扭振故障进行分析难以保证精度。本章根据两种扭振故障的特点，对于不同类型的扭振，提出了不同的轴系扭振分析方法，同时针对 SSO 等共振类扭振，提出了一种扭振发展趋势分析方法。本章基于对轴系扭振监测与分析方法的研究，结合发电厂的实际情况，综合考虑扭振跳机保护对发电厂安全性和经济性的影响，提出了一种轴系扭振监测、分析与保护策略，制定了一套扭振报警与跳机保护逻辑，并给出了报警与跳机保护门槛值的制定方法。

参考文献

[1] Brower A S. Long Term Torsional Vibration Monitoring on Large Steam Turbine Generators, CIGRE, 1988 Session, Report11(02).

[2] 张恒涛. 汽轮发电机组轴系扭转振动的实测技术[J]. 动力工程, 1992, 12(3): 1-62.

[3] 熊晓燕. 高分辨率扭振测量方法及其应用[J]. 振动、测试与诊断, 2003, 23(1): 41-69.

[4] 傅海忠. 用于大型旋转轴系的扭转振动测量技术的研究[D]. 北京: 清华大学, 1990.

[5] 刘峻华. 大型发电机组轴系扭振研究[D]. 武汉: 华中科技大学, 2006.

[6] 张晓玲, 唐锡宽. 扭振测试误差及其校正方法研究[J]. 清华大学学报(自然科学版), 1997, 37(11): 9-12.

[7] 陈大宇, 赵永林, 刘全, 等. 上都电厂轴系次同步扭振保护系统[J]. 电力系统保护与控制, 2010, 38(6): 122-125.

[8] Stein J, Fick H. The torsional stress analyzer for continuously monitoring turbine-generators[J]. IEEE Transaction, 1980, 99(2)

[9] 杜极生. 国内外关于扭振监测装置的研究综述[J]. 汽轮机技术, 1991, 33(5): 16-19.

[10] 鲍文, 王西田, 于达人, 等. 汽轮发电机组轴系扭振研究综述[J]. 汽轮机技术, 1998, 40(4): 193-221.

[11] 耿明刚, 张珺. 大型汽轮发电机组轴系扭振与监测[J]. 山东电力技术, 1995(3): 63-67.

[12] 程晓棠. 汽轮发电机组轴系扭应力分析及保护装置的应用[J]. 电力学报, 1999, 14(2): 95-113.

[13] 李战鹰, 韩伟强, 黄立滨, 等. 汽轮发电机组轴系扭振保护装置 RTDS 测试[J]. 南方电网技术, 2008, 2(4): 28-31.

[14] 高文志, 郝志勇. 大型汽轮发电机组轴系扭振控制研究的现状与展望[J]. 发电设备, 1997(3): 6-9.

[15] 何成兵, 顾煜炯, 严宗迅, 等. 基于四端网络法的扭振监测与分析仪研制[J]. 现代电力, 2001, 18(3): 7-11.

[16] 顾煜炯, 何成兵, 杨昆. 汽轮发电机组扭振监测与远程诊断系统[J]. 现代电力, 2002, 19(4): 1-7.

第7章 实例分析

7.1 机组概况

以某600MW超临界汽轮发电机组为例，汽轮机的组成结构和运行方式为超临界蒸汽参数、一次中间再热、单轴、三缸四排汽、双背压抽汽凝汽式，设备简图如图7-1所示，轴系尺寸及叶片转动惯量等数据见附录。

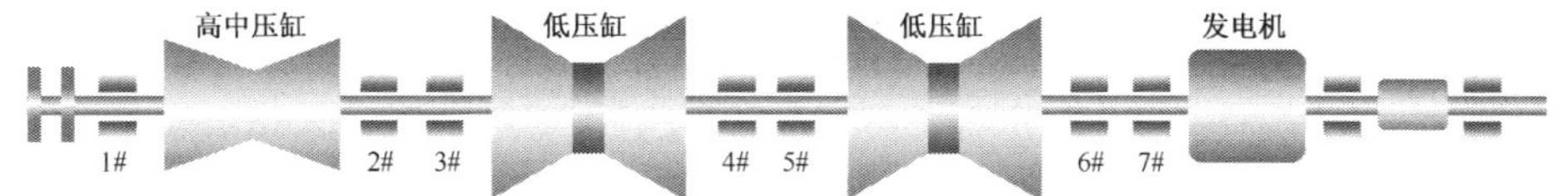

图7-1 某600MW汽轮发电机组示意图

该机组在一次停机检查中发现，中低对轮罩壳发生破裂，导致1号低压转子磨损出两条沟槽：沟槽1出现在距调侧对轮端面200mm处，宽10.1mm、深15mm；沟槽2距调侧对轮端面30mm、宽6.9mm、深6.3mm。转子磨损情况如图7-2所示。

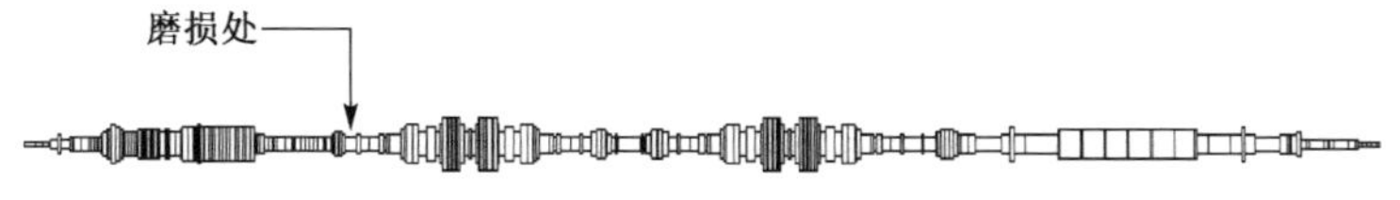

图7-2 轴系磨损位置示意图

发电厂对磨损转子进行了修复，处理方案内容为在原有沟槽两侧顶部及底部加工30°圆角，加工圆角尺寸分别为$R5$和$R10$圆弧过渡、表面抛光，处理后表面光洁度达到0.8。

为便于理解和掌握本书中涉及的轴系扭振分析方法，本书以该600MW汽轮发电机组作为研究对象，对该机组进行多种扭振故障仿真，并对机组轴系修复前后的扭振安全性进行校核，作为算例供读者参考。

7.2 轴系扭振固有特性分析

根据机组轴系尺寸及转动惯量等数据，按照2.1.2节所述方法，将轴系模化为由299段等截面阶梯轴构成的连续质量扭振模型。按照2.1.3节所述方法，利用四端网络法对轴系的扭振固有特性进行分析，得到轴系的各阶扭振固有频率，如表7-1所示。

表 7-1　轴系扭振固有频率

阶数	第 1 阶	第 2 阶	第 3 阶	第 4 阶
扭振固有频率/Hz	12.17	20.82	25.49	109.58

由表 7-1 可知，轴系在工频(50Hz)范围内，有 3 阶扭振固有频率，而第 4 阶扭振固有频率在 100Hz 以上，不易被激发，因此在扭振分析中应主要关注该轴系的前 3 阶扭振固有频率。

轴系前 3 阶固有频率下的扭振振型如图 7-3～图 7-5 所示。

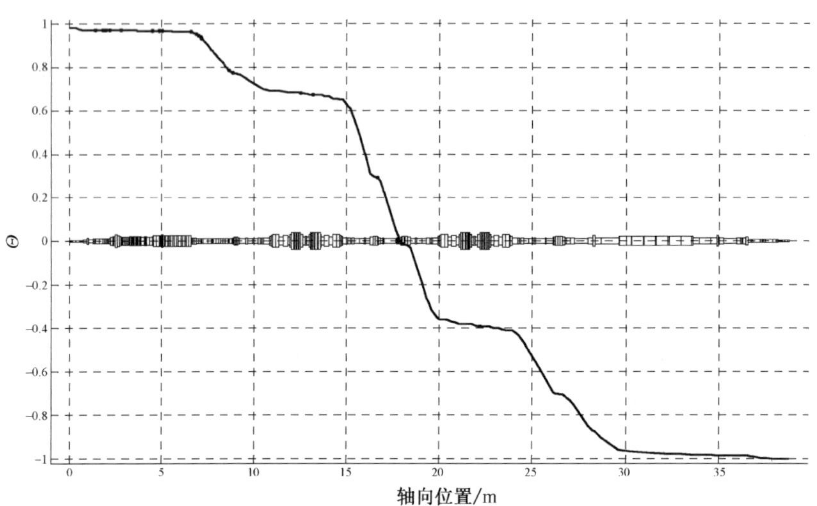

图 7-3　第 1 阶(12.17Hz)扭振振型

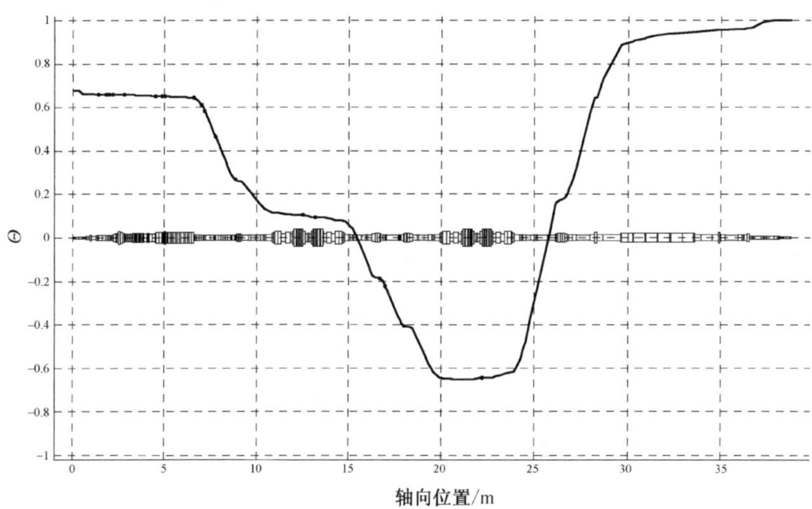

图 7-4　第 2 阶(20.82Hz)扭振振型

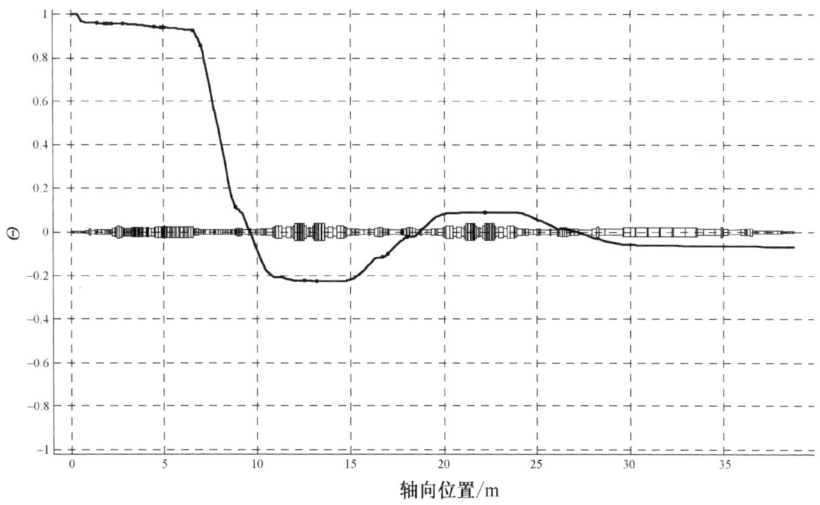

图 7-5　第 3 阶(25.49Hz)扭振振型

根据轴系的各阶扭振振型,可以计算出在各阶共振下,轴系的扭转应力分布如图 7-6～图 7-8 所示。由图 7-6～图 7-8 可以看出,在第 1 阶、第 2 阶扭振共振状态下,磨损处(1 号低压转子调侧对轮附近)应力水平并不大,磨损对轴系的扭振安全性不会造成明显影响,而在第 3 阶扭振共振下,转子磨损位置距应力分布最大处(2＃、3＃轴颈附近)较为接近,虽然不是第 3 阶扭振共振下的最危险截面,但考虑到磨损有可能在转子上造成较大的应力集中,受磨损轴段应作为新的扭振危险截面加以考虑。

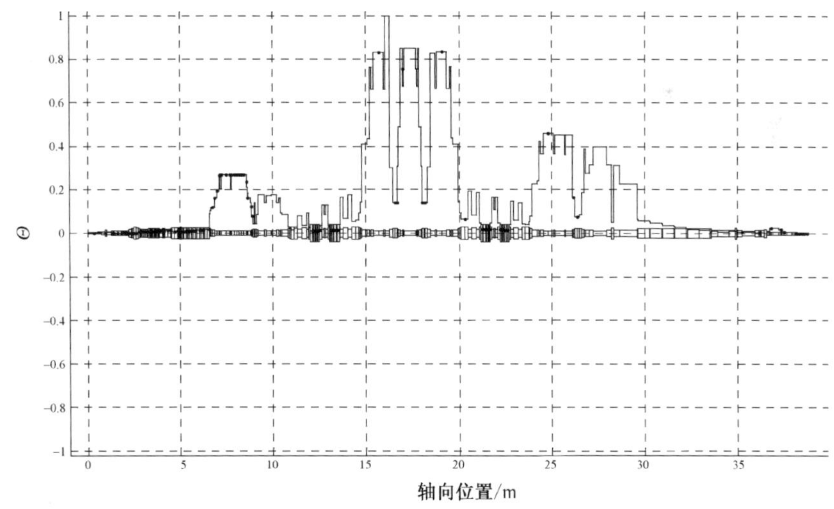

图 7-6　第 1 阶(12.17Hz)共振下轴系应力分布

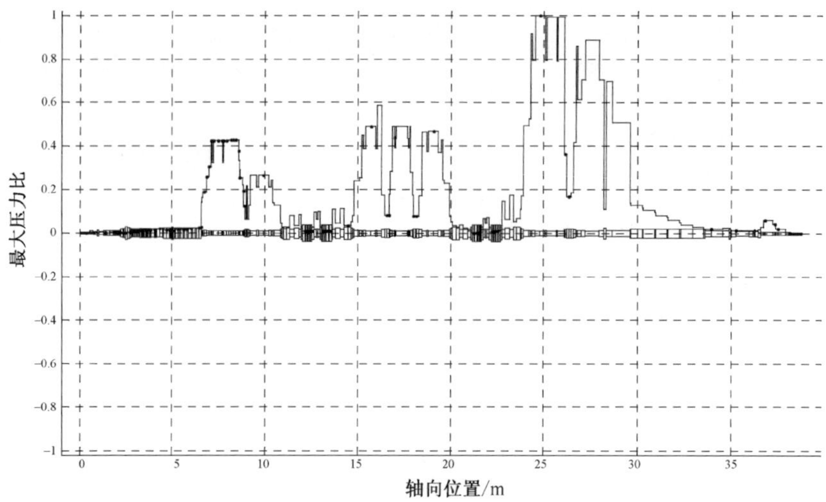

图 7-7 第 2 阶(20.82Hz)共振下轴系应力分布

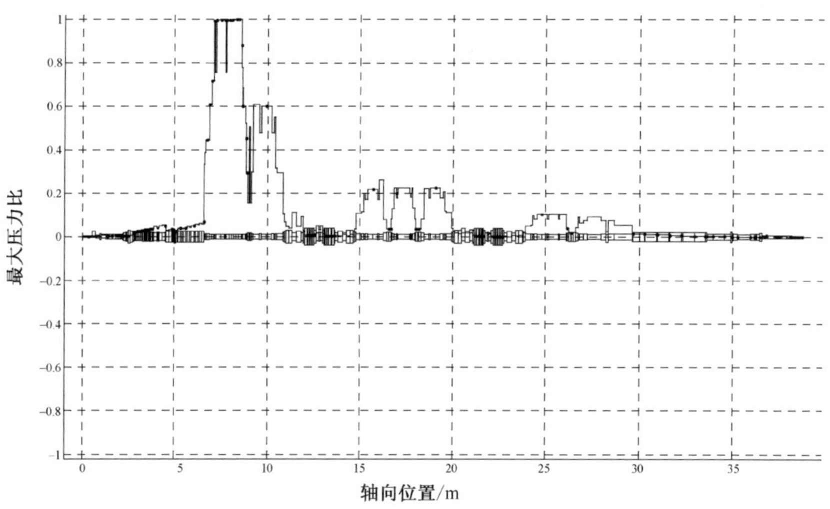

图 7-8 第 3 阶(25.49Hz)共振下轴系应力分布

7.3 转子钢材料 *S-N* 曲线计算

该机组的低压转子材料为 30Cr1Mo1V,其室温物理性能和力学性能为:$E=217(\text{GPa})$,$G=83(\text{GPa})$,$\sigma_b=780(\text{MPa})$,$\tau_b=624(\text{MPa})$,$\psi=62(\%)$,按照 4.2.1 节所述方法,通过四点关联法可求得 30Cr1Mo1V 低周循环疲劳特性参数,如表 7-2、表 7-3 所示。

表 7-2 30Cr1Mo1V 低周循环疲劳特性参数

温度/℃	σ_f'/MPa	b	ε_f'	c	k'/MPa	n'
20	1225	−0.108	0.454	−0.57	1248	0.192

表 7-3 30Cr1Mo1V 低周循环疲劳特性参数

温度/℃	τ_f'/MPa	b_o	γ_f'	c_o	k_o'/MPa	n'_o
20	707.3	−0.108	−0.108	−0.57	648.5	0.192

取轴系的结构尺寸系数 ε 为 0.65；取表面加工系数 β 为 0.8。30Cr1Mo1V 的对称剪切疲劳极限为 120MPa；按照高周疲劳修正方法可以求得在高周疲劳情况下 30Cr1Mo1V 的剪切疲劳强度指数为−0.1578。

在转子磨损处，30Cr1Mo1V 在平均应力为转子额定负载时的高周、低周扭转疲劳应变-寿命曲线如图 7-9 所示。

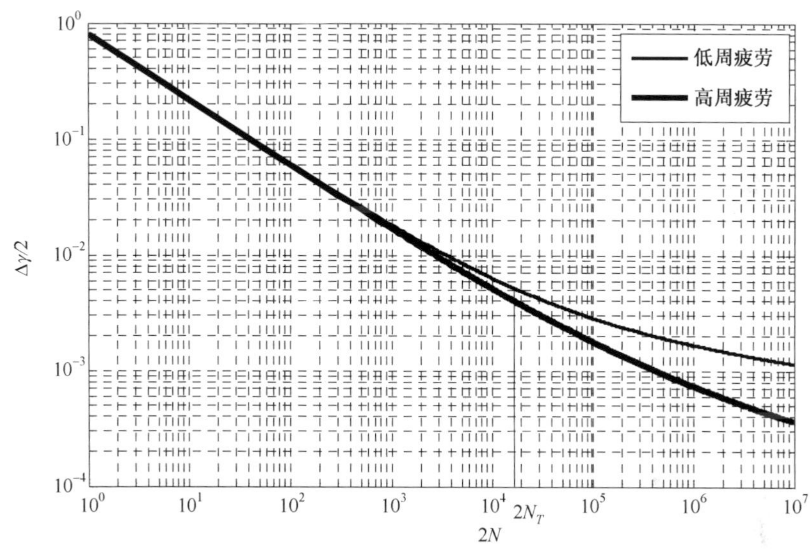

图 7-9 转子额定负载为平均力矩时的应变-寿命曲线

7.4 轴系扭振危险截面的确定

按照 4.1.1 节所述方法，对轴系扭振进行仿真，得到电磁力矩瞬态冲击类扭振故障和各阶扭振共振状态下轴系的最大应力分布情况，如图 7-10～图 7-13所示。

由图 7-10～图 7-13 可知，6＃轴颈、4＃轴颈和磨损位置为轴系的几个扭振危险截面。

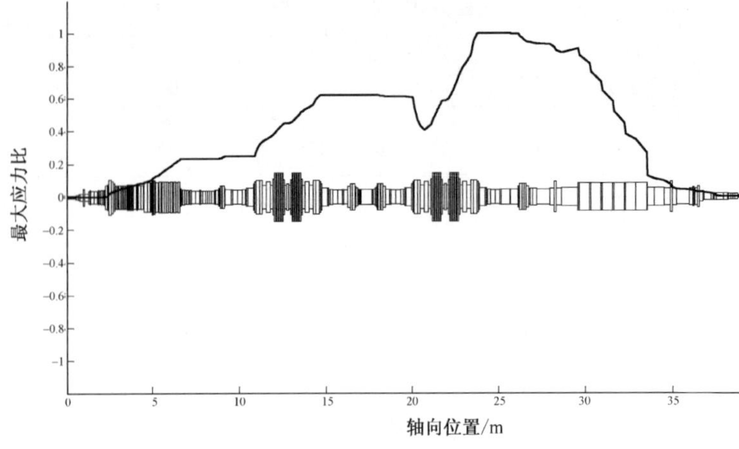

图 7-10 电磁力矩瞬态冲击类扭振下轴系最大应力分布

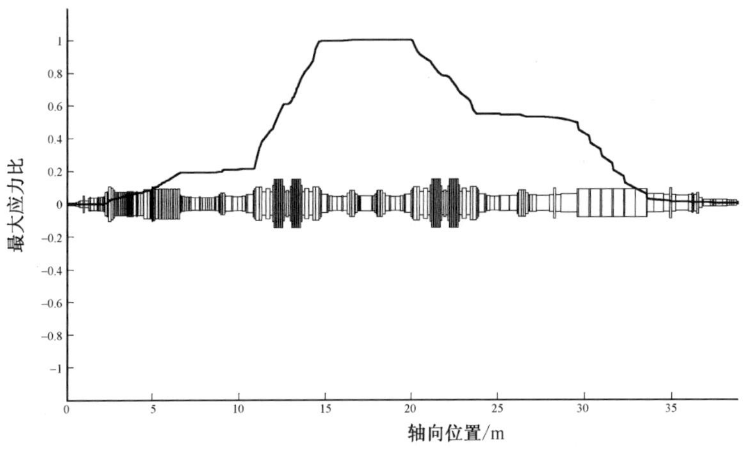

图 7-11 第 1 阶扭振共振下轴系最大应力分布

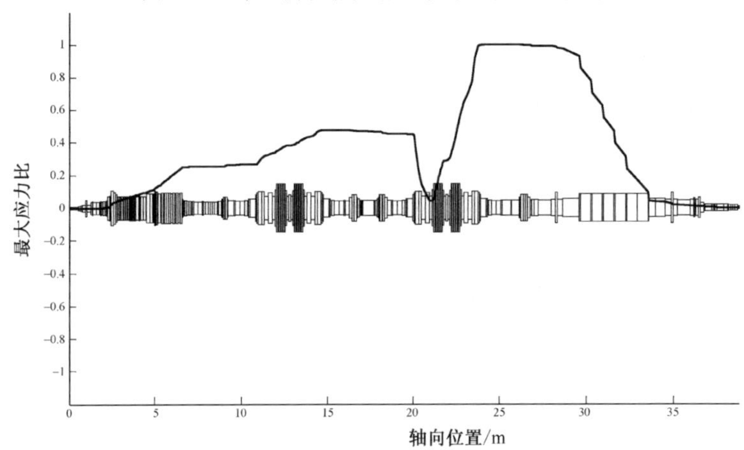

图 7-12 第 2 阶扭振共振下轴系最大应力分布

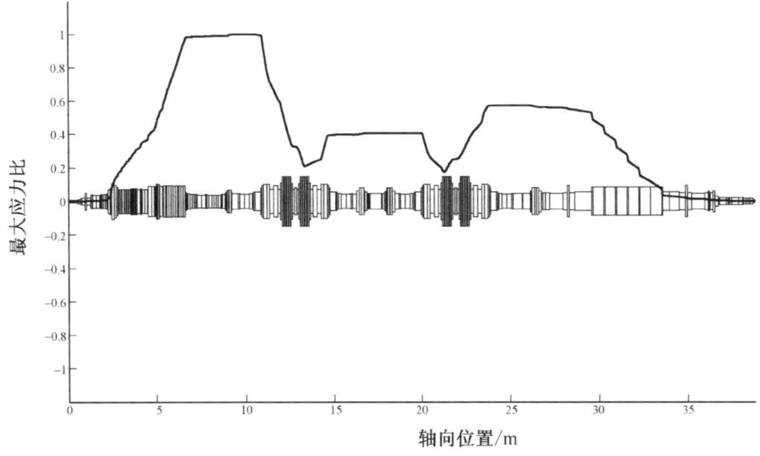

图 7-13 第 3 阶扭振共振下轴系最大应力分布

7.5 应力集中系数计算

利用有限元分析软件截取磨损部位轴段，建立三维有限元模型，在容易产生应力集中的部位，对网格进行加密，如图 7-14、图 7-15 所示。

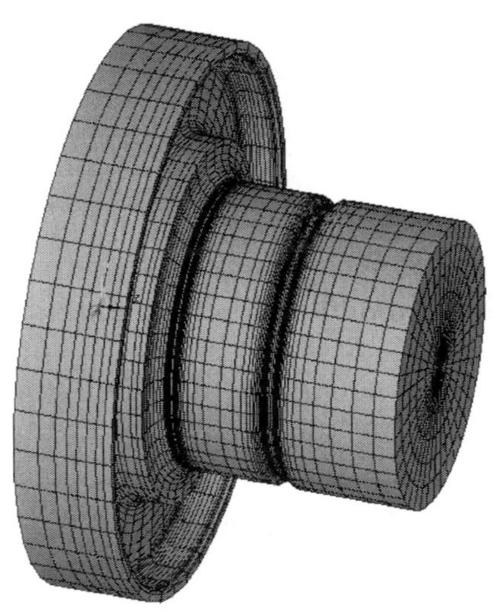

图 7-14 磨损部位有限元模型

经有限元分析，得到轴系在磨损后的最大应力集中系数为 2.27。利用同样方法，得到轴系的各扭振危险截面的应力集中系数，如表 7-4 所示。

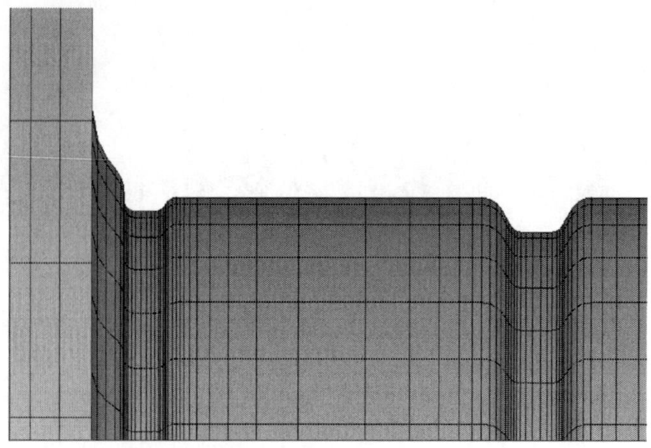

图 7-15　处理后轴段三维有限元模型

表 7-4　轴系扭振危险截面应力集中系数

截面位置	6＃轴颈	4＃轴颈	磨损轴段故障前	磨损轴段修复后
应力集中系数	1.46	1.46	1.30	2.27

7.6　扭振仿真与安全性评价

对该机组进行扭振故障仿真和扭振疲劳寿命损耗计算,如图 7-16～图 7-30 所示。

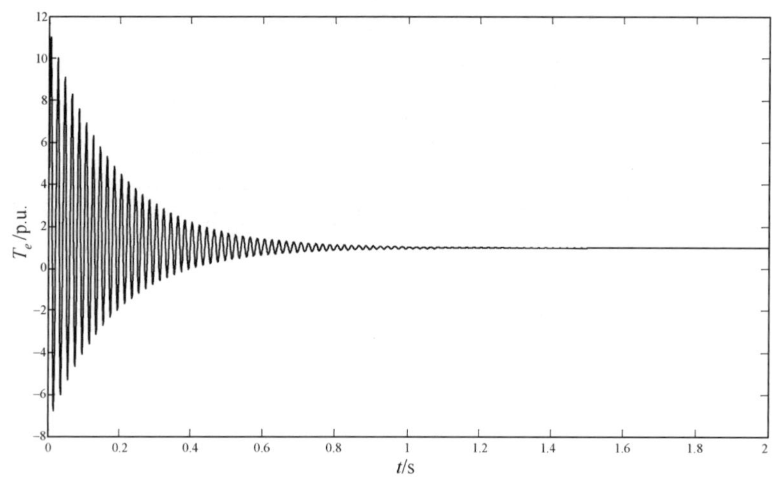

图 7-16　两相短路下发电机电磁力矩

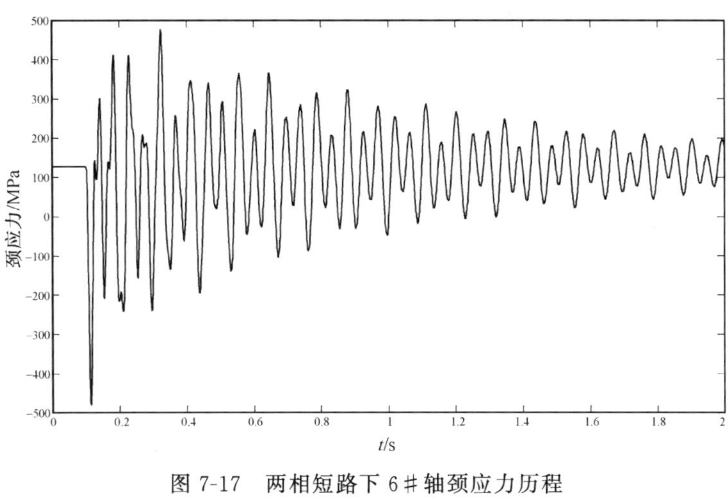

图 7-17　两相短路下 6＃轴颈应力历程

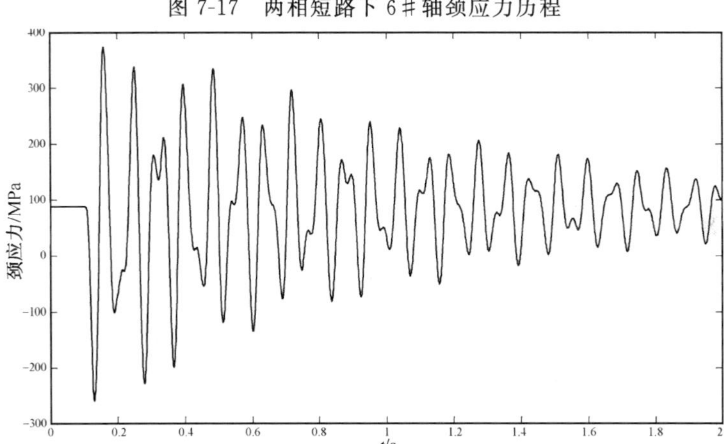

图 7-18　两相短路下 4＃轴颈应力历程

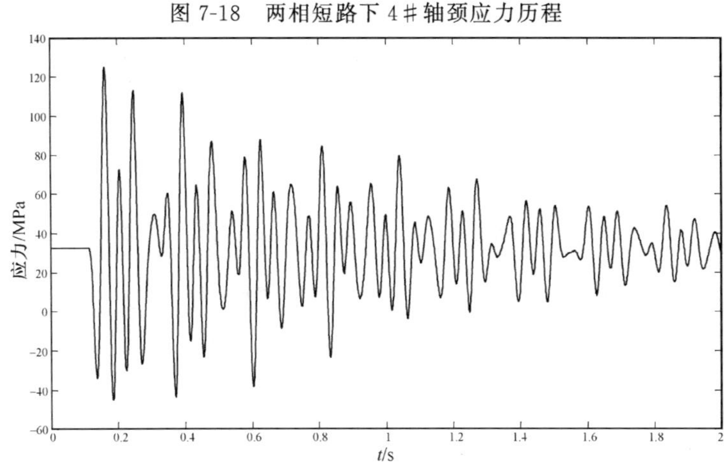

图 7-19　两相短路下磨损轴段故障前应力历程

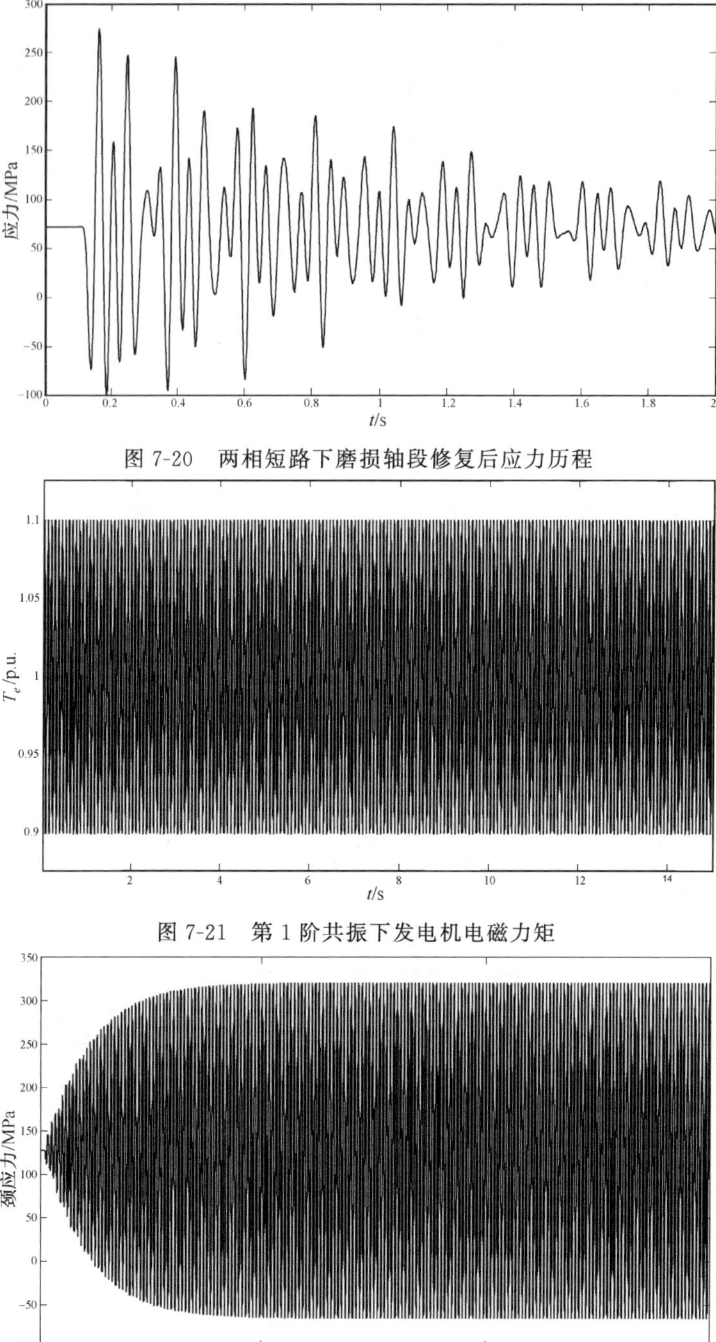

图 7-20　两相短路下磨损轴段修复后应力历程

图 7-21　第 1 阶共振下发电机电磁力矩

图 7-22　第 1 阶共振下 6＃轴颈应力历程

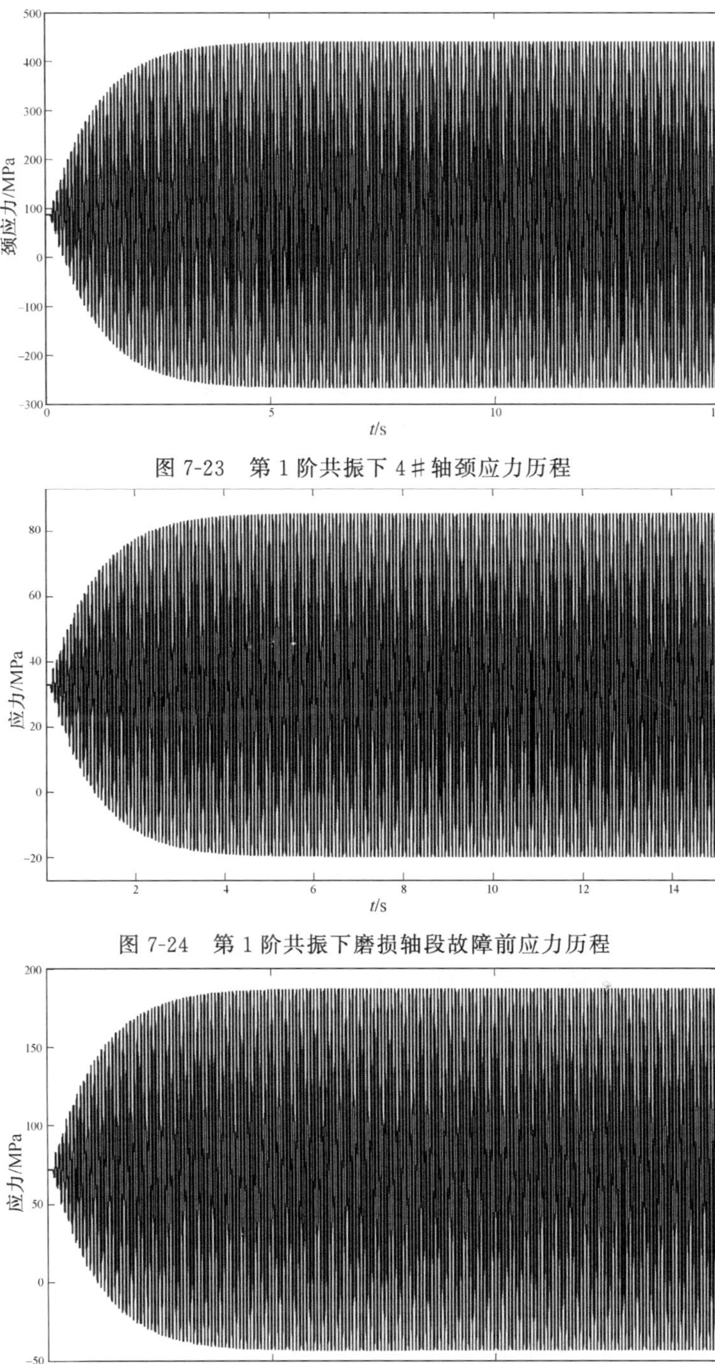

图 7-23　第 1 阶共振下 4＃轴颈应力历程

图 7-24　第 1 阶共振下磨损轴段故障前应力历程

图 7-25　第 1 阶共振下磨损轴段修复后应力历程

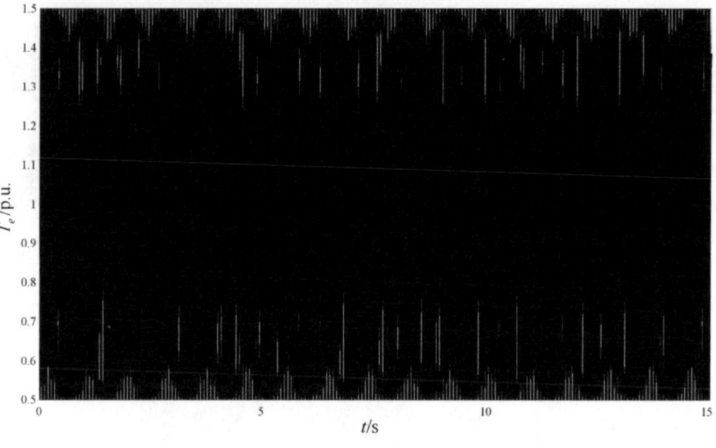

图 7-26　第 3 阶共振下发电机电磁力矩

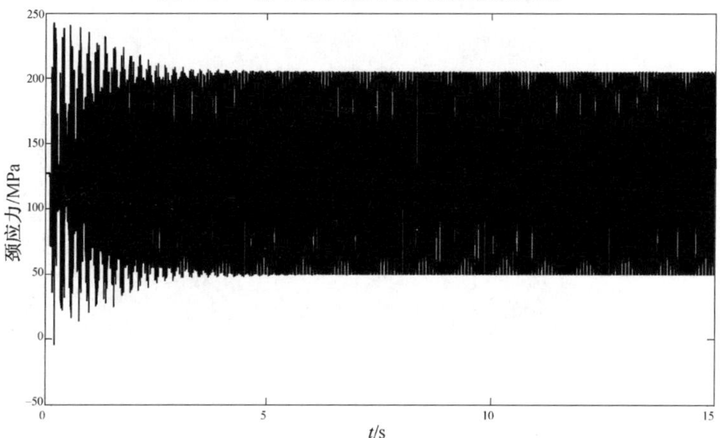

图 7-27　第 3 阶共振下 6＃轴颈应力历程

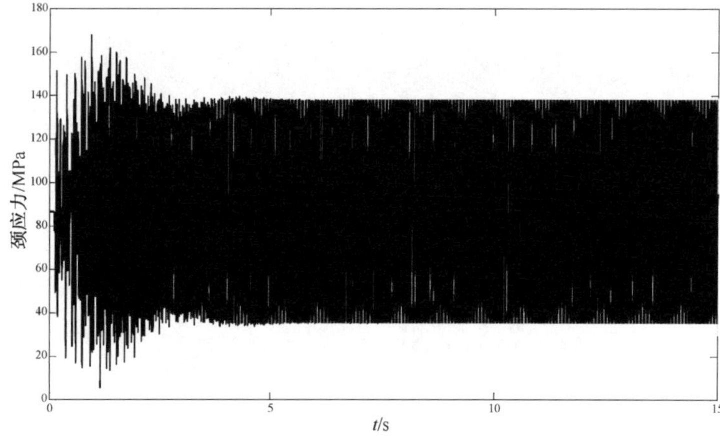

图 7-28　第 3 阶共振下 4＃轴颈应力历程

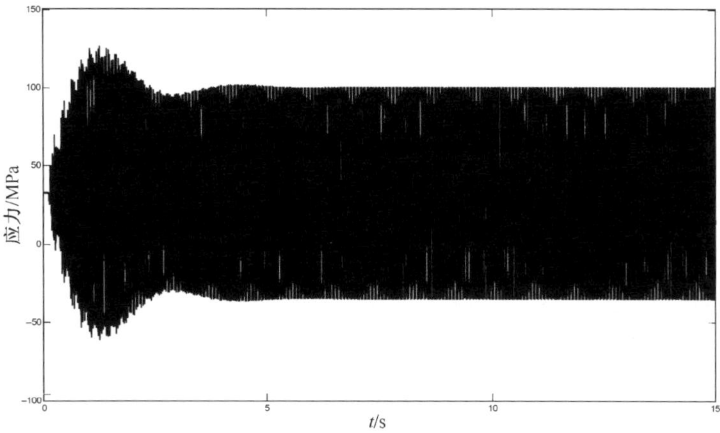

图 7-29　第 3 阶共振下磨损轴段故障前应力历程

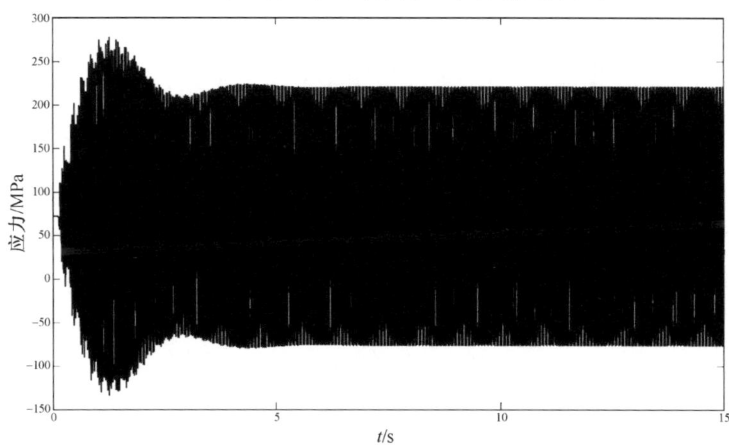

图 7-30　第 3 阶共振下磨损轴段修复后应力历程

按照 4.3.4 节所述方法，利用局部应力应变法对以上几种类型的扭振故障下进行轴系扭振疲劳寿命损耗分析，如表 7-5 所示。

表 7-5　各类故障下轴系扭振疲劳寿命损耗　(单位：%)

截面位置	6＃轴颈	4＃轴颈	磨损轴段故障前	磨损轴段修复后
两相短路	1.4339	0.0538	0	0.0005
第 1 阶共振	0.0479	15.4245	0	0
第 3 阶共振	0	0	0	0.0161

通过比较表 7-5 中各类故障下的轴系扭振疲劳寿命损耗可以得知，对于两相短路等电磁力矩瞬态冲击类故障和其他阶的共振类故障，轴系的扭振安全性并未因磨损而明显降低，而对于第 3 阶共振类扭振故障，受损轴段成为了轴系的一个扭振危险截面，应对受损轴段进行进一步处理，减小应力集中程度，以保证机组的安全稳定运行。

附　　录

某600MW汽轮发电机组尺寸参数及附加转动惯量

序号	内径/mm	外径/mm	长度/mm	附加转动惯量/kg·m²	序号	内径/mm	外径/mm	长度/mm	附加转动惯量/kg·m²
1	0	75.0062	323.0118	0	31	0	788.5938	60.2996	32.87832134
2	0	81.0006	207.01	3.743295739	32	0	788.5938	66.802	0
3	0	140.0048	159.9946	0	33	0	788.5938	60.2996	31.37280177
4	0	199.9996	56.007	0	34	0	788.5938	110.0074	0
5	0	251.0028	199.9996	0	35	0	788.5938	60.2996	31.63934317
6	0	540.004	91.9988	0	36	0	788.5938	66.802	0
7	0	251.0028	251.9934	0	37	0	793.3944	53.1114	25.49073095
8	0	410.0068	64.9986	0	38	0	798.195	60.5028	0
9	0	443.992	41.6052	0	39	0	798.195	45.6946	21.15254995
10	0	405.003	8.89	0.081957088	40	0	798.195	54.102	0
11	0	405.003	191.4906	0	41	0	801.3954	38.3032	18.22088743
12	0	405.003	202.4888	0	42	0	804.5958	54.102	0
13	0	405.003	8.89	0.081957088	43	0	804.5958	38.3032	17.34920917
14	0	443.992	77.1906	0	44	0	804.5958	60.5028	0
15	0	405.003	8.89	0.081957088	45	0	807.7962	41.3004	17.88785713
16	0	405.003	74.4982	0	46	0	810.9966	60.5028	0
17	0	405.003	10.795	0.123385237	47	0	810.9966	45.6946	19.35764257
18	0	451.993	107.188	0	48	0	810.9966	59.5122	0
19	0	451.993	5.7912	0.044793601	49	0	764.9972	163.6268	0
20	0	477.012	87.9348	0	50	0	802.894	37.8968	9.466906227
21	0	499.2624	22.2504	3.580441871	51	0	840.7908	32.1564	42.81943694
22	0	521.5128	44.3992	10.45398812	52	0	802.894	37.8968	9.466906227
23	0	785.0124	126.1618	0	53	0	764.9972	155.9306	0
24	0	808.4312	23.4188	13.66302945	54	0	764.9972	165.7096	0
25	0	831.85	63.6016	65.22355988	55	0	794.2834	29.2862	1.261707412
26	0	1159.9926	142.5956	0	56	0	823.5696	27.9908	7.348341432
27	0	1035.6342	107.442	35.13952972	57	0	945.9976	162.9918	0
28	0	928.1922	86.7664	2.368879391	58	0	945.9976	162.9918	0
29	0	788.5938	19.9898	2.476579692	59	0	924.9918	5.0038	0.264822064
30	0	788.5938	30.988	0	60	0	924.9918	44.704	0

续表

序号	内径/mm	外径/mm	长度/mm	附加转动惯量/kg·m²	序号	内径/mm	外径/mm	长度/mm	附加转动惯量/kg·m²
61	0	954.278	29.2862	2.201837016	96	0	405.003	227.5078	0
62	0	983.5896	40.3098	27.14533797	97	0	405.003	8.89	0.081957088
63	0	1159.9926	62.611	0	98	0	443.992	62.2046	0
64	0	1138.5804	5.1054	0.510851494	99	0	405.003	8.89	0.081957088
65	0	1109.1926	29.2862	3.473532408	100	0	405.003	132.5118	0
66	0	1080.008	71.7042	0	101	0	405.003	132.5118	0
67	0	1024.9916	54.991	9.334514234	102	0	405.003	117.5004	0.47596679
68	0	970.0006	127.9906	0	103	0	405.003	117.5004	0.47596679
69	0	970.0006	67.0052	0	104	0	405.003	151.003	0
70	0	1018.8956	101.6	91.74589393	105	0	405.003	150.9268	0
71	0	994.9942	97.1042	0	106	0	422.5798	17.5768	0.068038354
72	0	1025.9568	101.6	89.6574981	107	0	440.1312	9.1948	0.110201689
73	0	994.9942	113.9952	0	108	0	480.0092	30.8102	0
74	0	1022.096	101.6	94.13012142	109	0	459.994	24.9936	0
75	0	986.0026	135.4074	0	110	0	480.0092	131.572	0
76	0	1018.4892	101.6	97.06500587	111	0	503.428	23.4188	0.143905996
77	0	986.0026	97.1042	0	112	0	526.8722	18.4912	0.849066173
78	0	1016.6096	101.6	102.6858075	113	0	607.9998	44.5008	0
79	0	986.0026	113.9952	0	114	0	607.9998	54.991	33.7833905
80	0	1015.3904	118.491	121.4110733	115	0	756.0056	54.991	18.53429325
81	0	986.0026	4.699	0	116	0	508	40.005	0
82	0	578.1294	54.2036	51.61237419	117	0	756.0056	110.0074	253.6759029
83	0	553.0596	25.0698	0.309393059	118	0	607.9998	64.4906	7.086009041
84	0	527.9898	105.5116	0	119	0	483.0064	332.5114	0
85	0	527.9898	105.7402	0	120	0	519.7094	102.0064	0
86	0	477.012	11.7094	0.233809532	121	0	481.711	267.0048	0
87	0	477.012	103.2002	0	122	0	481.711	267.0048	0
88	0	451.993	5.7912	0.044793601	123	0	519.7094	140.0048	0
89	0	451.993	111.2012	0	124	0	495.3	88.011	0
90	0	405.003	10.795	0.123385237	125	0	596.9	89.1032	0
91	0	405.003	51.0032	0	126	0	609.6	304.4698	0
92	0	405.003	8.89	0.081957088	127	0	864.7938	87.6046	25.13530825
93	0	443.992	79.7052	0	128	0	992.4034	71.2216	12.80326354
94	0	405.003	8.89	0.081957088	129	0	1119.9876	179.9971	2005.910613
95	0	405.003	227.5078	0	130	0	1119.9876	179.9971	2005.910613

续表

序号	内径 /mm	外径 /mm	长度 /mm	附加转动惯量 /kg·m²	序号	内径 /mm	外径 /mm	长度 /mm	附加转动惯量 /kg·m²
131	0	759.9934	219.9894	0	166	0	495.3	88.011	0
132	0	1010.0056	250.0122	1440.30731	167	0	519.7094	140.0048	0
133	0	759.9934	145.0848	0	168	0	481.711	267.0048	0
134	0	1194.0032	72.9996	642.6556057	169	0	481.711	267.0048	0
135	0	1627.9876	106.5022	0	170	0	519.7094	102.0064	0
136	0	1627.9876	53.0098	232.0618145	171	0	453.009	235.9914	0
137	0	1627.9876	95.504	0	172	0	673.989	158.496	0
138	0	1627.9876	40.005	137.8473313	173	0	873.3028	120.4976	42.3336872
139	0	1627.9876	85.4964	0	174	215.99906	873.11992	122.9995	41.52258121
140	0	1627.9114	29.9974	95.9993587	175	189.99962	873.11992	7.00024	2.363079919
141	0	1627.9114	73.9902	0	176	189.99962	672.9984	54.50078	0
142	0	1585.0108	27.0002	95.89959899	177	189.99962	577.99986	94.99854	6.853599583
143	0	1151.001	100.5078	301.7043233	178	189.99962	482.99878	114.20094	0
144	0	759.9934	117.5004	0	179	189.99962	501.35028	18.34896	0.138279336
145	0	873.9886	89.9922	0	180	189.99962	519.69924	58.60034	0
146	0	759.9934	117.5004	0	181	189.99962	501.35028	18.34896	0.138279336
147	0	1151.001	100.5078	301.7043233	182	189.99962	482.99878	630.0978	0
148	0	1585.0108	27.0002	95.89959899	183	189.99962	501.35028	18.34896	0.138279336
149	0	1627.9114	73.9902	0	184	189.99962	519.69924	58.60034	0
150	0	1627.9114	29.9974	95.9993587	185	189.99962	501.35028	18.34896	0.138279336
151	0	1627.9876	85.4964	0	186	189.99962	482.99878	82.10042	0
152	0	1627.9876	40.005	137.8473313	187	189.99962	577.99986	94.99854	6.853599583
153	0	1627.9876	95.504	0	188	189.99962	672.9984	54.50078	0
154	0	1627.9876	53.0098	232.0618145	189	189.99962	873.11992	7.00024	2.363079919
155	0	1627.9876	106.5022	0	190	215.99906	873.11992	122.9995	43.71469386
156	0	1194.0032	72.9996	642.6556057	191	0	873.11992	38.1	30.88210198
157	0	759.9934	145.0848	0	192	0	873.3028	120.4976	42.3336872
158	0	1010.0056	250.0122	1440.30731	193	0	673.989	158.496	0
159	0	759.9934	219.9894	0	194	0	483.0064	235.9914	0
160	0	1119.9876	179.9971	2005.910613	195	0	519.7094	102.0064	0
161	0	1119.9876	179.9971	2005.910613	196	0	481.711	267.0048	0
162	0	992.4034	71.2216	12.80326354	197	0	481.711	267.0048	0
163	0	864.7938	87.6046	25.13530825	198	0	519.7094	140.0048	0
164	0	609.6	304.4698	0	199	0	495.3	88.011	0
165	0	596.9	89.1032	0	200	0	596.9	89.1032	0

续表

序号	内径/mm	外径/mm	长度/mm	附加转动惯量/kg·m²	序号	内径/mm	外径/mm	长度/mm	附加转动惯量/kg·m²
201	0	609.6	304.4698	0	236	0	1119.9876	179.9971	2005.910613
202	0	864.7938	87.6046	25.13530825	237	0	992.4034	71.2216	12.80326354
203	0	992.4034	71.2216	12.80326354	238	0	864.7938	87.6046	25.13530825
204	0	1119.9876	179.9971	2005.910613	239	0	609.6	304.4698	0
205	0	1119.9876	179.9971	2005.910613	240	0	596.9	89.1032	0
206	0	759.9934	219.9894	0	241	0	495.3	88.011	0
207	0	1010.0056	250.0122	1440.30731	242	0	519.7094	140.0048	0
208	0	759.9934	145.0848	0	243	0	481.711	267.0048	0
209	0	1194.0032	72.9996	642.6556057	244	0	481.711	267.0048	0
210	0	1627.9876	106.5022	0	245	0	519.7094	102.0064	0
211	0	1627.9876	53.0098	232.0618145	246	0	483.0064	515.0104	0
212	0	1627.9876	95.504	0	247	0	521.1064	38.1	2.540778093
213	0	1627.9876	40.005	137.8473313	248	0	483.0064	410.0068	0
214	0	1627.9876	85.4964	0	249	0	673.989	37.9984	4.27037404
215	0	1627.9114	29.9974	95.9993587	250	0	673.989	63.5	7.124168397
216	0	1627.9114	73.9902	0	251	0	873.3028	120.4976	30.92363557
217	0	1585.0108	27.0002	95.89959899	252	75.99934	873.11992	127	37.09348323
218	0	1151.001	100.5078	301.7043233	253	505.968	873.11992	121.0056	37.09348323
219	0	759.9934	117.5004	0	254	505.968	710.946	148.0058	7.453200577
220	0	873.9886	89.9922	0	255	101.6	505.968	75.5142	11.0389147
221	0	759.9934	117.5004	0	256	101.6	564.9976	178.054	0
222	0	1151.001	100.5078	301.7043233	257	101.6	540.004	219.964	0
223	0	1585.0108	27.0002	95.89959899	258	101.6	500.126	734.9998	0
224	0	1627.9114	73.9902	0	259	101.6	540.004	264.922	0
225	0	1627.9114	29.9974	95.9993587	260	101.6	999.998	99.9998	53.78864081
226	0	1627.9876	85.4964	0	261	101.6	540.004	335.026	0
227	0	1627.9876	40.005	137.8473313	262	101.6	599.948	939.8	0
228	0	1627.9876	95.504	0	263	101.6	916.7622	50.8	906.5922513
229	0	1627.9876	53.0098	232.0618145	264	101.6	916.7622	614.8324	335.6078449
230	0	1627.9876	106.5022	0	265	101.6	916.7622	50.8	906.5922513
231	0	1194.0032	72.9996	642.6556057	266	101.6	916.7622	614.8324	335.6078449
232	0	759.9934	145.0848	0	267	101.6	916.7622	50.8	906.5922513
233	0	1010.0056	250.0122	1440.30731	268	101.6	916.7622	614.8324	335.6078449
234	0	759.9934	219.9894	0	269	101.6	916.7622	50.8	906.5922513
235	0	1119.9876	179.9971	2005.910613	270	101.6	916.7622	614.8324	335.6078449

续表

序号	内径 /mm	外径 /mm	长度 /mm	附加转动惯量 /kg·m²	序号	内径 /mm	外径 /mm	长度 /mm	附加转动惯量 /kg·m²
271	101.6	916.7622	50.8	906.5922513	286	139.7	299.9994	180.0098	0
272	101.6	916.7622	614.8324	335.6078449	287	139.7	240.0046	94.0054	0
273	101.6	916.7622	614.8324	335.6078449	288	139.7	240.0046	394.9954	17.96653078
274	101.6	916.7114	50.8	906.5922513	289	139.7	240.0046	110.0074	0
275	101.6	599.948	359.0798	0	290	139.7	237.998	64.9986	24.92938304
276	190.5	599.948	580.9996	0	291	139.7	235.9914	110.0074	0
277	190.5	540.004	335.026	0	292	139.7	235.9914	394.9954	17.87204038
278	190.5	999.998	99.9998	41.54531046	293	139.7	235.9914	234.0102	0
279	190.5	540.004	264.922	0	294	0	235.9914	65.9892	0
280	190.5	500.126	734.9998	0	295	0	180.0098	127.9906	0
281	190.5	540.004	207.01	0	296	0	162.0012	140.0048	0
282	190.5	647.954	76.9874	0	297	0	162.0012	115.0112	0
283	190.5	412.75	18.9992	0	298	0	180.0098	148.0058	0
284	365.76	547.116	169.418	11.44165583	299	0	84.9884	99.9998	0
285	139.7	700.9892	121.0056	0